国家中等职业教育改革发展示范学校质量提升系列教材

焊工工艺与技能训练

许春英　陈　斌　主编
陈品同　副主编

中国铁道出版社
CHINA RAILWAY PUBLISHING HOUSE

内 容 简 介

本书彰显了中等职业学校“以就业为导向、以能力为本位”的教学指导思想。淡化了理论，强化了技能训练，加大了实训力度。本书面向焊工的岗位要求，按照项目与任务模式编写，共分为四个项目。项目一介绍了焊条电弧焊焊接工艺，项目二介绍了CO_2气体保护焊焊接工艺，项目三介绍了气焊与气割，项目四介绍了钨极氩弧焊焊接工艺。其中各项目里任务的训练内容由浅入深，综合了历年来中职学校技能大赛的比赛项目，可以用来考核学生对焊接技能掌握的综合情况。

全书内容全面，通俗易懂，图文并茂，实用性强。本书可作为中等职业学校的实训教材，也可作为社会岗位培训及自学教材。

图书在版编目（CIP）数据

焊工工艺与技能训练/许春英，陈斌主编．—北京：中国铁道出版社，2018.7

国家中等职业教育改革发展示范学校质量提升系列教材

ISBN 978-7-113-24308-1

Ⅰ．①焊…　Ⅱ．①许…　②陈…　Ⅲ．①焊接工艺-中等专业学校-教材　Ⅳ．①TG44

中国版本图书馆 CIP 数据核字（2018）第 036605 号

书　　名： 焊工工艺与技能训练
作　　者： 许春英　陈　斌　主编

策　　划： 李中宝　陈　文　　　　**读者热线：**（010）63550836
责任编辑： 陈　文　钱　鹏
封面设计： 刘　颖
责任校对： 张玉华
责任印制： 郭向伟

出版发行： 中国铁道出版社（100054，北京市西城区右安门西街 8 号）
网　　址： http://www.tdpress.com/51eds/
印　　刷： 三河市宏盛印务有限公司
版　　次： 2018 年 7 月第 1 版　　2018 年 7 月第 1 次印刷
开　　本： 787 mm×1 092 mm　1/16　**印张：** 14　**字数：** 335 千
书　　号： ISBN 978-7-113-24308-1
定　　价： 43.00 元

国家中等职业教育改革发展示范学校质量提升系列教材
教材编审委员会

编审委员会

前言

PREFACE

焊接技术是现代工业生产中不可缺少的先进制造技术，是制造业的重要组成部分。被广泛应用于机械设备、化工设备制造；电力桥梁、建筑、船舶、汽车生产；航空、航天、军事装备等领域。从某种意义上讲，焊接技术直接反映一个国家机械制造水平的高低，因此，在当今新技术革命的浪潮中，焊接技术越来越受到各行各业的密切关注。随着我国工业技术的高速发展和制造行业对焊接技术专业型人才的迫切需求，为更好地贯彻落实《国务院关于大力发展职业教育的决定》及教育部等六部委《关于实施职业院校制造业和现代服务业技能型紧缺人才培养通知》精神，并适应制造工业飞速发展和焊接技术专业技能型紧缺人才培养的需求，实施理实一体化教学，力求深入浅出，立足于培养学生的实际操作能力。

书中主要内容包括焊条电弧焊、CO_2气体保护焊、气焊与气割、钨极氩弧焊等焊接操作方法。书中训练内容由浅入深，包括应知应会到难度较高的试板操作工艺流程。通过对焊接检验与缺陷防治措施的学习，使学生了解焊接检验方法，掌握焊接缺陷的防治措施，从而提高焊接质量。每个任务实施环节中的实训内容结合了历年来高职、中职、青工技能大赛的比赛项目，可用来考核参赛选手及学生对操作技能掌握的综合情况。 每个任务后增加了任务扩展内容，加大了实训力度及难度。

本书图文并茂，突破了其他教材的编写模式，围绕训练课题，讲授相关的理论知识。为了更好地完成实训任务，在每个任务完成后，增加了任务评价，针对工件容易出现的问题进行认真检查、找出不足及原因，以利于在后续操作中改进与完善。最后由教师根据学生完成任务的具体情况及表现给出综合评价。在实操训练中还特别注重锻炼学生解决问题的能力和团队的合作能力，树立良好的安全意识和职业道德意识，为职业生涯发展奠定一个良好的基础。

本书由沈阳市汽车工程学校机加系金工中心的部分高级讲师和焊接高级技师编写。全书由许春英、陈斌任主编，陈品同任副主编，荆其峰、徐维梅参编。本书是金工实训中心多年焊接实训的经验总结，同时又参阅和借鉴了有关教材和国内出版的相关资料，在此深表感谢。

由于编者知识水平有限，书中难免存在不妥与疏漏之处，为了再次修订与完善，恳请广大读者提出宝贵意见和建议。

编　者

2018 年 3 月

CONTENTS 目　录

目　录 CONTENTS

项目四　钨极氩弧焊

参考文献

绪　论

1. 焊接技术在现代工业生产中的地位及状况

焊接技术自20世纪60年代以来，已从单一的连接技术发展成为机械制造及金属加工的重要手段之一。目前，焊接结构用材料已从黑色金属扩大到有色金属、铸铁、工程塑料等。焊接技术已成为现代工业不可缺少的组成部分。国家体育场“鸟巢”大型钢结构全部由焊接来完成的，焊缝总长度达30万米。在“长二捆”运载火箭研制生产中，高达80多米的全箭振动试验塔是“长二捆”研制中的关键，而塔中用于支撑火箭振动大梁的焊接是关键的关键，该材料特殊，焊缝要求为一级焊缝。工匠们采用了多层快速连续堆焊加机械导热等一系列保证工艺性能的工艺方法，出色地完成了振动大梁的焊接，保证了振动塔的按时竣工和长二捆火箭的如期试验，保证了“澳星”的成功发射。由此可见焊接技术在现代工业制造中，是不可替代的金属连接技术。

随着科学技术的不断发展，除了传统的手工电弧焊外，目前已广泛地采用了CO_2气体保护焊、熔化极惰性气体保护焊、钨极氩弧焊、等离子弧焊、电子束焊、激光焊等焊接新技术。焊接设备由原来的交流弧焊变压器、直流弧焊机和硅整流电源发展到晶闸管整流电源、直流逆变式电源等。

2. 焊接结构的特点

（1）焊接是通过电弧热熔化金属材料达到原子结合的一种连接方法。焊接接头的强度、刚度能达到与母材相等或接近。

（2）通过焊接，可将不同种类的金属材料连接起来。

3. 焊接加工的分类

焊接加工的分类方法很多，按特点和过程不同，可分为熔焊、压焊和钎焊三大类。

（1）熔焊

熔焊是熔化焊的简称，利用局部加热的方法，将两个焊件的连接部位加热至熔化状态，相互融合，冷凝后彼此结合在一起，从而完成熔化焊接方法。焊条电弧焊、CO_2气体保护焊、气焊、钨极氩弧焊等，通过熔焊后都能形成永久性的牢固接头，如图0-1、图0-2所示。

（2）压焊

压焊是对被焊工件局部加热至熔化状态，并施加一定的压力，使两个焊件结合面紧密结合，从而获得两个焊件的牢固连接，如图0-3所示的电阻焊。

图 0-1　焊条电弧焊

图 0-2　气焊

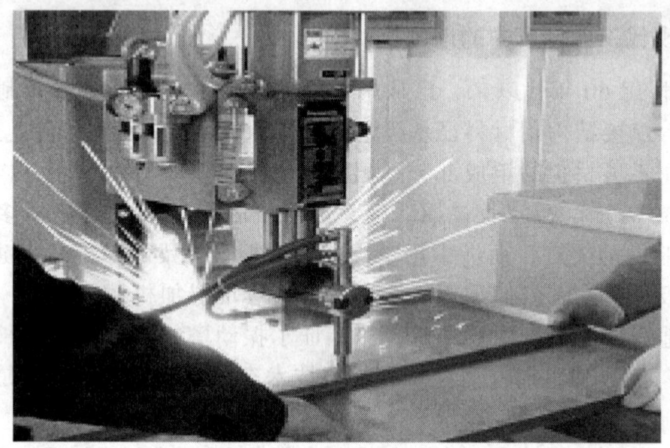

图 0-3　电阻焊

（3）钎焊

钎焊是焊件在不熔化的状态下，将熔点低于被焊工件的金属钎料加热至熔化状态，利用液态钎料填充到焊件的间隙中，并与焊件相互扩散，达到金属间结合的焊接方法。按其使用的钎料不同，常用的钎焊可分为火焰钎焊（见图 0-4）、烙铁钎焊（见图 0-5）、高频和炉中钎焊。

图 0-4　火焰钎焊车刀合金头

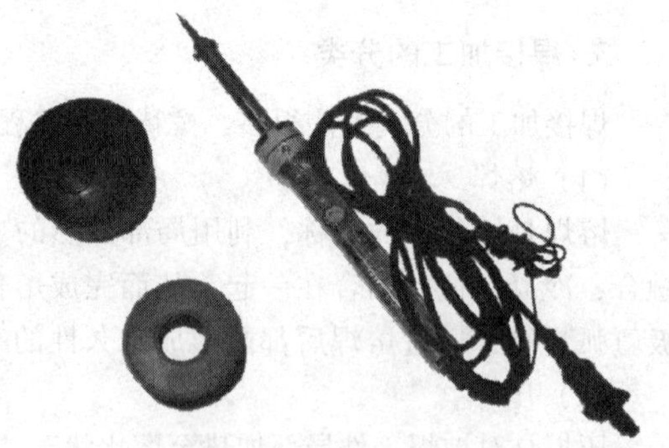

图 0-5　烙铁钎焊

（4）焊接方法分类（见图 0–6）

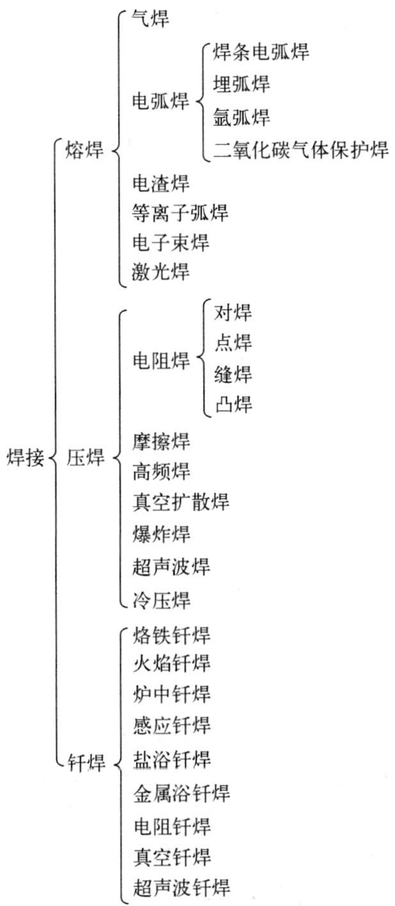

图 0–6　焊接方法分类

项目一

焊条电弧焊

焊条电弧焊是利用焊条与工件之间建立起来的稳定燃烧的电弧，使焊条和工件熔化，从而获得牢固焊接接头的工艺方法。焊接过程中，药皮不断地熔化而生成气体及熔渣，保护焊条端部、电弧、熔池及其附近区域，焊芯也在电弧热作用下不断熔化，进入熔池，组成焊缝的填充金属。焊条电弧焊的操作技术应从电弧引燃方法与运条方法开始学习，并掌握接头技术和收尾技术。在掌握了引弧方法以后，进行引弧堆焊训练，目的是为日后学习单面焊双面成形打底层焊接的断弧法打下良好的基础。在学会引弧方法、运条方法、接头方法和收尾方法以后，练习板对接平位焊，平位焊是在水平位置上焊接对接接头的一种操作方法。根据钢板的薄厚程度，可分为I形坡口和V形坡口平位焊。掌握了平位焊，就基本掌握了单面焊双面成形的技术，为下一阶段的训练打好了基础。单面焊双面成形技术是以单面施焊的方式，获得双面成形焊缝的操作手法。在实际工作中，由于焊缝所处的位置不同，还需要掌握横位、立位、仰位的焊接操作方法。每个位置的焊接都有操作技巧，需反复练习、熟练掌握。T形接头也是一种常见的焊接接头，在训练中要掌握T形接头平角焊单层单道焊、多层焊、多层多道焊的操作方法及基本操作要领。管对接水平固定焊包括仰位焊、立位焊、平位焊三种空间位置为一体的焊接形式。焊接熔池在各种位置转换变化过程中形成，所以管对接水平固定焊也称为全位置焊。它是操作难度较大的一种基本形式。以上是焊条电弧焊所需要练习的基本操作技术，焊条电弧焊是最基础的焊接操作方法，学好焊条电弧焊可以为其他焊接操作方法打下扎实的基础。

引弧堆柱焊

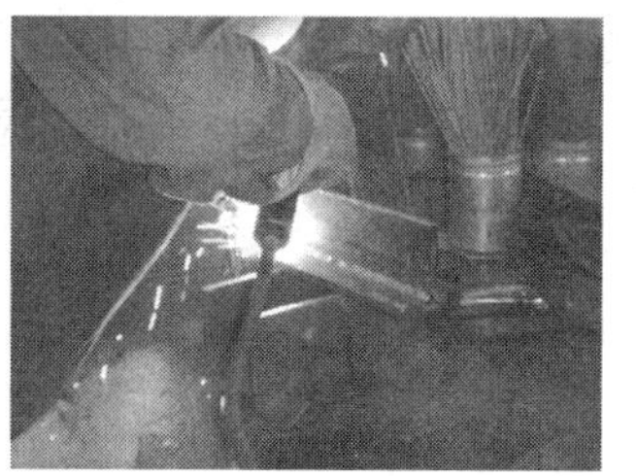

多层多道焊

任务一　电弧引燃与运条方法

任务目标

1. 学会正确使用焊接设备及设备的维护与保养。
2. 掌握施焊时的操作姿势，学会焊条电弧焊的引弧和运条方法。
3. 学会焊条电弧焊在施焊过程中的三个基本动作和施焊时的焊条角度。
4. 能根据工件的厚度，正确选择焊条直径及焊接电流。

任务描述

1. 实习材料

Q235 低碳钢板材；150 mm×100 mm×6 mm，用于引弧训练；200 mm×200 mm×8 mm，用于运条方法和引弧堆焊训练，图 1-1-1 所示为实操用料。

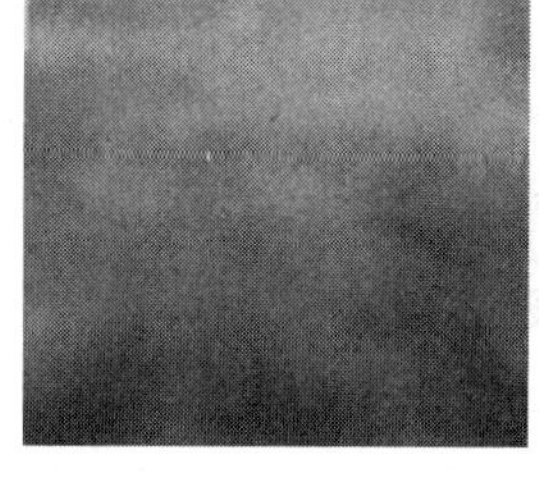

图 1-1-1　焊接基础练习板材

2. 焊接材料

（1）焊条选用E4303（J422），焊条直径为3.2mm（4.0mm）。

（2）焊条在使用前应进行烘焙，烘焙温度为 75 ～ 150 ℃，保持恒温 1 ～ 2 h，随后装入焊条保温筒随用随取。

任务分析

焊条电弧焊操作时，焊缝能否正确成形、是否产生焊接缺陷，在很大程度上取决于焊工的操作技术，引弧与运条是焊工的基本操作技术。引弧是焊接过程中频繁进行的动作，将焊条末端轻轻触及工件，然后迅速离开，保持一定的距离（2 ～ 4 mm）产生电弧的过程称为引弧。直击法和划擦法是常用的引弧方法，其中划擦法比较容易掌握，但在狭小工作面或焊件表面不允许损伤时，采用这种方法不如直击法好。直击法一般适用于酸性焊条，划擦法一般适用于碱性焊条。

为保证焊缝质量，正确的运条是十分必要的。在焊接过程中，焊条相对焊缝所做的各种动作的总称为运条。运条时，除了保持正确的焊条角度外，还应根据不同的焊接位置、接头形式、焊件厚度等灵活应用运条的三个基本动作，能够分清熔池里的熔渣与铁水，控制熔池的形状与大小，才有可能焊出合格的焊缝。运条方法有很多，在实际生产中，焊工可根据自己的习惯及经验，选择适合自己的运条方法。焊缝连接不但影响焊缝的外观，而且对整个焊缝的质量也有极大的影响。所以焊缝接头应做到均匀连接，弧坑要填满。为了避免产生连接处过高、脱节和宽窄不一致等缺陷，在焊接过程中要前后照应，选择适当的连接方法，以获得良好的焊缝连接质量。

一、实训准备

1. 前期准备

(1) 安全、环保及预防性措施。

① 工装：皮围裙、小帆布工作服必须结实、清洁、合身，不允许把上衣系在工作裤里面，防止火花掉落到衣内引燃工装造成烧伤，如图 1-1-2 所示。

② 工作鞋：工作时要穿防砸绝缘安全鞋，绝缘鞋耐电压应达 5 000 V，不能穿凉鞋或普通鞋，预防漏电造成电击伤害或被偶然坠落的工件砸伤，如图 1-1-3 所示。

③ 工作手套：焊工在操作时应戴好长腰皮手套。不允许戴潮湿的手套上机操作，防止触电。移动工件时应戴好防护手套，防止烫伤，如图 1-1-4 所示。

图 1-1-2　焊工皮作业服

图 1-1-3　焊工绝缘防砸鞋

图 1-1-4　焊工长腰皮手套

④ 检查工作场地周围是否有可燃物体，如有易燃、易爆物品必须移到 10 m 以外的安全区域。

(2) 设备、工具。

① 焊接设备：YD-400 型松下直流逆变式弧焊机。配有焊接电缆、焊把、接地电缆和 接地夹。

② 环保通风设备：混流风机 HL3-2A-4. 5A、轴流风机 TN2-40。

③ 工具：焊工防护面罩、角向磨光机、焊条保温筒、清渣锤、手锤、平錾、平锉刀、钢丝刷、平光防护眼镜、扭力扳手、直角尺，如图 1-1-5 所示。

2. 注意事项

(1) 检查二次线路是否完好无损，发现焊把线和接地线有破损地方，应用绝缘胶带包好。电焊机一次线出故障必须找电工检修，禁止无证上岗操作。

(2) 电焊机电源推拉电闸时必须戴绝缘手套侧向操作。焊把线和零线不允许放在工作台上，预防瞬间短路起弧，防止弧光伤害眼睛。

(3) 使用角向磨光机时，戴好防护眼镜、手套，注意电源线不要拖在工件附近，防止电源线破损漏电发生危害。较重工件移动时应找人协助完成，以免砸伤。

(4) 清理焊接熔渣时必须戴好防护眼镜，预防伤眼。

(5) 操作结束后，应立即切断电焊机电源，并检查场地，认真清扫，确认没有火灾隐患后，方可离开。

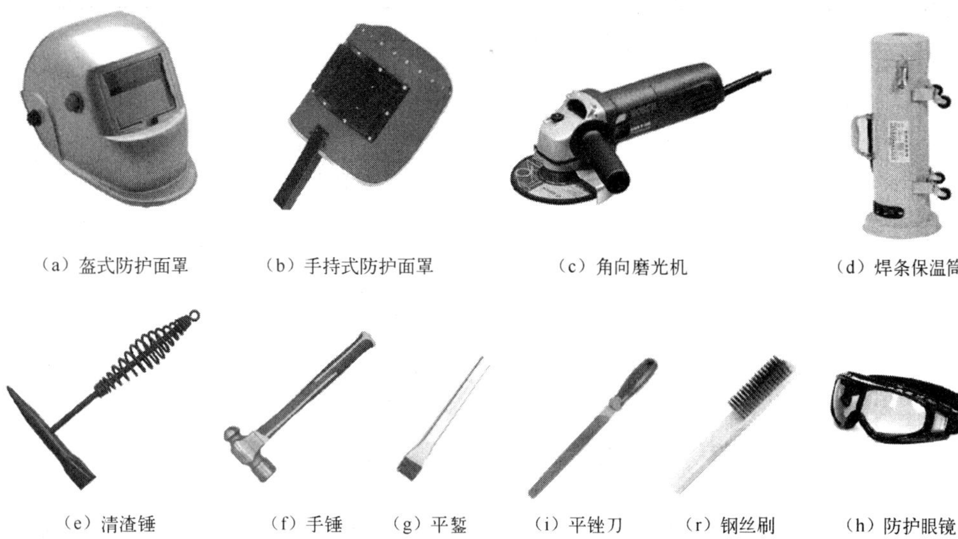

（a）盔式防护面罩　（b）手持式防护面罩　（c）角向磨光机　（d）焊条保温筒

（e）清渣锤　（f）手锤　（g）平錾　（i）平锉刀　（r）钢丝刷　（h）防护眼镜

图 1-1-5　焊接辅助工具

二、实训步骤

图 1-1-6　合闸送电

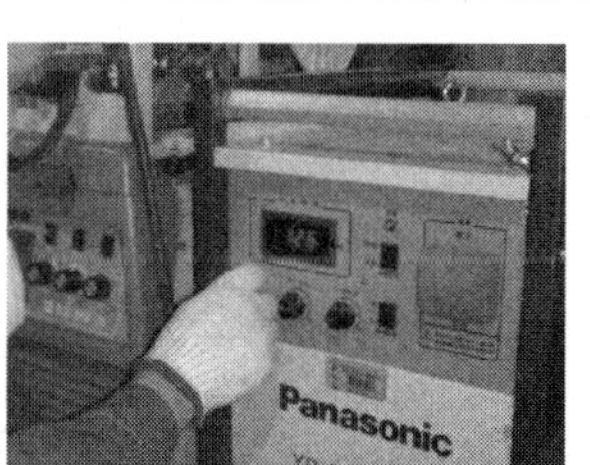

图 1-1-7　调节电流

1. 合闸送电、调整焊接电流

（1）合闸送电要侧身推送，防止电弧灼伤面部，如图 1-1-6 所示。

（2）调节焊接电流时，应顺时针轻轻旋转旋扭，直至达到所选电流值，如图 1-1-7 所示。

（a）蹲姿　（b）坐姿　（c）站姿

图 1-1-8　焊接的基本操作姿势

2. 焊接的基本操作姿势

焊接基本操作姿势有蹲姿、坐姿和站姿，如图 1-1-8 所示。其中蹲姿最常用，实训中也常采用蹲姿。操作时，两脚与肩同宽，脚尖向外，身体自然下蹲。

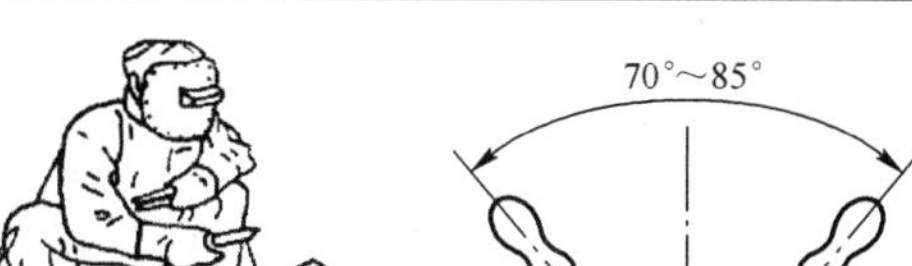

（a）　（b）

图 1-1-9　引弧操作姿势

3. 引弧操作姿势

引弧处距离脚尖 200～300 mm。持焊钳的胳膊半张开，悬空操作，如图 1-1-9 所示。

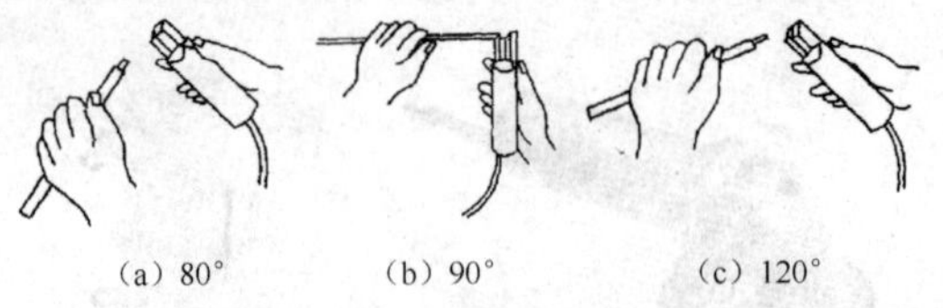

图 1-1-10　焊钳与焊条的夹角

4. 焊钳与焊条的夹角

焊钳与焊条的夹角如图 1-1-10 所示。焊钳用于夹持焊条，是焊接时传导焊接电流的器械。它与电弧焊机配套使用，手工电弧焊时，用以夹持和操纵焊条，是并保证与焊条电气连接的手持绝缘器具。焊钳有外壳防护、防电击保护、耐高温、耐焊接飞溅、耐跌落等主要技术指标。

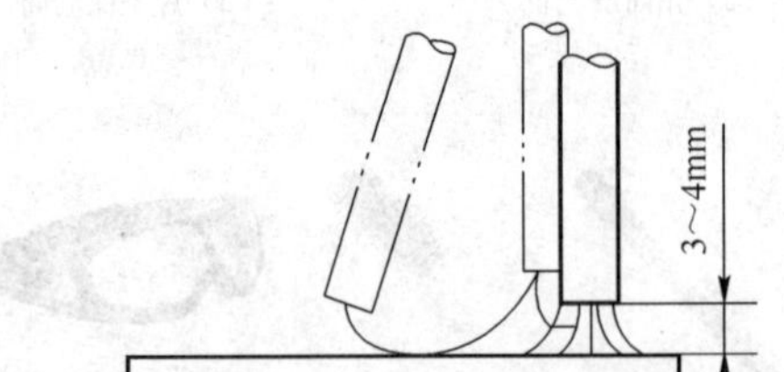

图 1-1-11　划擦法引弧

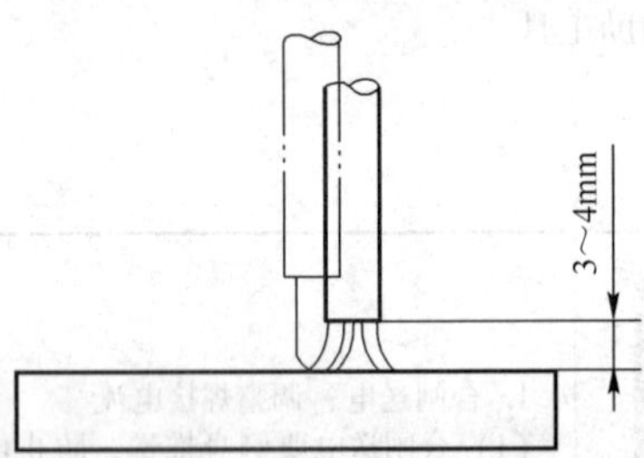

图 1-1-12　直击法引弧

5. 引弧方法

(1) 划擦法

操作要领：类似划火柴。先将焊条端部对准焊缝，然后将手腕扭转，使焊条在焊件表面上轻轻划擦，划的长度以 20～30 mm 为佳，以减少对工件表面的损伤，然后将手腕扭平后迅速将焊条提起，使弧长约为所用焊条直径的 1.5 倍，做“预热”动作(即停留片刻)，其弧长不变，预热后将电弧压短至与所用焊条直径相符。在始焊点作适量横向摆动，并在起焊处稳弧（即稍停片刻）以形成熔池后进行正常焊接，如图 1-1-11 所示。

(2) 直击法

操作要领：焊条垂直于焊件，使焊条末端对准焊缝，然后将手腕下弯，使焊条轻碰焊件，引燃后，手腕放平，迅速将焊条提起，使弧长约为焊条直径的 1.5 倍，稍作“预热”后，压低电弧，使弧长与焊条直径相等，且焊条横向摆动，待形成熔池后向前移动，如图 1-1-12 所示。影响电弧引燃的因素有：工件清洁度、焊接电流、焊条质量、焊条酸碱性、操作方法等。

图 1-1-13　引燃电弧

6. 引燃电弧

引弧前应检查焊条端部铁芯是否裸露，如不裸露应轻击地面，焊条与焊件接触后，电弧引燃，然后迅速向上提起，提起距离要适度，否则会出现灭弧现象。引弧时，若焊条与工件出现粘连，应迅速使焊钳脱离焊条，以免烧损电弧焊电源，待焊条冷却后，用手将焊条拿下，如图 1-1-13 所示。

初学引弧，要注意防止弧光灼伤眼睛。对刚焊完的工件和焊条头不要用手触摸，也不要乱丢，以免烫伤和引起火灾。

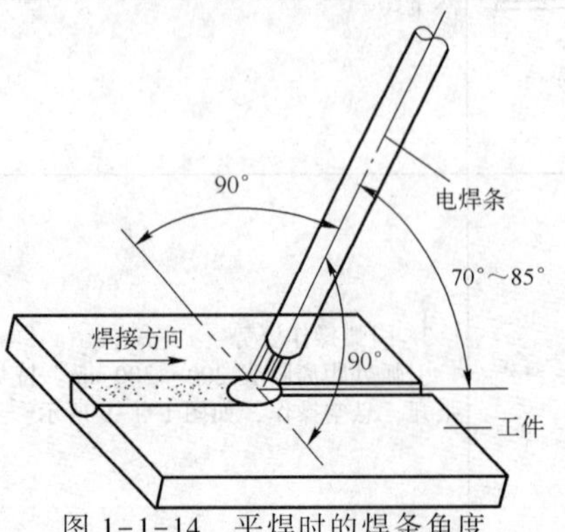

图 1-1-14　平焊时的焊条角度

7. 运条的基本动作与焊条角度

(1) 运条的基本动作

在正常焊接时，焊条运动一般由三个基本运动相互配合，即沿焊条中心向熔池递进、沿焊接方向移动、焊条横向摆动，平焊时的焊条角度和运条的基本动作如图 1-1-14 和图 1-1-15 所示。

(2) 焊条的递进

沿焊条的中心线向熔池送进，主要用来维持所要求的电弧长度并向熔池添加填充金属。焊条送进的速度应与焊条熔化速度相适应，如果焊条送进速度比焊条熔化速度慢，电弧长度会增加；反之如果焊条送进速度太快，则电弧长度迅速缩短，使焊条与焊件接触，造成短路，从而影响焊接过程的顺利进行。

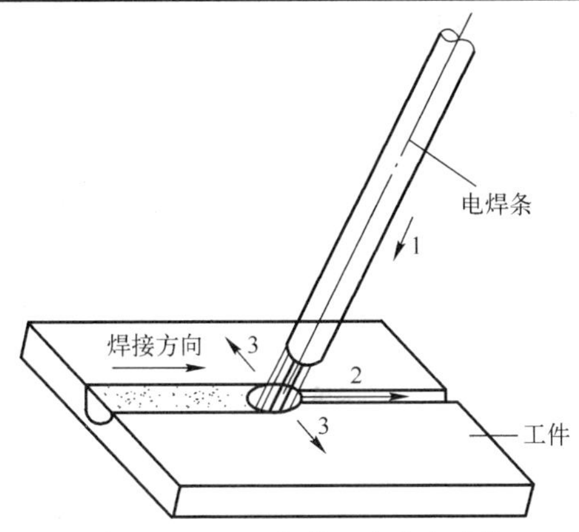

图 1-1-15　运条的三个基本动作
1—递进；2—纵向移动；3—横向摆动

长弧焊接时所得焊缝质量较差，因为电弧易左右飘移，使电弧不稳定，电弧的热量散失，焊缝熔深变浅，又容易使空气侵入易产生气孔，所以在焊接时应选用短弧。

图 1-1-16　焊道外观不整齐

(3) 焊条纵向移动

焊条沿焊接方向移动，目的是控制焊道成形，若焊条移动速度太慢，则焊道会过高、过宽、外形不整齐，如图 1-1-16 所示。焊接薄板时甚至会发生烧穿等缺陷。若焊条移动太快，则焊条和焊件熔化不均造成焊道较窄，甚至发生未焊透等缺陷，如图 1-1-17 所示。只有速度适中时才能焊成表面平整、焊波细致而均匀的焊缝，如图 1-1-18 所示。焊条沿焊接方向移动的速度由焊接电流、焊条直径、焊件厚度、装配间隙、焊缝位置，以及接头形式来决定。

(4) 焊条横向摆动

焊条横向摆动，主要是为了获得一定宽度的焊缝和焊道，也是对焊件输入足够的热量，排渣、排气等。其摆动范围与焊件厚度、坡口形式、焊道层次和焊条直径有关，摆动的范围越宽，则得到的焊缝宽度也越大。

为了控制好熔池温度，使焊缝具有一定宽度和高度及良好的熔合边缘，对焊条的摆动可采用多种方法。

图 1-1-17　焊道缺陷

(5) 焊条角度

焊条角度应根据焊接位置、工件厚度、工作环境、熔池温度等来选择，如图 1-1-19 所示。

图 1-1-18　焊道波纹细致均匀

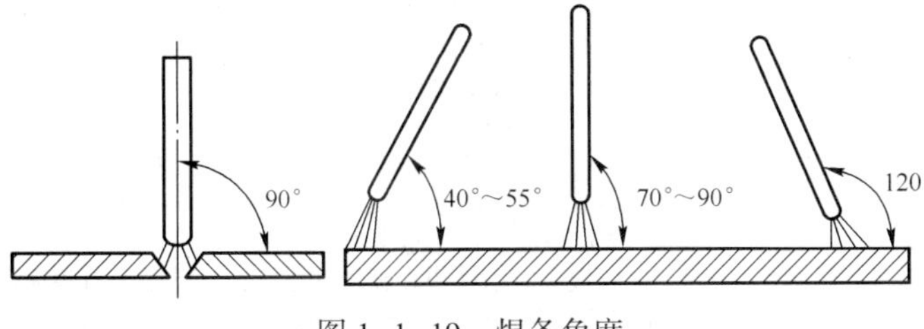

图 1-1-19　焊条角度

8. 运条方法训练

首先更换板材，采用 300 mm×200 mm×8 mm 的钢板，调节焊接电流，在引弧训练的基础上，练习常用运条方法，如直线移动运条法、直线往复运条法、锯齿形运条法、月牙形运条法、三角形运条法、“8”字形运条法、圆圈运条法等，操作中注意控制电弧长度、焊条角度与焊接速度。在实际生产中，一般焊工会根据自己的习惯和经验，以及技术要求选择运条方法，其应用范围见表 1-1-1。

表 1-1-1　常用运条方法及适用范围

运条方法		运条示意图	应用范围
直线运条法			薄板对接平焊，多层焊的第一层及多层多道焊
直线往复运条法		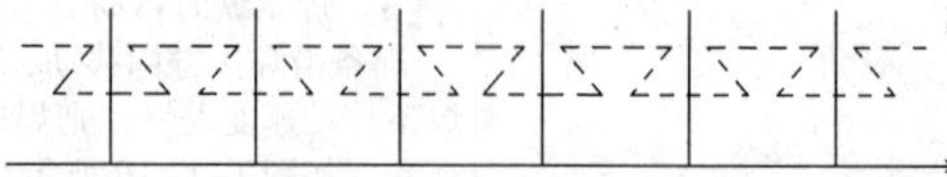	薄板焊，对接平焊（间隙较大）
锯齿形运条法		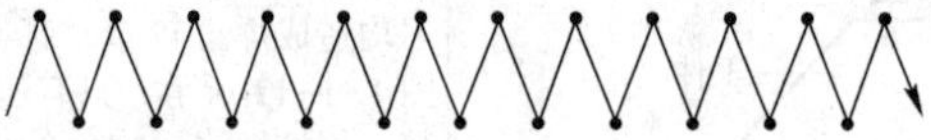	对接接头平焊、立焊、仰焊，角接接头立焊
月牙形运条法			管的焊接，对接接头平焊、立焊、仰焊，角接接头立焊
三角形运条法	斜三角形	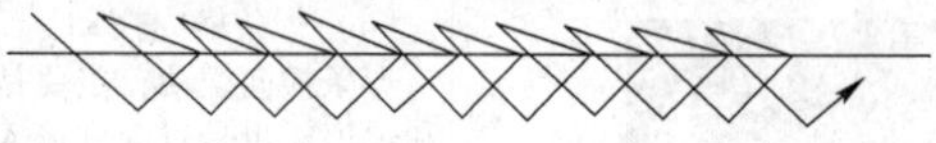	角接接头仰焊，开 V 形坡口对接接头横焊
	正三角形	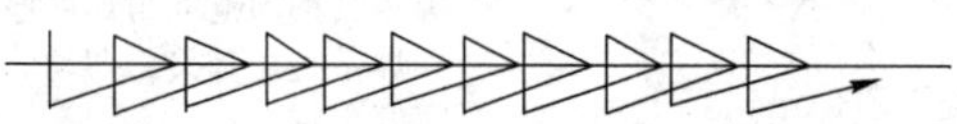	角接接头立焊
圆圈形运条法	斜圆圈形	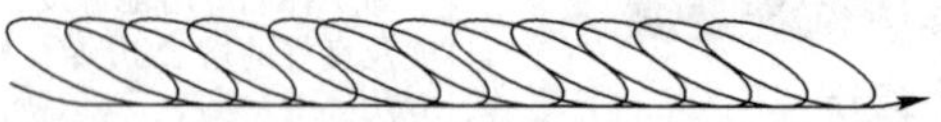	角接接头仰焊、对接接头横焊
	正圆圈形	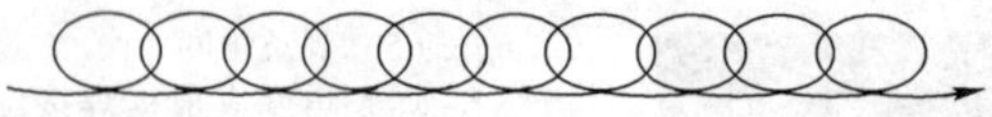	对接接头厚板件平焊
8 字形运条法		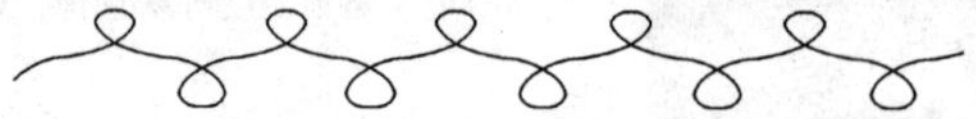	对接接头厚焊件平焊

运条时的注意事项：

（1）焊条运至焊缝两侧时应稍作停顿，并压低电弧。

（2）三个动作运行时要有规律，应根据焊接位置、接头形式、焊条直径与性能、焊接电流大小，以及技术熟练程度等因素来掌握。

（3）对于碱性焊条应选用较短电弧进行操作。

（4）焊条在向前移动时，应做到匀速运动，不能时快时慢。

（5）运条方法的选择应在实习指导教师的指导下，根据实际情况确定。

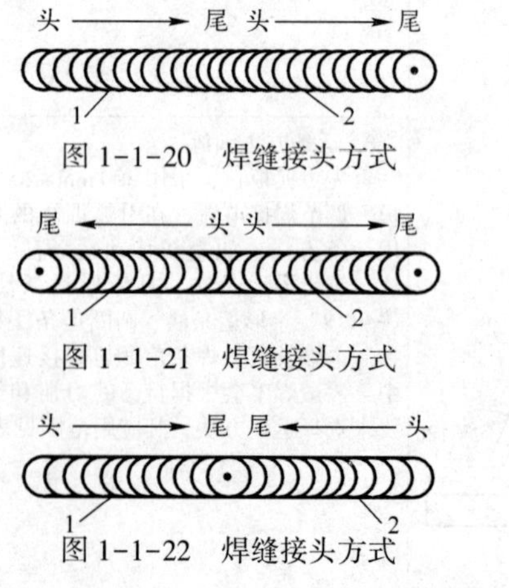

图 1-1-20　焊缝接头方式

图 1-1-21　焊缝接头方式

图 1-1-22　焊缝接头方式

9. 接头技术

焊条电弧焊时，由于受到焊条长度的限制或操作姿势的变化，不可能一根焊条完成一条焊缝，因而出现了焊道前后两段的连接。焊道连接一般有以下几种方式。

（1）后焊焊缝的起头与先焊焊缝结尾相接，如图 1-1-20 所示。

（2）后焊焊缝的起头与先焊焊缝起头相接，如图 1-1-21 所示。

（3）后焊焊缝的结尾与先焊焊缝结尾相接，如图 1-1-22 所示。

（4）后焊焊缝结尾与先焊焊缝起头相接，如图 1-1-23 所示。

（5）焊道连接注意事项。

① 接头时引弧应在弧坑前 10 mm 任何一个待焊面上进行，然后迅速移至弧坑处划圈进行正常施焊。

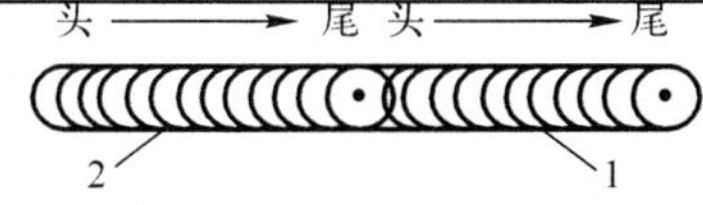 图 1-1-23　焊缝接头方式	② 接头时应对前一道焊缝端部进行认真地清理工作，必要时可对接头处进行修整，这样有利于保证接头的质量。
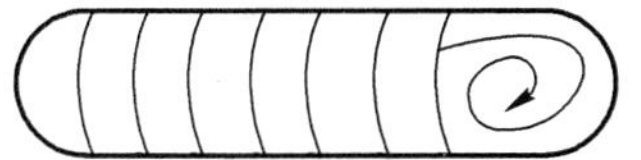 图 1-1-24　划圈收尾法 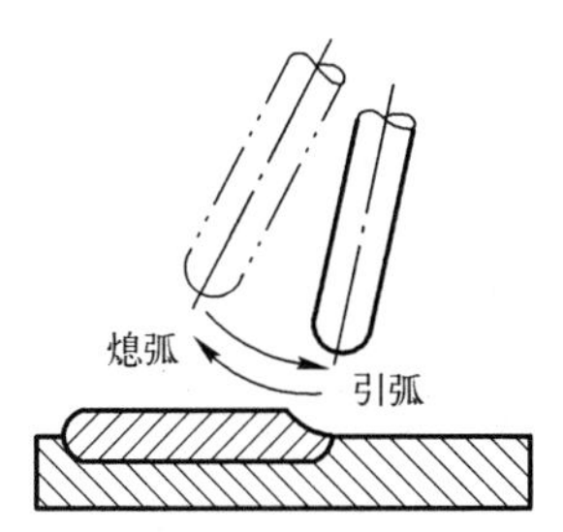 图 1-1-25　反复断弧收尾法 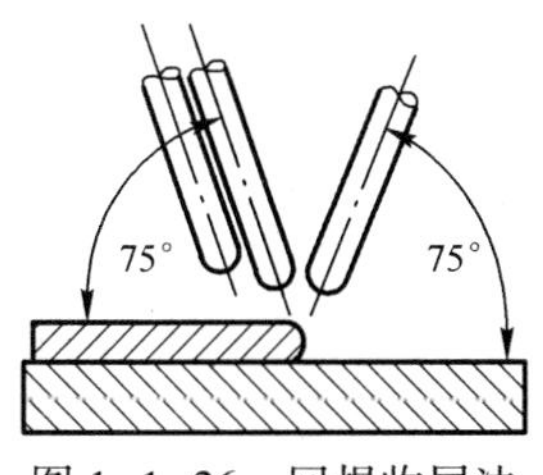 图 1-1-26　回焊收尾法	10. 焊缝的收尾 焊接时电弧中断和焊接结束，都会产生弧坑，常出现疏松、裂纹、气孔、夹渣等现象。为克服弧坑缺陷，必须采用正确的收尾方法，一般常用收尾方法有三种。 （1）划圈收尾法。 焊条移至焊缝终点时，作圆圈运动，直到填满弧坑再拉断电弧。此法适用于厚板收尾如图 1-1-24 所示。 （2）反复断弧收尾法。 焊条移至焊缝终点时，在弧坑处反复熄弧，引弧数次，直到填满弧坑为止。此法一般适用于薄板和大电流焊接，不适用于碱性焊条，如图 1-1-25 所示。 （3）回焊收尾法。 焊条移至焊缝收尾处即停住，并随即改变焊条角度回焊一小段。此法适用于碱性焊条，收尾方法的选用还应根据实际情况来确定，可单项使用，也可多项结合使用。无论选用何种方法都必须将弧坑填满，达到无缺陷为止，如图 1-1-26 所示。

一、焊接安全与防护

在焊接施工中，会产生一些不安全因素，例如有毒气体、有害烟尘、焊接弧光、热辐射、高频电磁波、金属熔滴与焊接火花飞溅等，致使焊接操作容易发生触电、火灾、爆炸、烫伤、灼伤或中毒等危险。为了有效地排除危害，确保安全生产，保护焊工的身体健康和生命安全，要求在焊接实训过程中必须提高对安全生产的认识，了解有关安全生产的基础知识，遵守安全操作规程，预防事故发生，并加强对操作人员的焊接劳动保护教育，使操作人员学会正确使用焊接劳动保护用品。

二、焊接场地的安全检查

（1）检查焊接作业点的设备、工具、材料是否排列整齐，不得乱堆乱放。

（2）检查焊接场地是否有必要的安全通道，且车辆通道宽度不小于 3 m，人行通道不小于 1.5 m。作业场地要有良好的通风设施。

（3）检查所有焊接电缆线是否互相缠绕，如有缠绕，必须分开；气瓶用后是否已移出工作场地；在工作场地的各种气瓶不得随便放置。

（4）检查焊接作业面积是否足够，焊接作业面积应不小于 4 m^2；地面应干燥；工作场地要有良好的自然采光或局部照明。

（5）焊接场地周围 10 m 范围内禁止放易燃、易爆物品，焊接场地内的空气不允许有可燃气体、液体燃料的蒸气及爆炸性粉尘等，场地内应备有消防器材，如图 1–1–27、图 1–1–28 所示。

图 1–1–27　消火栓

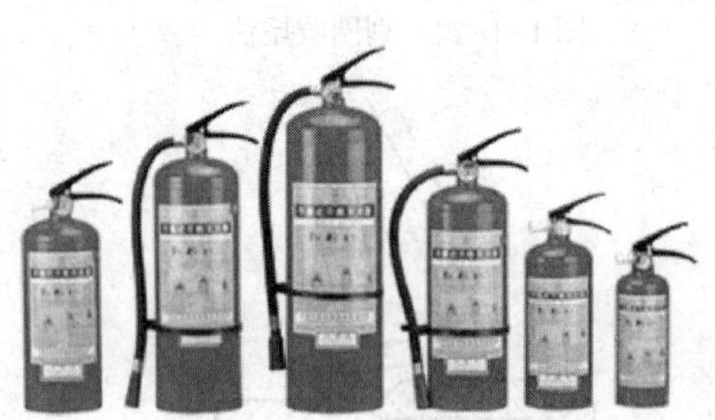

图 1–1–28　灭火器

（6）室内作业应检查通风是否良好；多点焊接作业或与其他工种混合作业时，各工位间应设防护屏。

（7）室外作业现场要检查以下内容：登高作业现场是否符合安全要求；在地沟、坑道、检查井、管道和半封闭地段等处作业时，应严格检查有无爆炸和中毒危险，应该用仪器进行检查分析，禁止用明火及其他不安全的方法进行检查。对附近敞开的孔洞和地沟，应用石棉板盖严，防止火花进入。

（8）焊接操作结束后，应仔细检查焊接场地及其周围，确认没有事故隐患之后方可离开场地。

（9）对焊接场地检查时要做到：仔细观察环境，分析各类情况，认真加强防护。

三、焊接设备的安全检查

（1）焊接作业前，应先检查电焊机外壳接地（或接零）是否安全可靠，电缆接线是否良好，焊钳是否具有良好的绝缘和隔热能力，如图 1–1–29 所示。

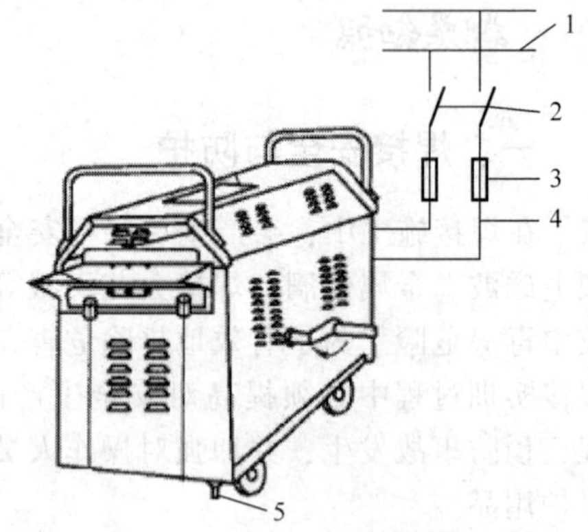

图 1–1–29　电焊机外壳接地示意图

1—电源；2—开关；3—熔断器；
4—电源电缆；5—外壳接地螺栓

（2）电焊机的电源线必须有足够的导电截面积和良好的绝缘且不宜过长，2 ～ 3 m 为宜；铁壳开关的外壳和电焊机的接地线均要有足够的截面积。

（3）电焊机应放置在干燥通风处，保持电焊机的整洁。

（4）检查焊接电缆和接线板是否损坏，接线柱的螺母是否松动，电流调节机构是否灵活、完好。

（5）工作结束以后，电焊机必须拉闸断电，以防止触电、发生意外。

（6）焊接设备的安装和检修，需由电工切断电源后进行，焊工不得擅自拆卸或检修。

（7）改变电焊机接头、移动工作地点、根据焊接需要改接二次线路、检修焊接的故障和更换熔断丝时，必须切断电源。

四、工、夹具的安全性检查

（1）焊钳。焊接前应检查焊钳与焊接电缆接头处是否牢固。如果两者接触不牢固，焊接时将影响电流的传导，甚至会出现火花。另外，接触不良将使接头处产生较大的电阻，这时焊钳发热变烫，影响焊工的操作。此外，应检查钳口处是否完好，以免影响夹持焊条。

（2）面罩和护目镜。检查面罩和护目镜是否遮挡严密，有无漏光现象。

（3）角向磨光机。检查砂轮转动是否正常，有没有漏电现象；砂轮片是否坚固，是否有裂纹、破损，避免使用过程中砂轮碎片飞出伤人。

（4）锤子。检查锤头是否松动，避免在打击过程中锤头甩出伤人。

（5）扁铲、錾子。检查其边缘有无毛刺、裂痕，若有应及时清除，防止使用中碎片飞出伤人。

（6）夹具。各类夹具，特别是带有螺钉的夹具，要检查其上的螺钉是否转动灵活，若已锈蚀则应除锈，并加以润滑，以防使用中失去作用。

五、焊工的着装检查

（1）焊接作业时，做好个人防护，穿好工作服、焊工防护鞋，佩戴电焊手套，并保持干燥和清洁，达到安全保护要求。

（2）特殊情况下（如夏天身体出汗，衣服潮湿等）工作时，切勿将身体倚靠在带电的工作台上、被焊工件上或接触焊钳的带电部位。在潮湿的环境中焊接时，应在脚下垫上干燥的橡胶板或其他绝缘衬垫，以保证良好绝缘。

六、正确使用焊工劳动保护用品

（1）正确穿戴工作服。穿工作服时要把衣领和袖口扣好，上衣不应扎在工作裤里边，工作服不应有破损、孔洞和缝隙，不允许穿粘有油脂或潮湿的工作服。

（2）在仰位焊接、切割时，为了防止火星、熔渣从高处溅落到头部和肩上，焊工应戴阻燃皮风帽，穿着用防燃材料制成的护肩、长套袖、围裙和鞋盖。

（3）电焊手套和焊工防护鞋不应潮湿和破损。

（4）正确选择电焊防护面罩上护目镜的遮光号，以及气焊、气割防护镜的眼镜片。

（5）佩戴各种耳塞时，要将塞帽部分轻轻推入外耳道内，使其和耳道贴合，不要用力过猛和塞得太紧。

七、防电、防火、防爆、防毒的安全措施

（1）施工过程中有人触电时，不可赤手接触触电者，应首先迅速切断电源；如触电者处于昏迷状态，要立即施行人工呼吸，如图 1-1-30 所示。首先将触电者仰卧，清除口中的血块、异物、假牙等，同时解开衣领，拉开身上紧身衣服，使胸部可以自由扩张。抢救者站在触电者一边，近头的一只手紧捏触电者的鼻孔，并将手掌的外缘压住其额部，另一只手托着触电者的颈后，将颈部略向上抬，一般触电者的嘴巴都能自动张开，准备接受吹气，进行口对口吹气。抢救者做深呼吸 2 ～ 3 次后，张开口以封闭患者的嘴周围，连续向肺内吹气 2 次后，放开双侧鼻孔。同时观察其胸部有没有隆起，以决定吹气和放松是否有效。每分钟 12 次。每次吹气速度要均匀，直到触电者能自由呼吸为止。

（2）进行人工胸外心脏按压法救治。将触电者仰卧，后背着地必须结实，如图 1-1-31（a）所示。抢救者位于触电者一边，两手双叠，用掌根按至触电者胸部下三分之一部位，即中指置于其颈

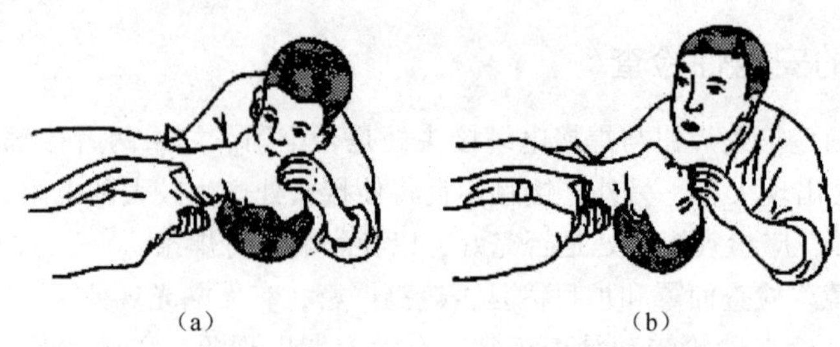

（a）　　（b）

图 1-1-30　口对口人工呼吸法

部凹陷的边缘，掌根所在的位置即为正确按压区，如图 1-1-31（b）所示。抢救者自上而下直线均衡地用力向脊柱方向挤压，使胸部下陷 30 ～ 40 mm，挤压心脏以达到排血作用，然后突然放松挤压（注意手掌不要离开胸壁）。依靠胸部的弹性，自动恢复原状时，心脏扩张，大静脉血液就能回流心脏，如图 1-1-31（c）所示。按上述步骤不断进行操作，每分钟 60 次，挤压位置要准确，用力适当，不得过猛，防止肋骨和内脏损伤。

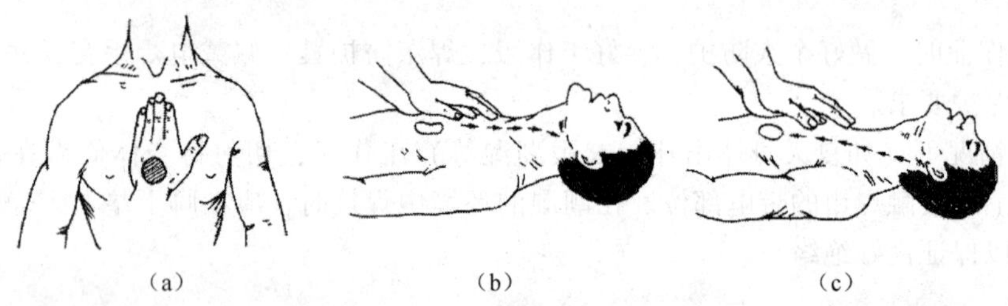

（a）　　（b）　　（c）

图 1-1-31　人工胸外挤压法

（3）推拉电源开关时，应戴干燥皮手套或线手套，且侧偏头部，以防面部被电火花灼伤。

（4）焊接作业时，切忌身体接触被焊工件，尤其是在夏季易出汗，衣服潮湿的情况下。在金属容器内或狭窄的工作场所施焊，应采用橡胶或其他绝缘衬垫，以保证人体与工件间良好绝缘，并要求两人轮换作业，以便相互照顾，更换焊条时应戴好手套。

（5）焊接场地内不应有油类或其他易燃、易爆物质的器皿或管线、氧气瓶。

（6）对受压容器、密闭容器、各种油桶和管道、粘有可燃物质的工件施焊时，必须事先进行检查，并经过冲洗除掉有毒、有害、易燃、易爆物质，解除容器及管道压力，消除容器密闭状态后，再进行焊接。

（7）焊接密闭空心焊件时，必须留有出气孔，焊接管子时，两端不准堵塞。

（8）在有易燃、易爆物的车间、场所或煤气管、乙炔管（瓶）附近焊接时，必须取得消防部门的同意。操作时采取严密措施，防止火星飞溅引起火灾。

（9）在焊接黄铜、铅等有色金属时，必须要有通风除尘装置，以免中毒。

（10）焊工不准在木板、木砖地上进行焊接操作。

（11）焊工不准在手把或接地线裸露情况下进行焊接，也不准将二次回路线乱接乱搭。

（12）气焊、气割时，要使用合格的电石、乙炔发生器及回火防止器，压力表（乙炔、氧气）要定期校验，还要应用合格的橡胶软管。

（13）离开施焊现场时，应关闭气源、电源，并将火种熄灭。

八、射线、高频电磁场的防护措施

（1）用薄金属板制成密封罩，在其内部完成施焊，将有毒气体、烟尘及放射性气溶胶等最大限度地控制在一定空间内，通过排气、净化装置排到室外。

（2）钍钨极储存点应固定在地下室封闭箱内，钍钨极磨尖点应安装除尘设备。

（3）对真空电子束焊等放射性强的作业点，应采取屏蔽防护。

（4）在不影响使用的情况下，降低振荡器的频率。

（5）工件接地良好，降低高频电流。

（6）加装屏蔽盒屏蔽把线及地线，使高频电场局限在屏蔽内，可大大减小对人体的影响。其方法为采用细铜线编织软线，套在电缆胶管外面。

（7）降低作业现场的温度和湿度，温度越高，肌体所表现的症状越突出，湿度越大，越不利人体散热。所以，加强通风降温，控制作业场所的温度和湿度，可减少高频电磁场对肌体的影响。

任务评价

实训任务	电弧引燃与运条方法			实训时间				
班级			姓名			成绩		
注意事项	1. 劳动保护用品穿戴整齐（防护作业服、绝缘鞋、长腰皮手套）。 2. 焊接安全检查要仔细							
项目考核	1	评分标准	遵守课堂纪律	10分	检测结果		得分	
	2		正确检查焊接场地	10分				
	3		正确检查焊接设备	10分				
	4		正确检查工、夹具	10分				
	5		引弧及运条方法正确	15分				
	6		电弧稳定	15分				
	7		焊接效果（成形好）	15分				
	8		工件无烧穿	5分				
	9		工件外表清理干净	10分				
	10		劳动保护用品齐全	—				—
	11		违反操作规程	—		停止操作		—
		总分		100分		总得分		
教师评价								

否定项：1. 劳动保护用品穿戴不齐全。
2. 未经允许擅自推拉电闸。
3. 未戴防护眼镜清理熔渣。

任务扩展

1. 引弧堆焊训练

引弧堆焊和定点引弧用材：200 mm×200 mm×12 mm 普钢板，引弧堆焊可用废材，焊条选用 E4303（J422）酸性焊条。首先在工件上用石笔画出直径 10 mm 的圆圈，然后用直击法在圆圈内直击引弧。引弧后保持适当的电弧长度，在圆圈内做画圈动作 2 ～ 3 次后灭弧。不要拿掉面罩，因灭弧处处在焊点金属冷凝期间，在灭弧处还有光亮，稍停数秒继续引弧画圈，直至焊柱达到要求为止，如图 1-1-32 所示。

2. 确定焊接工艺参数

焊接工艺参数见表 1-1-2。

表 1-1-2　焊接工艺参数

焊接任务	焊条直径/mm	焊接电流/A	电弧长度/mm	焊接次数/min
引弧堆焊	3.2	120～130	3～4	35～45
定点引弧	3.2	120～130	3～4	45～50

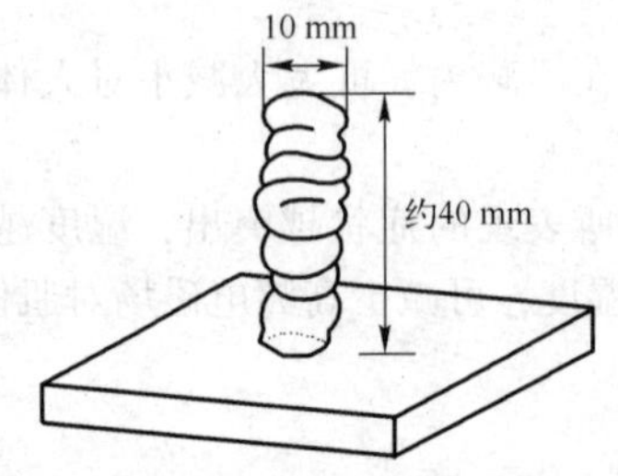

图 1-1-32　引弧堆焊柱

3. 定点引弧

在准备好的工件上按图 1-1-33 所示用石笔画线，然后在直线的交叉点用划擦法引弧。引弧后，焊成直径 10 mm 的焊点后灭弧。连续不断重复操作完成若干焊点的引弧训练。

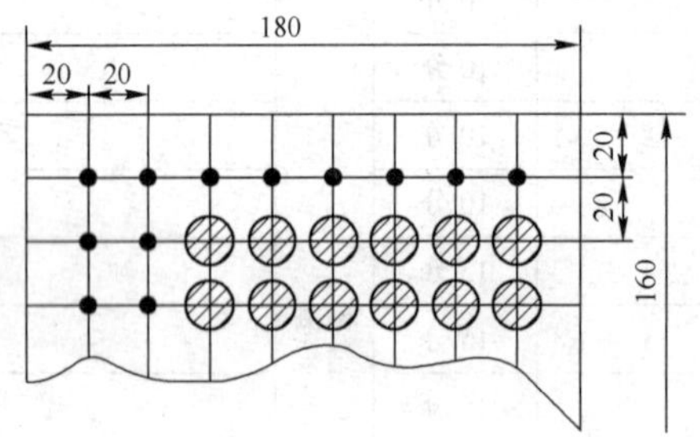

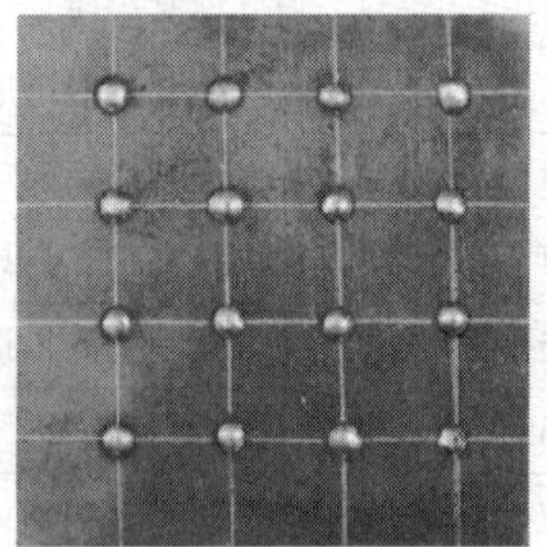

图 1-1-33　定点引弧成形

上述两种引弧训练方法，给以后的焊接操作打下良好的基础，尤其是单面焊双面成形的打底层焊接，用断弧法击穿坡口形成熔池有较好的作用。

任务二　I 形坡口板对接平位双面焊

任务目标

1. 学会板对接平位双面焊的工件装配工艺。
2. 能正确选择和调整焊接工艺参数。
3. 掌握板对接平位焊的操作技巧。
4. 根据焊接位置和技术要求，选择正确的运条方法。

任务描述

1. 识图

根据图纸要求工件尺寸规格为：300 mm×100 mm×6 mm，一组两块，如图 1-2-1 所示。

2. 技术要求

（1）板对接平位双面焊。

（2）根部间隙不大于 2 mm。

（3）可预留反变形量。

3. 焊材

（1）工件材质：Q235 低碳钢板材。

（2）焊接材料：焊条选用 E4303（J422）ϕ3.2 mm、ϕ4.0 mm；焊条使用前应进行烘焙，烘焙温度为 75 ～ 150 ℃，保持恒温 1 ～ 2 h，随后装入焊条保温筒随用随取。

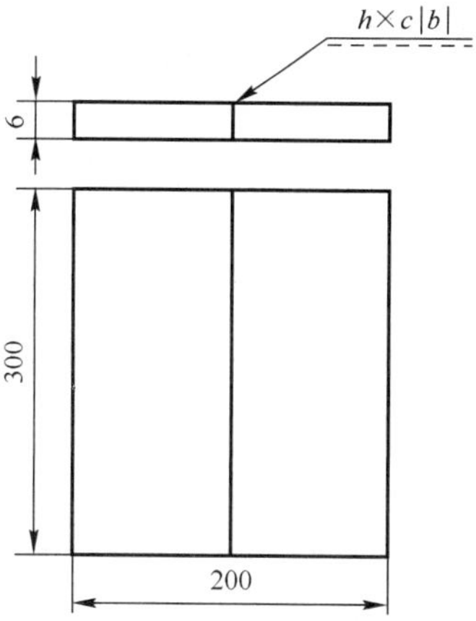

图 1-2-1　板对接平位双面焊

任务分析

平位对接焊是在水平位置上焊接对接接头的一种操作方法。

焊接时，焊条熔滴受重力和电弧吹力作用过渡到熔池中，其操作相对容易。如果焊接工艺参数选择不合适或操作不当，极易产生焊接缺陷，会造成焊瘤、咬边、焊道宽窄不一等现象发生。操作时，如果焊条角度不合适或运条方法不当，则铁水和熔渣不能很好地分离，容易在焊缝中产生夹渣。

采用直流焊机施焊时，可能会产生磁偏吹现象。磁偏吹是指焊接时，因受到焊接回路所产生的电磁力作用而产生的电弧偏吹。产生磁偏吹的主要原因是接线位置不正确。因此，只要改变接地线的位置，使电弧周围的磁力线分布较均匀，就能克服磁偏吹。在操作时，适当调整焊条角度，使焊条向偏吹一侧倾斜，或采用短弧焊，都是减少磁偏吹行之有效的方法。

一、实训准备

1. 前期准备

（1）安全、环保及预防性措施。

① 工装：小帆布工作服或皮围裙必须结实、清洁、合身，不允许把上衣系在工作裤里面，防止火花掉落到衣内引燃工装造成烧伤。

② 工作鞋：工作时要穿防砸绝缘安全鞋，绝缘鞋耐电压应在 5 000 V，不能穿凉鞋或普通鞋，预防漏电造成电击伤害或被偶然坠落的工件砸伤。

③ 工作手套：焊工在操作时应戴好长腰皮手套。不允许戴潮湿的手套上机操作，防止触电。移动工件时戴好防护手套，防止烫伤。

④ 检查工作场地周围是否有可燃物体，如有易燃、易爆物品必须移到 10 m 以外的安全区域。

（2）设备、工具。

① 焊接设备：YD-400 型松下直流逆变式弧焊机。配有焊接电缆、焊钳、接地电缆及接地夹。

② 环保通风设备：混流风机 HL3-2A-4.5A、轴流风机 TN2-40。

③ 工具：焊工防护面罩、角向磨光机、清渣锤、手锤、平锉刀、平錾、钢丝刷，扭力扳手、直角尺、平光防护眼镜、焊条保温筒等。

2. 注意事项

① 检查二次线路是否完好无损，发现焊把线和接地线有破损地方，应用绝缘胶带包好。电焊机

一次线出故障必须找电工检修，禁止无证上岗操作。

(2) 电焊机电源推拉电闸时必须戴绝缘手套侧向操作。焊把线和零线不允许放在工作台上，预防瞬间短路起弧，使弧光伤害眼睛。

(3) 使用角向磨光机时，戴好防护眼镜、手套，注意电源线不要拖在工件附近，防止电源线破损漏电发生危害。较重工件移动时应找人协助完成，以免砸伤。

(4) 清理焊接熔渣必须戴好防护眼镜，以防伤眼。

(5) 操作结束后，应立即切断电焊机电源，并检查场地，认真清扫，确认没有火灾隐患后，方可离开。

二、实训步骤

图 1-2-2　工件清理

1. 工件清理

首先检查原料尺寸及平直度，如有弯曲可用锤击矫正，用角向磨光机修磨工件焊缝、清理 20 mm 范围内的铁锈、油及污物，直至露出金属光泽，如图 1-2-2 所示。用锉刀锉削工件端面，然后用钢丝刷清理工件表面。

2. 确定焊接工艺参数（见表 1-2-1）

表 1-2-1　焊接工艺参数

焊接层次	焊条直径/mm	焊接电流/A	电弧长度/mm	装配间隙/mm
正面一层	3.2	120～130	3～4	≤2
正面盖面	3.2	110～120		
背面一层	3.2	120～130		

图 1-2-3　工件装配定位焊

图 1-2-4　工件反变形角度

3. 工件装配与定位焊

工件组对装配时，两板之间预留一定的间隙，以保证焊件的技术要求；在焊件的两端进行定位焊，定位焊缝长度为 10～15 mm，所用焊条与正式焊接时相同，并要保证定位焊点的质量，如图 1-2-3 所示。预置反变形量，反变形角度为 2°～3°，如图 1-2-4 所示。

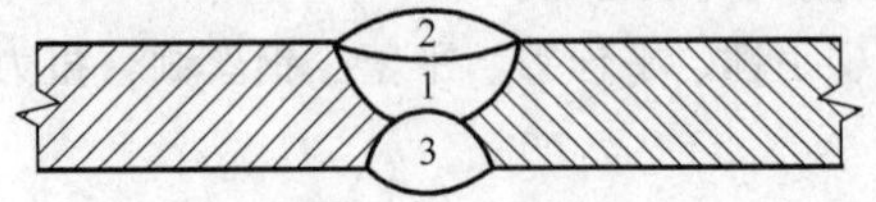

图 1-2-5　工件焊道层次分布图

4. 焊接层次

正面两层、背面全焊透，见图 1-2-5 所示。

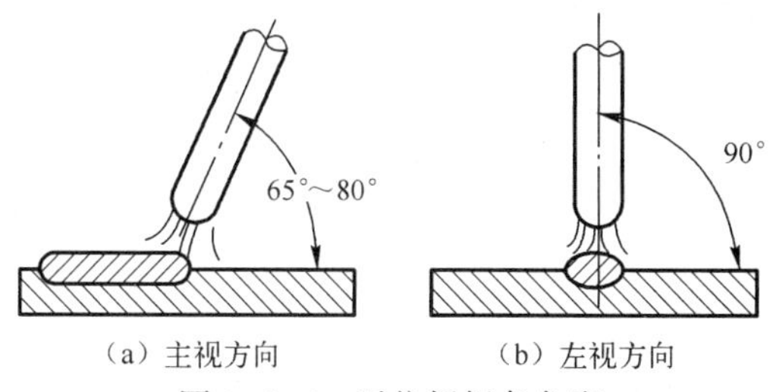

图 1-2-6　平位焊焊条角度

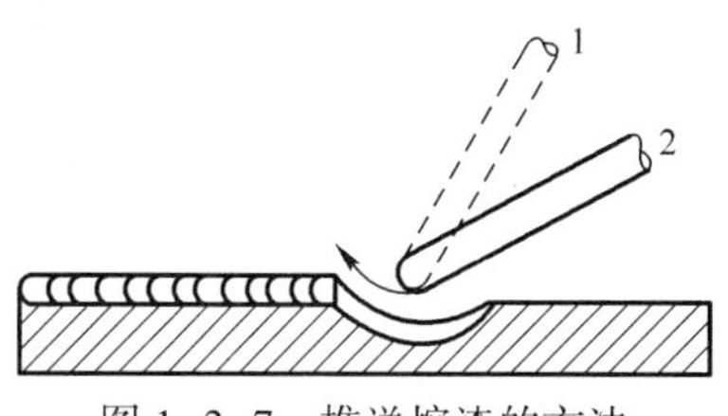

图 1-2-7　推送熔渣的方法

图 1-2-8　平位双面焊成形工件

5. 操作方法

（1）正面一层焊接

焊接时在距工件端头 15 mm 处引弧，之后将电弧拉回工件端头采用长弧预热 1～2 s，压低电弧并将其长度控制在 3 mm 左右，当熔深达到 4 mm 时，开始移动焊条，进入正常焊接，为获得较大熔深，焊接速度稍慢些，采用直线形运条，短弧施焊，如发现铁水与熔渣混合不清时，可适当拉长电弧，同时将焊条后倾角加大如图 1-2-6（a）、（b）所示。增加电弧向后的吹力作用促使铁水与熔渣分离。推送熔渣，如图 1-2-7 所示。

（2）正面二层盖面焊

盖面层焊缝的焊接方向与一层相反，焊缝接头应避免重叠（接头应至少错开 20 mm 以上），为了使焊缝成形美观，应采用锯齿形运条方法。

（3）背面层焊接

正面焊完后，将试件翻转 180°反面朝上，仔细清理焊缝背面的熔渣。调整焊接工艺参数，焊接电流适中，采用直线形或锯齿形运条，焊条角度可增大至 80°～85°，适当加快焊接速度，但要保证熔透深度为板厚的 1/3 以上。施焊时，尽量采用短弧焊，以有效保护熔池，提高焊接质量。反面焊接完成后，仔细清理焊缝表面及其两侧的熔渣和飞溅物，平位双面焊成形工件，如图 1-2-8 所示。

一、焊条电弧焊基本工艺

焊条电弧焊的基本工艺包括焊接接头类型、焊接位置、坡口形式、焊缝基本符号、焊接参数以及焊后工艺处理等。

1. 焊接接头和坡口

根据焊接使用材料的厚度不同，焊接接头有很多种形式，例如：对接接头、搭接接头、卷边接头、T 形接头和角接接头等，如图 1-2-9 所示。

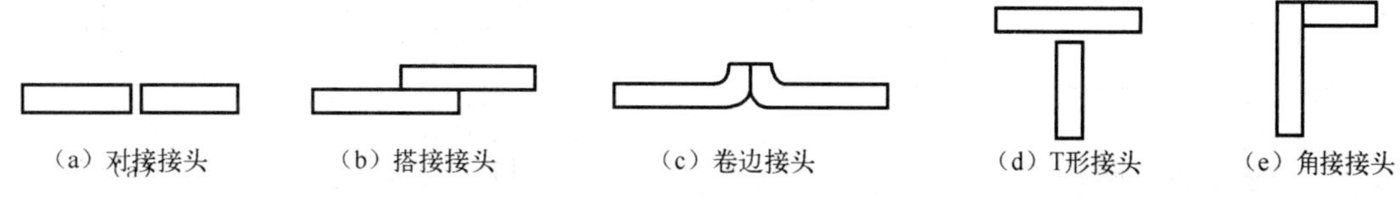

图 1-2-9　常用板材的接头形式

（1）对接接头是最常用的一种接头形式。当工件厚度小于 6 mm 时，不须开坡口，但应两面焊接。工件大于 6 mm 时，为了保证全焊透，需开坡口并留有一定间隙，如图 1-2-10 所示。

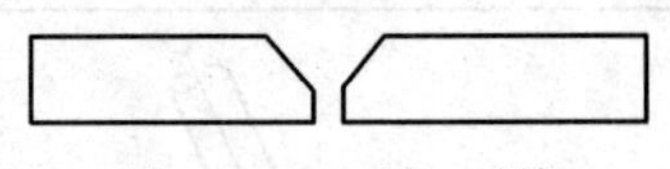

图 1-2-10　坡口对接

（2）薄板焊接时，可采用卷边对接，卷边高度为板厚的 2 倍，施焊时不用焊条作填充金属，而靠熔化卷边金属形成焊道。

2. 焊缝符号

焊缝符号一般由基本符号、辅助符号和尺寸符号组成。

（1）焊缝基本符号

基本符号是表示焊缝截面形状的符号，见表 1-2-2。

（2）焊缝辅助符号

辅助符号是表示焊缝表面形状特征的符号，见表 1-2-3。

（3）焊缝尺寸符号

一般要求：基本符号必要时可附带有尺寸符号及数据，见表 1-2-4。

表 1-2-2　焊缝基本符号

序 号	焊缝类型	示 意 图	符 号
1	I 形焊缝	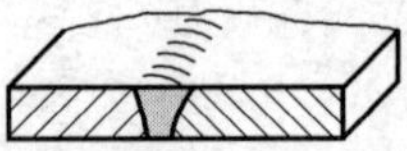	
2	V 形焊缝		
3	带钝边的 V 形焊缝	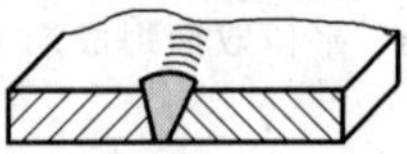	
4	单边 V 形焊缝	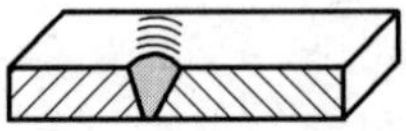	
5	带钝边单边 V 形焊缝	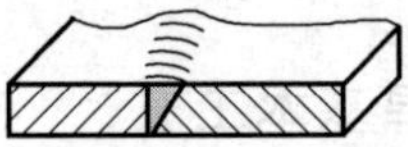	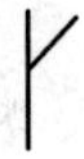
6	U 形焊缝	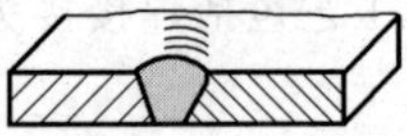	
7	带钝边 J 形焊缝	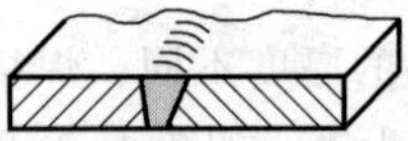	
8	喇叭形焊缝	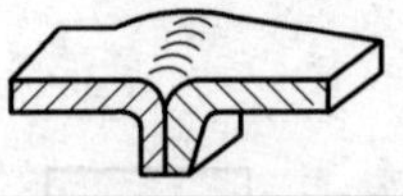	
9	单边喇叭形焊缝	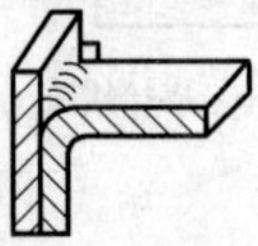	

续表

序 号	焊缝类型	示意图	符 号
10	角焊缝	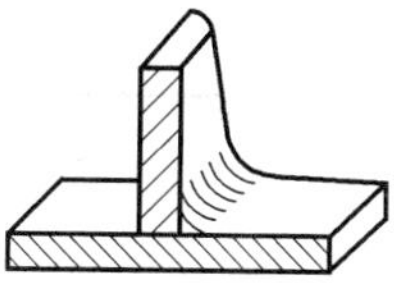	
11	塞焊缝	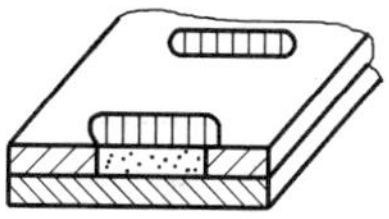	
12	点焊缝	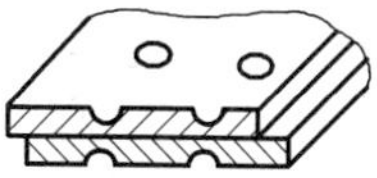	
13	缝焊缝	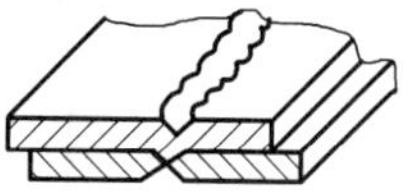	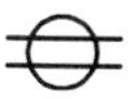
14	封底焊缝	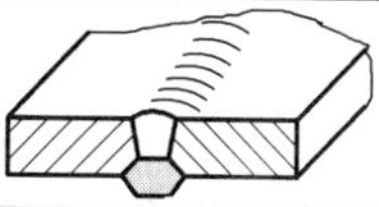	
15	堆焊缝	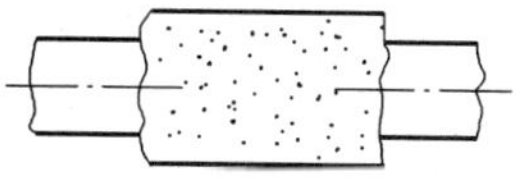	

表 1-2-3 焊缝辅助符号

序 号	名 称	形 式	符 号	说 明
1	平面符号	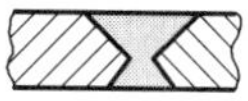		表示焊缝表面平齐
2	凹陷符号	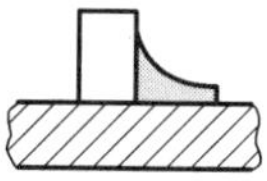		表示焊缝表面凹陷
3	凸起符号	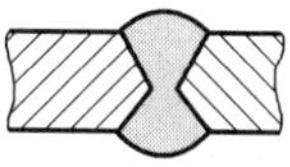		表示焊缝凸起
4	带垫板符号	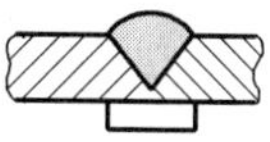		表示焊缝底部有垫板
5	三面焊缝符号	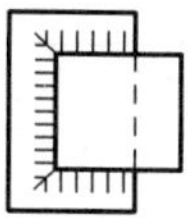		要求三面焊缝符号的开口方向与焊缝的实际方向基本一致
6	封闭焊缝符号	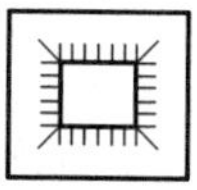		表示环绕焊件周围的焊缝
7	现场符号			表示在工地或设备现场进行焊接

表 1-2-4 焊缝尺寸符号

符号	名称	示意图	符号	名称	示意图
δ	焊件厚度		N	相同焊缝数量	N=4
α	坡口角度		R	根部半径	
β	坡口面角度		l	焊缝长度	
b	根部间隙		e	焊缝间距	
p	钝边		K	焊脚尺寸	
c	焊缝宽度		H	坡口深度	
s	焊缝有效厚度		h	余高	

实训任务	I形坡口板对接平位双面焊		实训时间		
班级		姓名		成绩	
注意事项	1. 劳动保护用品穿戴整齐（防护作业服、绝缘鞋、长腰皮手套）。 2. 焊接操作前应检查焊接设备及辅助工具是否完好无损，发现异常应及时处理。 3. 推拉电器开关时要侧身，不能面对开关，防止电弧火花灼伤面部。 4. 焊接操作时要戴好防护面罩，防止弧光伤害。 5. 清渣时要戴好护目镜，防止熔渣飞溅烫伤眼睛。 6. 操作完毕后须切断电源开关，清理好现场。 7. 工具摆放整齐，焊接试件放到安全地方，预防火灾发生				

续表

实训任务	I 形坡口板对接平位双面焊			实训时间				
班级			姓名			成绩		
技术考核	1	评分标准	表面无夹渣、裂纹	5 分	检测结果		得分	
	2		无烧穿、焊瘤	10 分				
	3		无气孔、夹渣	15 分				
	4		咬边深≤0.5 mm、长≤10 mm	15 分				
	5		无未熔合和未焊透	15 分				
	6		焊缝正面宽度差≤2 mm	10 分				
	7		焊缝背面宽度差≤2 mm	10 分				
	8		焊后试板无错边	10 分				
	9		焊缝成形整齐、光滑、美观	10 分				
		总分		100 分			总得分	

否定项：1. 焊道表面有裂纹。
2. 焊缝原始表面遭到破坏，有加工或补焊、返修焊等。
3. 操作时间超过定额的 50%。

任务扩展

1. I 形坡口板对接平位单面焊双面成形

当焊件厚度小于 6 mm 时，一般采用不开坡口（或 I 形坡口）对接焊，由于焊缝处在水平位置，熔滴主要靠自重过渡到熔池中，操作技术比较容易掌握，可以采用较大直径焊条和较大焊接电流，但易产生焊接应力变形。如果焊接参数选择不合适或操作不当，容易在根部出现未焊透或焊瘤。

2. 实习工件

（1）工件材料为 Q235 钢板。

（2）工件规格尺寸为 300 mm×110 mm×4 mm，每组两块，如图 1-2-11 所示。

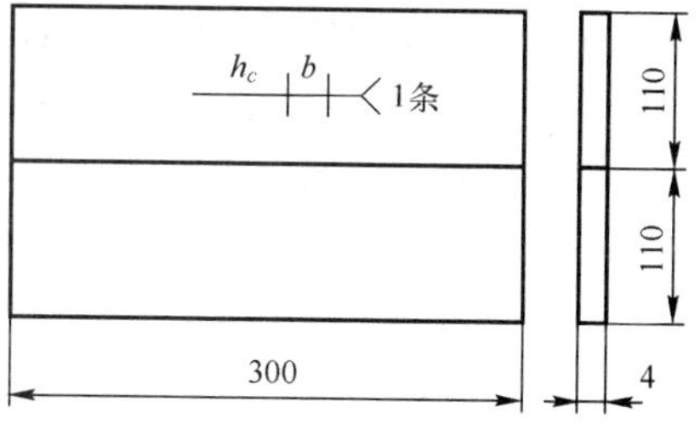

图 1-2-11　I 形坡口板对接工件

3. 焊接材料

（1）焊条选用 E4303（J422），ϕ2.5 mm。

（2）焊条使用前应进行烘焙，温度为 75 ～ 150 ℃，保持恒温 1 ～ 2 h，随后装入焊条保温筒随用随取。

4. 操作步骤

（1）试件的清理、装配与定位。

焊前应仔细清理待焊处两侧 15 ～ 20 mm 范围的铁锈、油污、氧化物，直至露出金属光泽，以免在焊后产生夹渣和未焊透等焊接缺陷。

（2）试焊前将试板置于合适的水平位置，间隙小的一端放在始焊端。装配时，两板之间预留一定的间隙，一般为 2.5 ～ 3.2 mm。为了减小焊后由于热收缩产生的变形，一般采用不等间隙装配，本课题中，因为工件板材较薄所以始焊端预留 2.5 mm，终焊端预留 3.0 mm。定位焊点位于试件两端，焊点长度不超过 10 mm，试件定位后的错边量不超过 0.5 mm，定位焊缝如图 1-2-12 所示。试件反变形用直径为 2.5 mm 焊条放在钢直尺下面测试，反变形约为 2° 如图 1-2-13 所示。

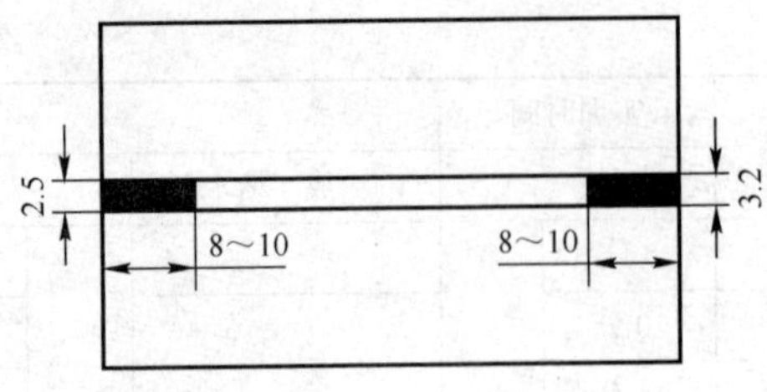

图 1-2-12　试件定位焊示意图

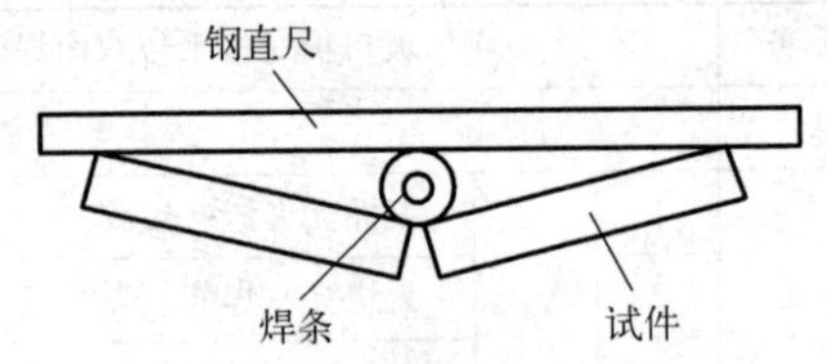

图 1-2-13　试件反变形示意图

5. 确定焊接工艺参数（见表 1-2-5）

表 1-2-5　焊接工艺参数

焊 接 层 数	焊 条 直 径/mm	焊 接 电 流/A	运 条 方 法
打底层	ϕ2.5	80～85	两点击穿法
盖面层	ϕ2.5	80～85	锯齿形运条，连弧法施焊

6. 操作姿势

平位焊采用蹲姿，焊钳与焊条夹角为 90°，面罩距离工件、面部位置适中。

7. 操作方法

（1）打底层焊接

从间隙较小的一端引弧，拉长电弧（弧长约为 3.0 mm）并在该处摆动 2 ～ 3 个来回进行预热，然后压低电弧（弧长约为 2 mm），此时焊条熔滴向母材过渡颗粒较大，并集中于电弧中心区，将已熔化坡口两侧连在一起，形成一个椭圆形熔池。焊条继续向前移动，当清楚地观察到熔池前方有一个与焊条直径相等的圆孔（即熔孔）时，并可听到电弧击穿间隙发出的“噗 噗”声时，表示根部已熔透。这时应立即提起焊条灭弧，使之形成第一个熔池。

当形成第一个熔池灭弧后，熔池温度迅速下降，通过护目镜可以清楚地看见之前白亮的金属熔池逐渐凝固，熔池由轮廓大的亮点逐渐变小，最后亮点消失。再引弧时应选在亮点直径大约缩小到焊条直径大小时，位置应在亮点中心处。这样电弧一半将前方坡口完全熔化，另一半将已凝固熔池的一部分重新熔化，从而形成新的熔池和熔孔。新熔池一部分压在之前的熔敷金属上，与母材及原熔池形成良好熔合，在第一个熔池约有 2/3 的金属已呈凝固状态，1/3 金属处于尚未凝固时，此时迅速在熔池 2/3 位置上沿左侧或右侧处击穿引弧施焊，施焊时间为 1 ～ 1.5 s，这时由于焊接电弧的加热和电弧气体的吹力，使原熔池边缘被熔化一部分，原来未凝固的 1/3 金属及熔渣，通过该熔孔在背面焊道处形成一个较小的熔池座，然后立即灭弧，灭弧的间断时间一般为 1 ～ 1.5 s，灭弧的时间间隔保持在前一个熔池金属始终处在尚未完全凝固状态为宜，这样左右击穿、周而复始，直到一根焊条焊完为止。如此往复，直至整条焊道焊完为止。

（2）收弧

当焊条长度只剩下 40 ～ 50 mm 时，要准备好收弧停焊的动作。收弧时电弧稍拉长，以利于气体排出，然后迅速在熔池中轻轻点焊两到三下，以减缓熔池凝固速度，防止正、背面熔池产生冷缩孔。

（3）接头

接头方法分热接和冷接。热接即在熄弧处尚未完全冷却，便已更换好焊条开始接头操作；冷接即在熄弧处已完全冷却，清渣后再进行接头操作。前者易保证接头质量，但更换焊条或操作速度跟不上时反而会给接头带来更严重的缺陷。后者虽然接头要领难掌握，但只要操作正确，接头质量还是能保证的。

（4）盖面层焊接

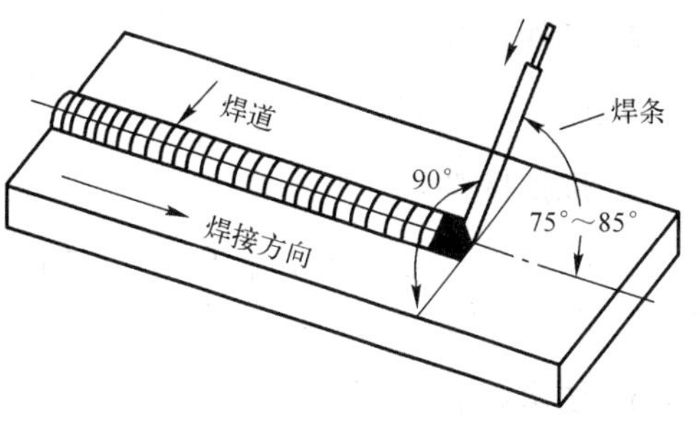

图 1-2-14　盖面焊时焊条角度

盖面层焊前应先用清渣锤和钢丝刷将打底层焊缝表面的熔渣、飞溅物等彻底清理干净，并适当调整焊接电流。盖面层焊接引弧位置在距离始焊端 10 ～ 15 mm 处，电弧引燃后立即抬高电弧，并迅速拉向始焊端，然后压低电弧开始焊接。盖面层采用连弧焊，锯齿形运条，焊条摆动幅度要小。焊条角度为 75°～85°，如图 1-2-14 所示。盖面层焊接时焊条应尽可能垂直焊缝。当流动的熔渣有超前现象时，应立即沿焊接方向倾斜焊条并压低电弧。运条中要在钢板两侧稍作停留，以保证钢板两侧熔合良好，焊缝呈圆滑过渡。

盖面层的接头方法非常关键，操作方法不当，焊缝易产生脱节、超高和熔池两侧熔合不好等现象。正确的接头操作方法是熄弧后迅速更换焊条，在熔池前方 5 ～ 10 mm 处划擦引弧，并抬高电弧迅速拉向熔池稍后约 5 mm 的地方，焊条与始焊方向成 65°～ 80°的倾角，压低电弧，并做反复前推动作，一般为两下，以保证接头平滑过渡。完成接头后，将焊条角度恢复到垂直位置均匀向前运行。

任务三　V 形坡口板对接平位单面焊双面成形

1. 认真熟读并理解图纸及技术要求。
2. 学会工件的装配技术与工艺流程。
3. 能正确选择各层焊道的焊接工艺参数。
4. 掌握 V 形坡口板对接平焊的打底、填充层、盖面焊的操作方法。
5. 遵守操作规程，文明生产，安全第一。

任务描述

1. 识图

根据图纸要求：材料规格为 300 mm×120 mm×12 mm，坡口角度为 60°，每组两块如图 1-3-1 所示。

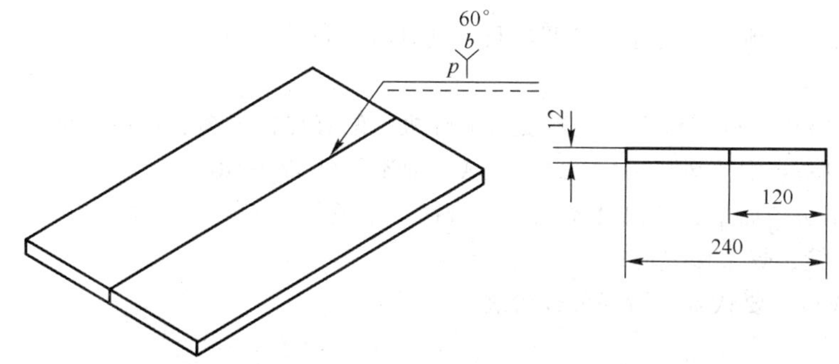

图 1-3-1　工件备料尺寸

2. 工件材质

Q235 低碳钢板材。

3. 焊接材料

焊条选用 E5015（J507），直径为 3.2 mm 和 4.0 mm。焊条使用前应进行烘焙，温度为 350 ～ 400 ℃，保持恒温 1 ～ 2 h，随后装入焊条保温筒随用随取。

4. 技术要求

（1）要求单面焊双面成形。
（2）钝边厚度、装配间隙自定。
（3）装配定位后允许修磨定位处。
（4）定位后允许预留反变形。

单面焊双面成形技术是采用普通焊条，以单面施焊的方式，获得双面成形焊缝的操作手法。当在试件坡口正面用焊条进行焊接时，就会在坡口的正、反面都得到均匀整齐、成形良好、符合质量要求的焊缝，如图 1-3-2 所示。与双面焊相比，单面焊双面成形可以减少工序，例如翻转被焊工件和对焊后的工件背面清根，尤其适用于无法进行双面施焊的锅炉和压力容器。这种焊接方法的焊接特点是：焊接根部时不易焊透；若操作不正确或工艺选择不合理，会出现烧穿、形成焊瘤或夹渣现象；层与层之间也容易出现夹渣、未熔合、气孔等缺陷。因此，在焊接时应特别注意焊接工艺参数的选择和操作方法的正确性。

图 1-3-2　板对接平位焊工件

任务实施

一、实训准备

1. 前期准备

（1）安全、环保及预防性措施。参照项目一的任务一进行准备。
（2）设备、工具
① 焊接设备：YD-400 型松下直流逆变式弧焊机。配有焊接电缆、焊钳、接地电缆及接地夹。
② 环保通风设备：混流风机 HL3-2A-4.5A、轴流风机 TN2-40。
③ 工具：焊工防护面罩、角向磨光机、清渣锤、手锤、平锉刀、平錾、钢丝刷、扭力扳手、直角尺、平光防护眼镜、焊条保温筒。
（3）任务完成后，要认真填写任务评价表。

2. 注意事项

注意事项参照项目一的任务一。

二、实训步骤

图 1-3-3　工件除锈、锉削钝边

1. 清理工件、打磨

用角向磨光机清除坡口两侧 20 mm 以内的铁锈及油污，直至露出金属光泽，用钢锉刀锉削钝边，钝边不大于 1 mm，如图 1-3-3 所示

2. 确定焊接工艺参数（见表 1-3-1）

表 1-3-1　焊接工艺参数

焊接层次	运条方法	焊条直径/mm	焊接电流/A
打底层	断弧焊	3.2	100～110
	连弧焊	3.2	85～95
填充层（1）	锯齿形或月牙形	4.0	130～140
填充层（2）	锯齿形或月牙形	4.0	130～140
盖面层	锯齿形或月牙形	3.2	120～130

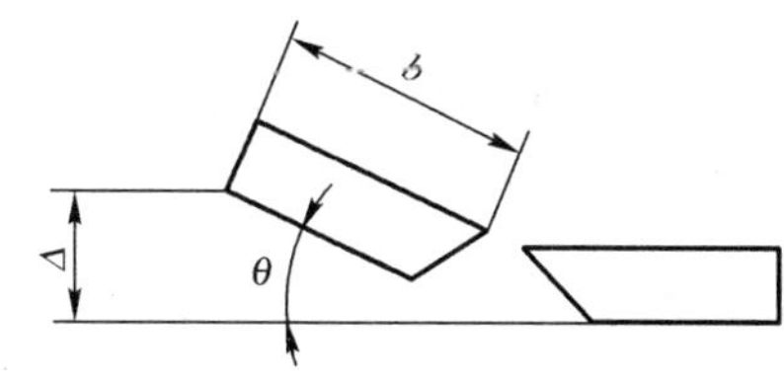

图 1-3-4　反变形量

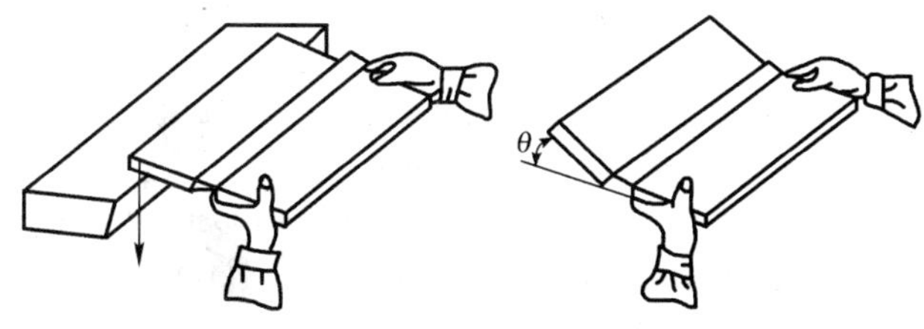

图 1-3-5　反变形操作法

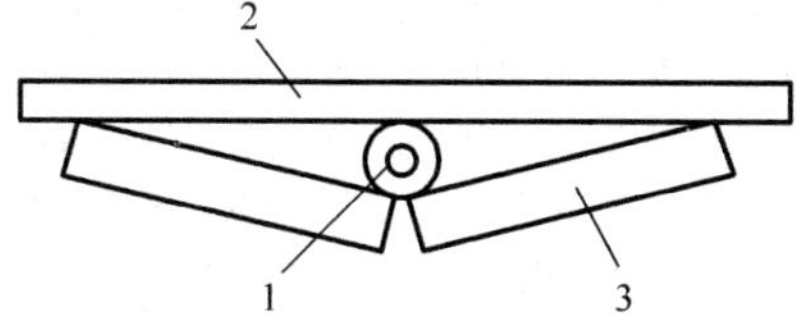

图 1-3-6　反变形量经验测定法

3. 工件装配定位焊、反变形

（1）将两块钢板装配成 V 形坡口的对接接头，预留一定的根部间隙，终焊端的根部间隙应大于始焊端（装配时可以用直径为 3.2 mm 的焊条芯夹在始焊端，用直径为 4 mm 的焊条芯夹在终焊端），放大终焊端的间隙是考虑到焊接过程中的横向收缩量，以保证熔透坡口根部所需要的间隙。

（2）定位焊采用与焊接工件相同牌号的焊条，在工件两端坡口内进行定位焊，定位焊缝的长度为 10～15 mm，必须焊牢。终焊端应多焊一些，以防止在焊接过程中由于收缩造成的未焊端坡口间隙变小而影响打底层焊接。错边量≤1 mm。

（3）预留反变形量为 3°，如图 1-3-4 所示。由于 V 形坡口具有不对称性，只在一侧焊接，焊缝在厚度方向横向收缩不均，钢板会向上翘起产生角变形，其大小用变形角 θ 来表示。为此采用反变形法来预防焊后的角变形。预留反变形量可利用公式 $\Delta=100\sin\theta$ 进行计算。当预留角度 $\theta=3°$ 时，$\Delta=5.23$ mm。

获得反变形量的方法是：焊前用两手拿住组对好的试件中的一块钢板的两端，轻轻磕打另一块钢板，使两板向焊后角变形的相反方向折弯一定的反变形量，如图 1-3-5 所示。反变形量的经验测量法：装配时可将直径为 3.2 mm 的焊条夹在试件两端，用一直尺放在被折弯的试件两侧，中间的空隙能通过一根带药皮的焊条，如图 1-3-6 所示。

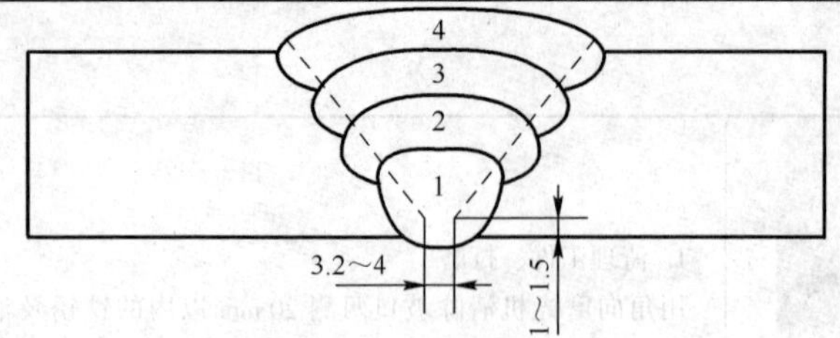

图 1-3-7　焊道层次分布图

4. 确定焊道层次

板对接单面焊双面成形，焊道层次为四层焊接，一层为打底层，二层、三层为填充层焊接，四层为盖面层焊接如图 1-3-7 所示。

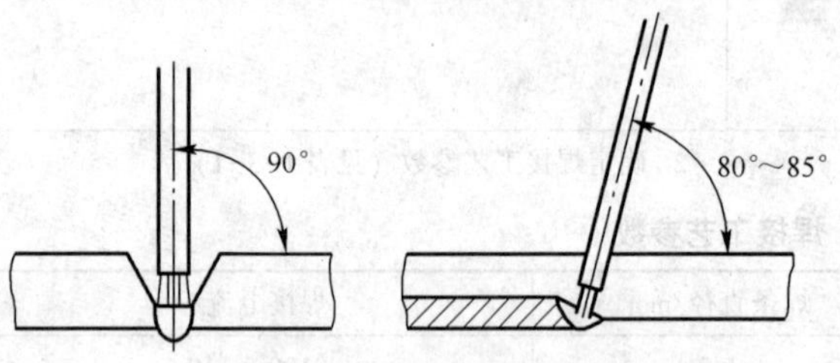

图 1-3-8　打底层焊条角度

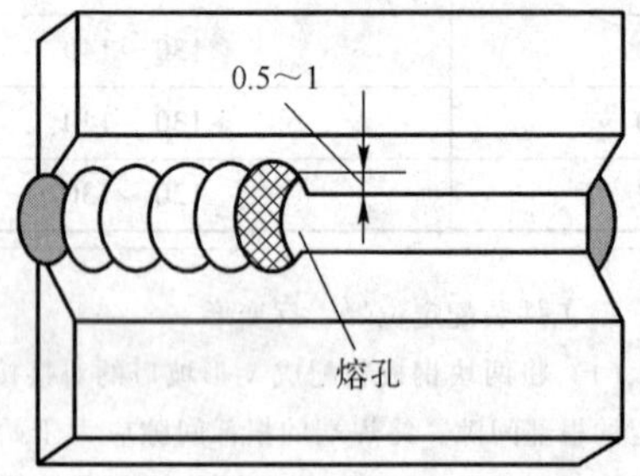

图 1-3-9　板对接平位焊时的熔孔

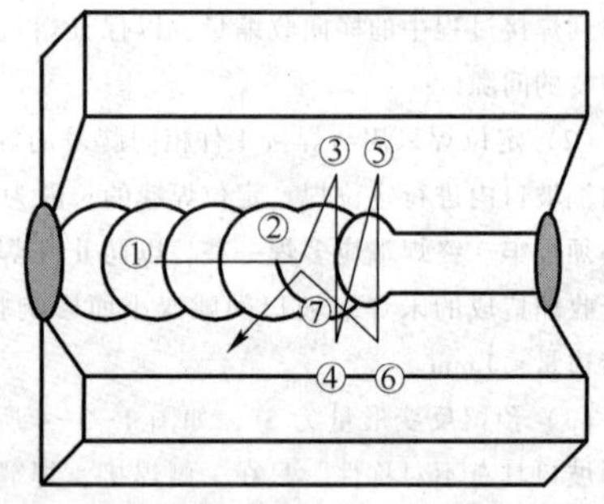

图 1-3-10　焊条接头时的电弧运行轨迹

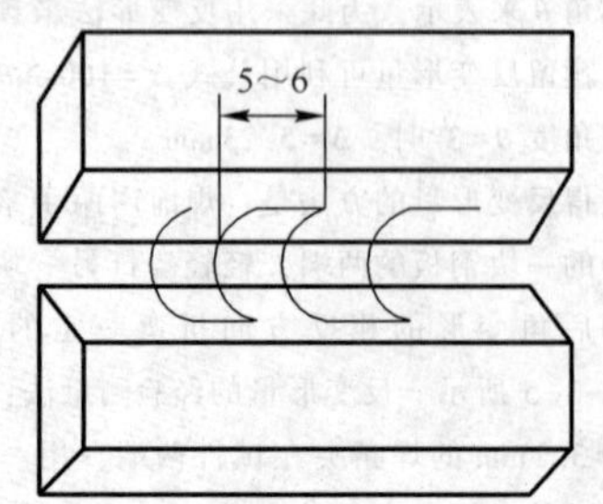

图 1-3-11　连弧法电弧运行轨迹

5. 操作实施

（1）打底层焊接

打底层焊接方式有断弧法和连弧法两种，打底层焊条角度如图 1-3-8 所示。

① 断弧法。操作要领是电弧要短，送给熔滴要少，形成焊缝要薄，断弧节奏要快。正式焊接前，先在试板上试焊，检查焊接电流是否合适及焊条有无偏吹现象，确认无误后，从焊件间隙较小的一端开始引弧。在始焊端前方 10～15 mm 处的坡口上引燃电弧，电弧引燃后迅速拉长，并做轻轻摆动，预热始焊部位 2～3 mm，然后立即将电弧压向坡口间隙根部，可以看到定位焊缝及坡口根部金属熔化形成熔池，并听到“噗噗”声，立即灭弧，使之形成第一个熔池，此时熔池前端应有熔孔，深入母材 0.5～1 mm，如图 1-3-9 所示。当第一个熔池的颜色由明亮开始变暗时，迅速地将焊条在熔池 2/3 处引弧，沿坡口一侧摆动到另一侧，然后向后方熄弧。接着新熔池的颜色变暗时，立即在刚熄弧的坡口一侧引弧，压弧焊接之后再运条至另一侧，听到“噗噗”声立即熄弧。

断弧焊法要求每个熔滴都要准确送到预焊位置，燃、熄弧节奏应控制在 45～55 次/min。节奏过快，坡口根部熔不透；节奏过慢，熔池温度过高，焊件背面焊缝会超高（应控制在 2 mm）以下，甚至出现焊瘤和烧穿等焊接缺陷。打底层的焊接质量主要取决于熔孔的大小和间距，熔孔应大于根部间隙 1～2 mm，其间距应始终保持与熔池之间有 2/3 的搭接量。

收弧：收弧前，应在熔池前方做一个熔孔，然后向末尾的根部送进一两滴熔滴，再灭弧，以使熔池缓慢冷却，避免接头时出现冷缩孔。

接头：焊缝的接头可采用热接法。操作时应快速更换焊条，并迅速地进行接头，然后可转入正常的断弧法焊接。如图 1-3-10 所示，电弧在①的位置重新引弧，沿焊道至接头处②的位置，作长弧预热来回摆动。摆动几下（③④⑤⑥）之后，在⑦的位置压低电弧。当出现熔孔并听到“噗噗”声时，迅速灭弧。

② 连弧法。用连弧法操作时，焊条做连续、有规则的摆动，要采取较小的根部间隙，选用较小的焊接电流，使熔滴均匀地过渡到熔池中，得到致密、平整、均匀的背面焊缝。

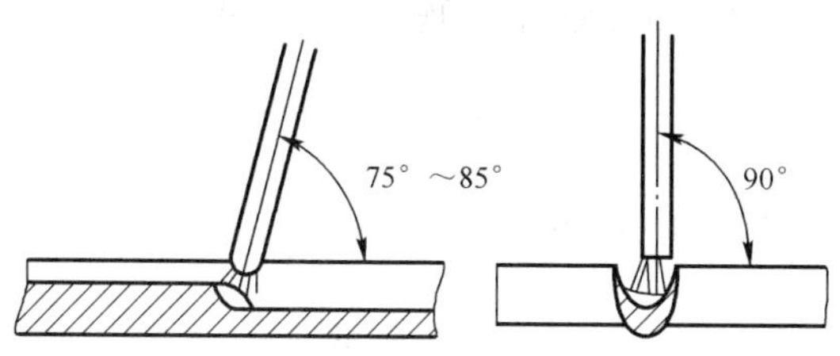

图 1-3-12　填充层的焊条角度

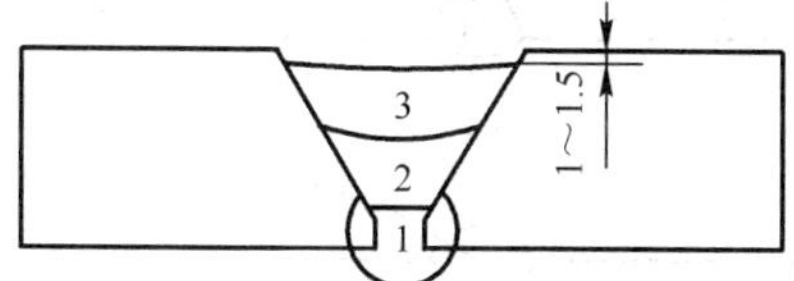

图 1-3-13　填充层焊道预留尺寸

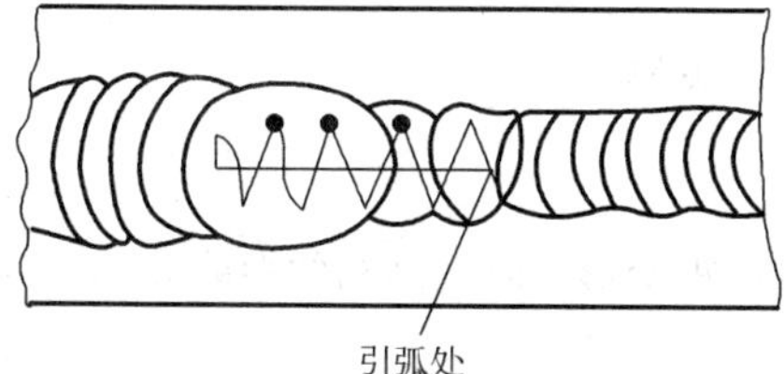

图 1-3-14　填充层焊条接头方法

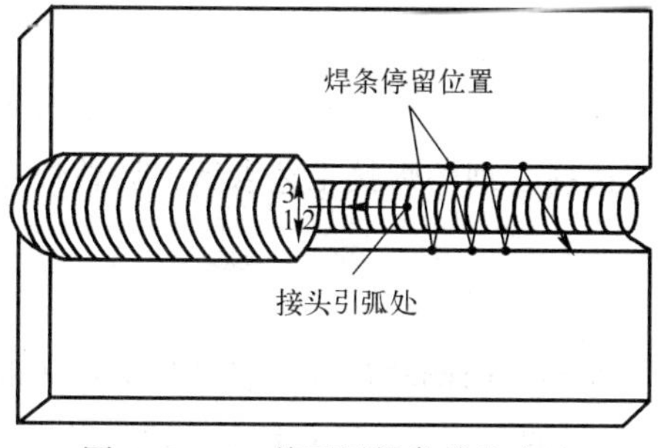

图 1-3-15　盖面层焊条接头方法

引弧：连弧焊时从定位焊缝上引弧，焊条在坡口内做月牙形运条，如图 1-3-11 所示。电弧从坡口两侧运条时稍作停留，焊接频率约为 50 个熔池/min，并保证熔池重叠 2/3，熔孔明显可见，每侧坡口根部熔化深度为 0.5～1 mm，同时听到击穿坡口的“噗噗”声。

接头：更换焊条要迅速，在接头处熔池后约 10 mm 处引弧。焊至熔池处应压低电弧击穿熔池前沿，形成熔孔，然后向前运条。收尾时，将焊条运到坡口面上缓慢向后提起收弧，以防止弧坑表面产生缩孔。

（2）填充焊

填充层施焊前，应将打底层焊道的熔渣和飞溅物清理干净。填充层焊接采用 ϕ4 mm 的焊条，焊条角度如图 1-3-12 所示。填充焊时应该注意以下几点：

① 填充焊电流应稍大，焊条摆动到两侧坡口处要稍作停留，中间过渡要快，提高焊缝两侧温度，保证两侧有一定的熔深，防止中间温度过高使填充焊道略向下凹。

② 填充焊时不得击穿根部焊道，并控制好最后一道填充焊缝的高度和位置，其高度应低于母材 1～1.5 mm，呈凹形，如图 1-3-13 所示。要注意不能熔化坡口两侧的棱边，以便于盖面层焊接时能够看清坡口，掌握焊缝宽度。

③ 填充焊的接头方法如图 1-3-14 所示。更换焊条后在弧坑前 10 mm 左右处引弧，然后将电弧退至弧坑的 2/3 处，填满弧坑后进行正常焊接。

（3）盖面焊

盖面焊时焊接电流应比填充焊稍小一点，采用直径 3.2 mm 焊条，焊条与焊接方向的夹角应保持在 75°～80°，采用月牙形或锯齿形运条方法，运条的幅度稍大些，以坡口两侧熔合 0.5～1 mm 为宜，运条时应该两边慢中间快，焊条摆动到坡口边缘时应稍作停留，以免产生咬边和坡口边缘熔合不良等缺陷。更换焊条收弧时应对熔池稍填熔滴，迅速更换焊条，并在弧坑前 10 mm 左右处引弧，然后将电弧退至弧坑的 2/3 处，填满弧坑后进行正常焊接，如图 1-3-15 所示。焊条的摆幅由熔池的边缘确定，焊接时必须注意保证熔池边缘不得超过焊件表面坡口棱边 2 mm，否则焊缝超宽。盖面焊的收尾方法可采用划圈收尾法或反复断弧收尾法。

一、焊条电弧焊焊接缺陷及防止措施

焊条电弧焊是用手工进行操作的一种焊接方法，在操作时焊条的递进、前移、摆动、焊条的倾角、焊接速度等都难免导致各种焊接缺陷。焊接缺陷的存在会缩短产品的使用寿命，甚至会导致灾难性事故的发生。

焊缝外部缺陷位于焊缝的外表面，用肉眼或低倍放大镜可以观察到。如：焊缝尺寸不符合要求、焊缝高低不平、宽窄不一、咬边、表面烧穿、表面气孔、焊瘤、弧坑及裂纹等。

焊缝内部缺陷位于焊缝内部，需用非破坏性或破坏性试验才能发现。如：未焊透、内部夹渣、内部气孔、内部裂纹等。

1. 焊缝尺寸不符合要求

主要是指焊道外形宽窄不一，焊道高低不平等，如图 1-3-16 所示。

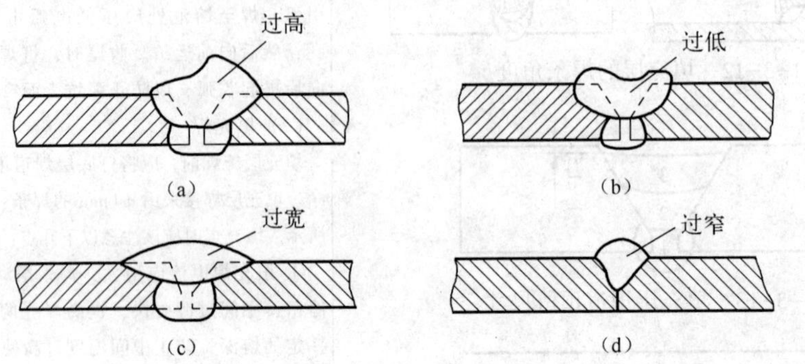

图 1-3-16　焊道尺寸缺陷

（1）危害

焊缝尺寸不符合要求，会造成焊接应力集中，产生严重变形，降低结构的性能等。

（2）产生原因

① 工件坡口角度不对或装配间隙不均匀。

② 焊接工艺参数选择不当。

③ 焊接速度及运条角度不当。

（3）预防措施

选择适当的坡口角度和装配间隙，提高装配质量，选择合理的焊接工艺参数，调整焊接速度及焊条角度。

2. 咬边

由于焊接工艺参数选择不正确与操作方法不正确，在焊缝两侧与母材交界处烧熔形成的沟槽或凹陷，称为咬边，如图 1-3-17 所示。咬边不仅减弱了母材的有效面积，并且在咬边处形成应力集中极易产生裂纹。

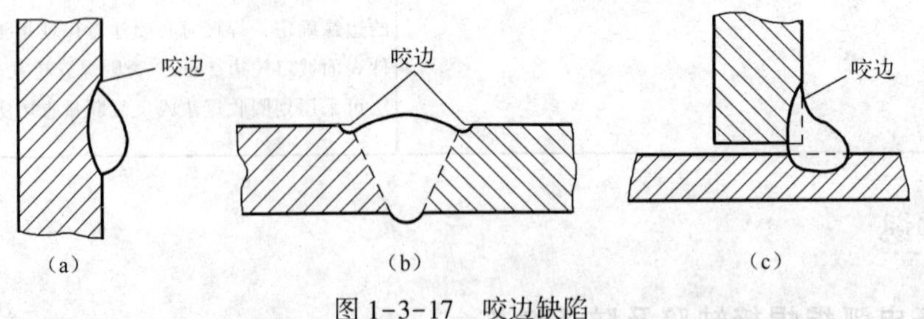

图 1-3-17　咬边缺陷

（1）产生原因

主要是焊接电流过大，电弧热量过高，以及运条速度和停留时间不当。

（2）预防措施

正确选择焊接工艺参数、运条速度和摆动方式，并掌握好停留时间，尽量采用短弧焊接。

3. 未焊透

未焊透是指母材与熔敷金属之间局部未熔透的现象，如图 1-3-18 所示。这类缺陷降低了接头的机械性能，同时由于未焊透处的缺口及端部是应力集中点，承载后，未焊透处会产生裂纹，未焊透是一种比较严重的焊接缺陷，因此，在重要的焊接接头中不允许存在未焊透缺陷。

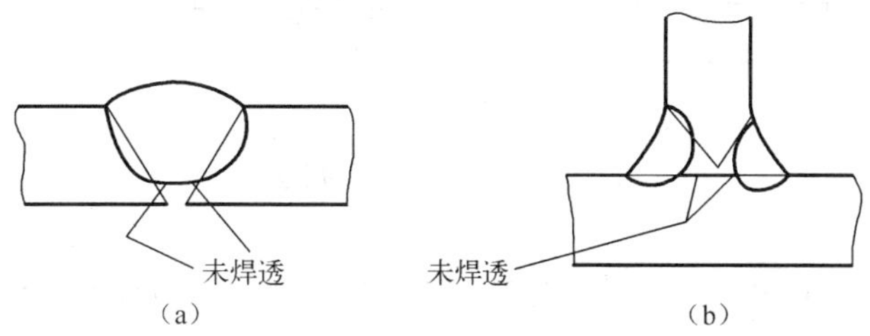

图 1-3-18　未焊透缺陷

（1）产生原因

焊接工艺参数选择不正确，运条速度过快。焊接电弧过长或焊条角度不对。工件装配间隙过小，钝边过厚。

（2）预防措施

选择合适的焊接工艺参数和焊接速度。保证装配间隙符合技术要求，掌握好焊条角度并控制好焊接时的长短弧。

4. 未熔合

焊接时未熔合是一种面积缺陷，未熔合主要产生在焊缝侧面及焊层之间，如图 1-3-19 所示。坡口未熔合和根部未熔合对承载截面积的减小都非常明显，应力集中也比较严重，其危害性仅次于裂纹。

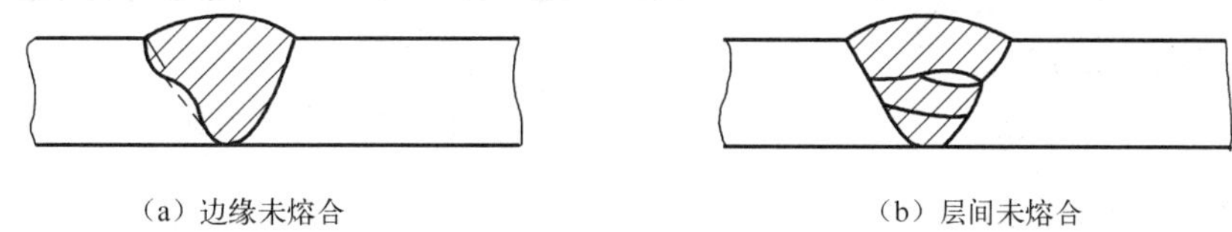

（a）边缘未熔合　　（b）层间未熔合

图 1-3-19　未熔合缺陷

（1）产生原因

未熔合主要原因是焊接热输入太低，电弧指向偏斜，坡口侧壁有锈垢及污物，层间清渣不彻底等。

（2）预防措施

适当加大焊接电流，正确选择焊接工艺参数，注意坡口及层间部位的清洁及防止焊接电弧偏吹。

5. 烧穿

焊接过程中，熔化金属自坡口背面流出，形成穿孔现象的缺陷，如图 1-3-20 所示。

（1）产生原因

焊接电流过大，焊接速度太慢，装配间隙过大或钝边太薄等。

（2）预防措施

正确调整焊接工艺参数和焊接速度，控制好装配间隙及钝边尺寸。

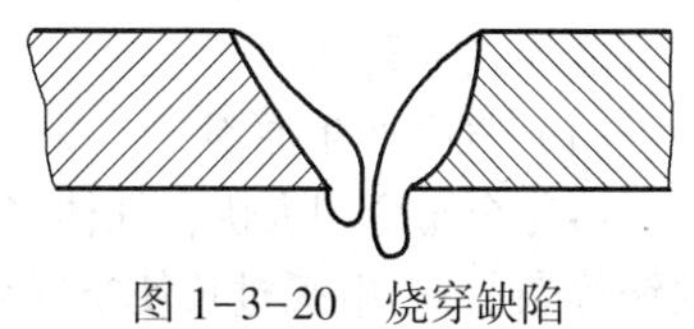

图 1-3-20　烧穿缺陷

6. 焊瘤

焊接过程中金属流淌到加热不足的母材或焊缝上，凝固成金属瘤，这种未能和母材或前道焊缝熔合在一起而堆积的金属瘤称为焊瘤，如图 1-3-21 所示。焊瘤不仅影响焊道的美观，如果管道内部存在焊瘤，会影响管内的有效面积，甚至会造成堵塞现象。

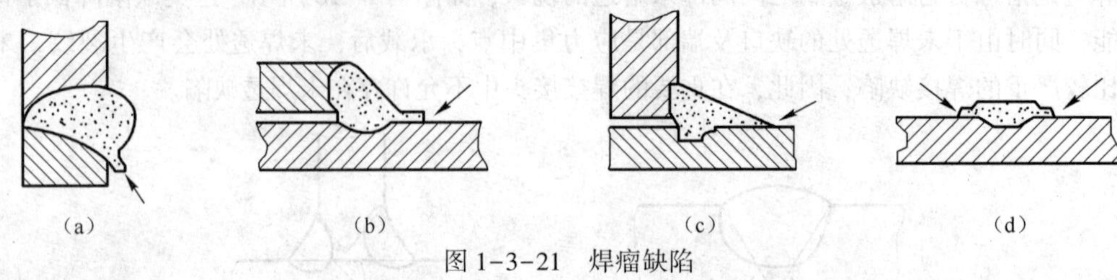

图 1-3-21　焊瘤缺陷

（1）产生原因

其主要原因是在焊接过程中，熔化金属流淌到焊缝金属外未熔化的母材上形成焊瘤（金属瘤）。严重的是焊瘤部位往往还存在着未焊透和夹渣。

（2）预防措施

正确选择焊接工艺参数，控制好熔池温度，提高焊工的操作技能及熟练程度。

7. 弧坑与凹坑

弧坑是指焊缝收尾处产生的下陷部分，如图 1-3-22 所示。凹坑是指在焊缝表面或焊缝背面形成低于母材表面的局部低洼部分，如图 1-3-23 所示。焊缝收尾处的弧坑，往往严重降低该处的焊缝强度。在某种情况下，弧坑与凹坑会使焊缝有效面积减小，削弱焊缝强度。同时在弧坑与凹坑内很容易产生气孔或夹渣，所以在灭弧时一定要填满弧坑与凹坑，使焊缝高于母材。

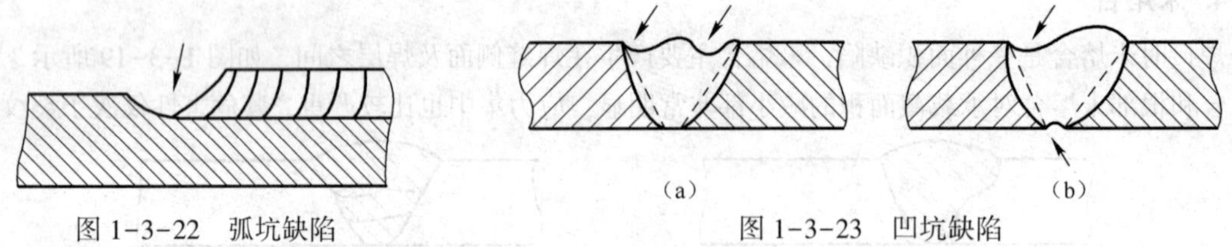

图 1-3-22　弧坑缺陷

图 1-3-23　凹坑缺陷

（1）产生原因

弧坑产生原因：焊接时电弧拉得太长，电流过大和灭弧时间过短，焊道收尾时电弧未做回焊。凹坑产生原因：凹坑是因未填满焊道或焊道塌陷所造成的。

（2）预防措施

在收弧过程中需在熔池处做短暂停顿或进行几次回焊收弧动作，即可填满弧坑。控制熔池温度，调节熔池形状，可防止产生凹坑。

8. 气孔

气孔是指焊接时，熔池中的气体未在金属凝固前逸出，残存于焊缝之中所形成的空穴。气孔形状有球形如图 1-3-24 所示，蜂窝状如图 1-3-25 所示等多种。气孔有的在焊缝内部，有的暴露在焊缝外部。气孔的存在，削弱了焊缝的有效工作面积，使焊缝疏松，从而降低焊缝接头强度，氢气孔还可能促成冷裂纹。

（1）气孔产生原因

熔化金属冷却太快，气体来不及从焊缝中逸出。焊接材料受潮，工件表面清理不干净（油污、铁锈等杂质）。电弧过长使空气易侵入熔池，电弧太短，阻碍气体外逸。

（2）预防措施

焊前仔细清理工件表面的铁锈、油污、水分，焊条要按规定进行烘干处理。正确选择焊接工艺参数，控制电弧的长短。

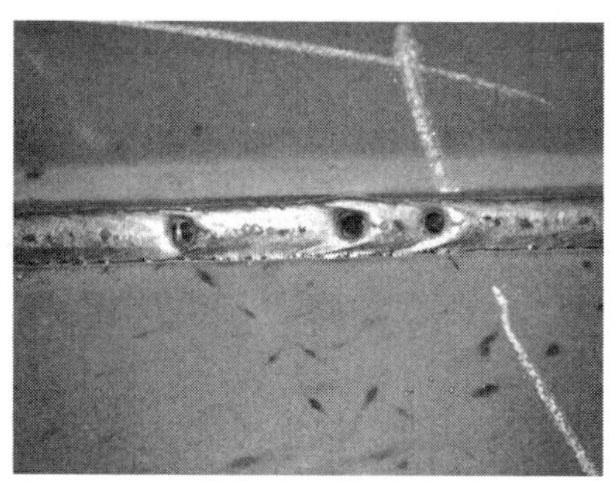
图 1-3-24　球状气孔

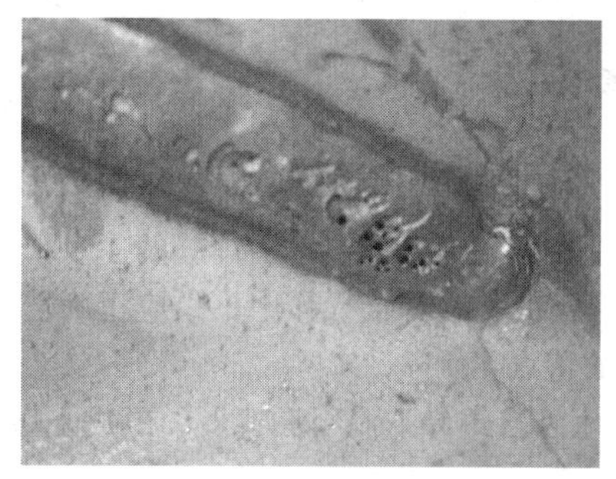
图 1-3-25　蜂窝状气孔

序号	考核内容	考核要点	配分	评分标准	检测结果	扣分	得分
1	考前准备	劳保防护用品及工具准备齐全，焊接参数设置、设备调试正确，工件清理及工件组对、点固定位	5	工具及劳保防护用品不符合要求，焊接参数设置、设备调试不正确，工件组对及点固定位不正确，有一项扣 2 分			
2	焊接操作	试件空间位置符合要求	10	试件空间位置超出规定的范围扣 8 分			
3	焊缝外观	焊缝表面不允许有焊瘤、气孔、烧穿等缺陷	10	出现任何一项缺陷该项不得分			
		焊缝咬边深度≤0.5 mm，两侧咬边总长度不超过焊缝有效长度的 15%	8	（1）咬边深度≤0.5 mm 时，累计长度每 5 mm 扣 1 分，累计长度超过 40 mm 不得分。 （2）咬边深度>0.5 mm 不得分			
		未焊透深度小于板厚的 15%，且小于或等于 1.5 mm 时，未焊透总长度不超过焊缝有效长度的 10%	8	（1）未焊透深度≤1.5 mm 时，累计长度每 5 mm 扣 1 分，累计长度超过 26 mm，扣 8 分 （2）未焊透深度>1.5 mm 时扣 8 分			
		背面凹坑深度≤2 mm，凹坑总长度不超过焊缝有效长度的 10%	4	（1）背面凹坑深度≤2 mm 时，累计长度每 5 mm 扣 1 分，扣光此项分为止。 （2）凹坑深度>2 mm 时扣 4 分			
		双面焊缝余高 0～3 mm，焊缝宽度比坡口每侧增宽 0.5～2.5 mm，宽度差≤3 mm	10	每种尺寸超差一处扣 2 分，扣满 10 分为止			
		错边量不大于 1 mm	5	超差不得分			
		焊后角变形≤3°	5	超差不得分			
4	内部质量	X 射线探伤检验	30	Ⅰ级片 30 分，Ⅱ级片 20 分，Ⅲ级片 10 分，Ⅲ级片以下不得分			
5	其他	安全文明生产	5	设备复位、工具摆放整齐、清理试件、打扫场地、拉闸关灯，有一处不符合要求扣 1 分			
6	工时定额	操作时间 45 min		每超过 1 min 从总分中扣 2 分			
合　计			100				

否定项：1. 焊缝表面出现裂纹、未熔合等缺陷。

2. 焊接时任意改变焊接空间位置。

3. 焊缝原始表面遭到破坏，有加工或补焊、返修焊等。

4. 操作时间超过定额的 50%。

1. V 形坡口板对接横位单面焊双面成形

横焊是在垂直面上焊接水平焊缝的一种操作方法。由于熔化金属受重力作用，容易下淌而产生各种缺陷，因此，在焊接操作中不仅应正确选择工艺参数，更要把握好操作姿势及焊条角度。

横焊的特点：

① 铁水因自重易下淌至坡口上，形成未熔合和层间夹渣，因此，应采用较小直径的焊条，短弧焊接。

② 焊接熔池与熔渣容易分清，铁水发亮，熔渣发暗，与立焊类似。

③ 采用多层多道焊能防止熔滴下淌，但焊缝外观不平整。

2. 实习工件

（1）根据图纸要求：准备规格为 300 mm×120 mm×12 mm 钢板两块，坡口角度为 60°，如图 1-3-26 所示。

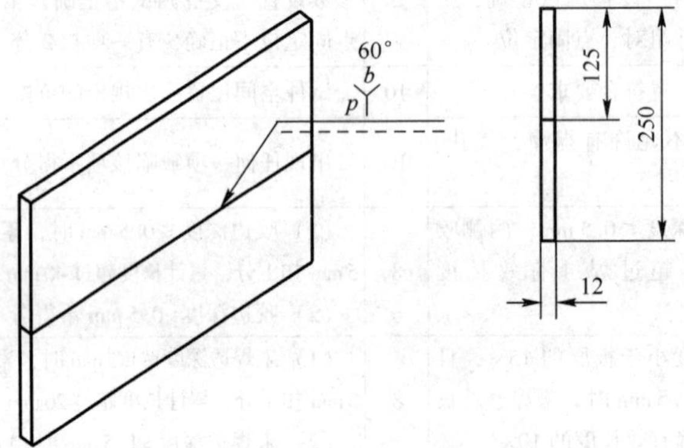

图 1-3-26　板对接横位焊备料图

（2）工件材质：Q235 低碳钢板材。

（3）焊接材料：

① 焊条选用 E5015（J507），直径为 3.2 mm 和 4.0 mm。

② 焊条使用前应进行烘焙，温度为 350 ～ 400℃，保持恒温 1 ～ 2 h，随后装入焊条保温筒随用随取。

（4）技术要求：

① 要求单面焊双面成形。

② 钝边厚度、装配间隙自定。

③ 装配定位后允许修磨定位处。

④ 定位后允许预留反变形量。

3. 焊接设备和工具

（1）松下 YD-400AT 型焊机。

（2）面罩、角向磨光机、敲渣锤、钢丝刷、焊条烘焙箱、焊条保温筒。

4. 操作步骤

（1）焊前用锉刀或角向磨光机修磨钝边，要求坡口平直。

（2）将两块钢板装配成V形坡口的对接接头，预留一定的根部间隙，终焊端的根部间隙应大于始焊端（装配时可以用直径为3.2 mm的焊条芯夹在始焊端，用直径为4 mm的焊条芯夹在终焊端），放大终焊端的间隙是考虑到焊接过程中的横向收缩量，以保证熔透坡口根部所需要的间隙。

（3）定位焊采用与焊接试件相同牌号的焊条，在试件两端坡口内进行定位焊，定位焊缝的长度为10～15 mm，必须焊牢。终焊端应多焊一些，以防止在焊接过程中由于收缩造成的未焊段坡口间隙变小而影响打底层焊接，错边量≤1 mm。

（4）预留反变形量，板对接横焊一般采用多层多道焊，焊后角变形较大，为避免工件焊后出现过大的角变形，反变形角度应比立焊稍大一些，为6°～8°。

（5）选择焊接工艺参数，见表1-3-2。

表1-3-2 焊接工艺参数

焊接层次	运条方法	焊条直径/mm	焊接电流/A
打底层	断弧焊	3.2	100～110
填充层（1）	直线形或直线往复形	3.2	120～130
填充层（2）	直线形或直线往复形	3.2	120～130
盖面层	直线形	3.2	110～120

（6）将组对好的试件按横焊位的要求和适当的高度固定在操作架上，焊缝处于水平位置，间隙小的一端应放在右侧。焊道分布为四层十道焊接，如图1-3-27所示。

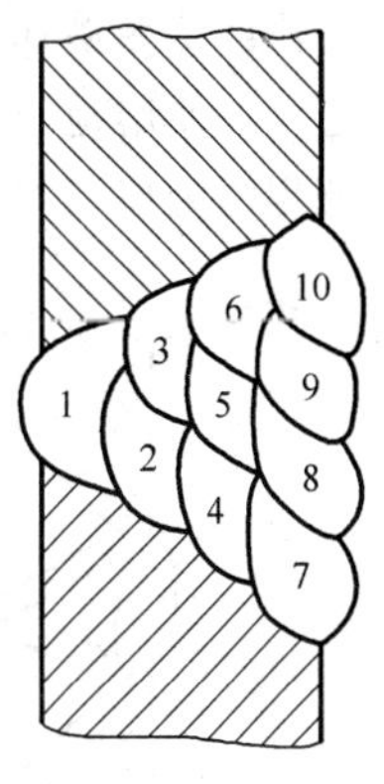

图1-3-27 焊道层次分布（多层多道焊）

5. 操作方法

（1）打底焊

打底层采用断弧法焊接。焊接时在始焊端的定位焊缝处引弧，稍作停顿预热，当坡口钝边即将熔化时，将熔滴送至坡口根部，并将焊条向焊件背面压，从而使熔化的部分在定位焊缝和坡口钝边形成第一个熔池。当听到“噗噗”声时，立即灭弧，这时就形成了明显的熔孔，然后，按先上坡口、后下坡口的顺序依次往复击穿—熄弧—焊接，如图1-3-28所示。熄弧时，焊条向后下方的动作要快速、利落。从熄弧转入引弧时，焊条要接近熔池，待熔池温度下降、颜色由亮变暗时，迅速地在原熔池上引弧进行焊接，再立刻熄弧。如此反复地进行引弧、焊接、熄弧动作。在更换焊条熄弧前，必须向焊件背面补充几滴熔滴，防止背面出现冷缩孔。然后将电弧拉至熔池的侧后方熄弧。接头时，在弧坑后10～15 mm处引弧，焊至接头处稍拉长电弧，借助电弧的吹力和热量重新击穿钝边，然后压低电弧并稍作停顿，形成新的熔池后，进入正常的往复击穿—焊接。

打底焊过程中，要求下坡口面击穿的熔孔始终大于前上坡口面熔孔0.5～1个熔孔直径，如图1-3-29所示。这样有利于减少熔池金属下坠，避免出现熔合不良的焊接缺陷，打底焊时每次向熔池送给的液态金属要少，每次送给熔滴的时间为0.5～1 s，熄弧间断频率要快，每次1～1.5 s，焊成的焊道厚度约为3 mm。

（2）填充焊

打底层焊接完成后，将坡口内侧表面的焊渣和飞溅物等清理干净，接头凸起的地方可用角向磨光机磨平，焊缝与坡口下侧熔合的地方产生的焊渣要清理干净。然后开始填充层的焊接，填充层分为两层：第一层分两道焊缝，第二层分三道焊缝。

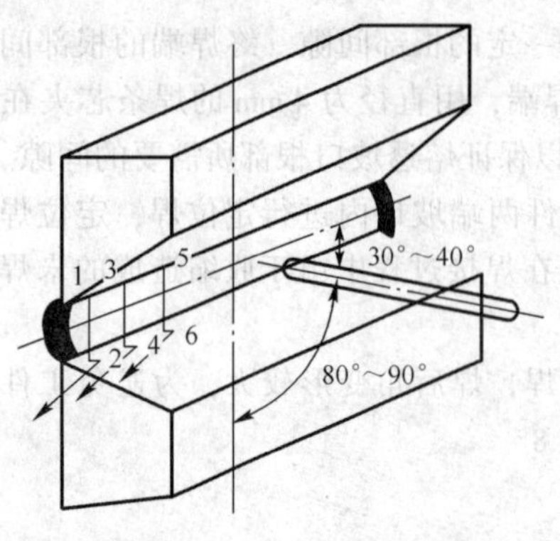

图 1-3-28　断弧打底焊

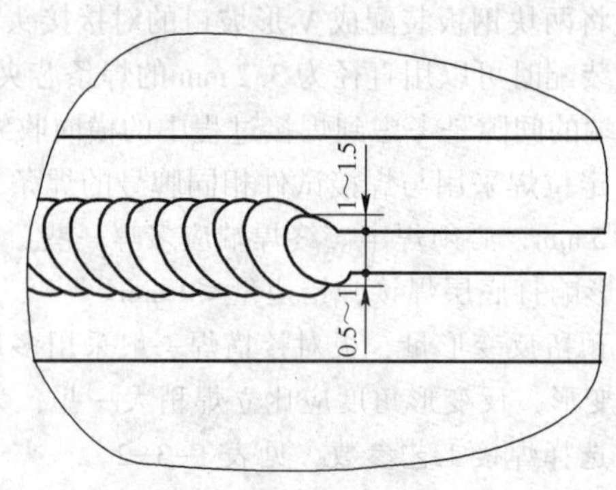

图 1-3-29　横焊熔孔形状

填充层第一层焊接时，焊条角度如图 1-3-30 所示。填充层第一层第一道焊接时，应特别注意打底焊缝下侧边缘夹角处的金属熔合情况，要保证焊缝金属充分熔透，否则将在焊缝内部产生夹渣等缺陷。填充层第一道焊缝焊完后，坡口上端和焊缝之间夹角已很小，第二道焊缝焊接时，应将电弧尽量深入夹角根部，必要时可加大焊接电流，以保证焊透。

填充层的第二层焊接分为三道焊缝，焊条角度如图 1-3-31 所示。第一道焊缝焊接时，要注意坡口上边缘与焊件表面之间的距离尺寸，一般保持在 1 ～ 1.5 mm，否则不利于盖面层的焊接，也不能将坡口边缘的棱角破坏，以免影响盖面层的焊接视线；第二道焊缝焊接时，焊条要对准第一道焊缝的上侧边缘，使熔池金属与第一道焊缝的中心平齐；第三道焊缝既要保证与第二道焊缝中心平齐，又要保证焊缝金属与焊件表面的距离大小合适，为盖面层焊接打好基础。

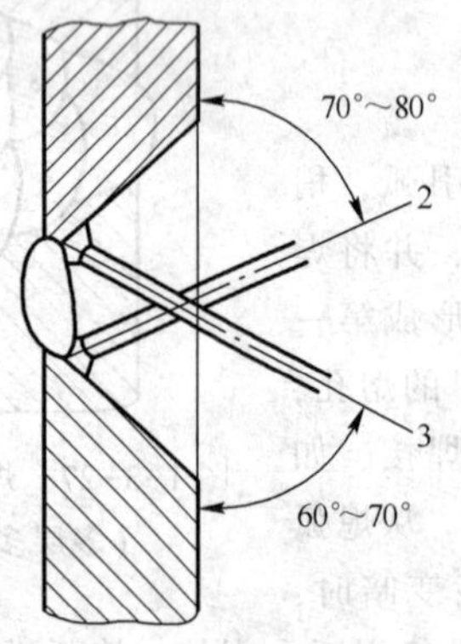

图 1-3-30　横焊填充层第一层时焊条角度

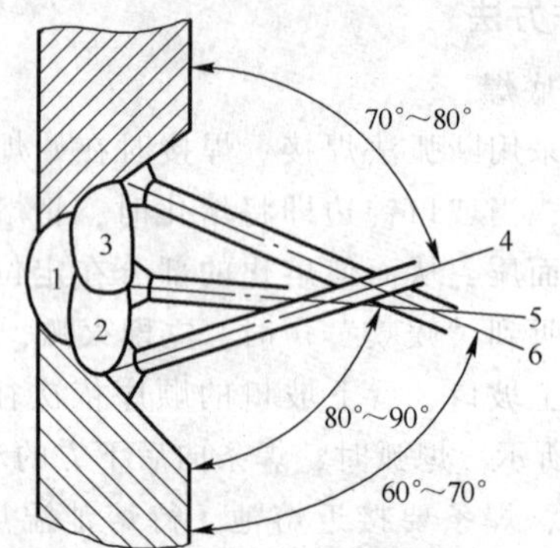

图 1-3-31　横焊填充层第二层时的焊条角度

(3) 盖面焊

盖面层焊接时，焊条角度如图 1-3-32 所示。盖面层焊缝共四道，依次从下往上焊接，运条方法为直线形，运条速度要均匀。

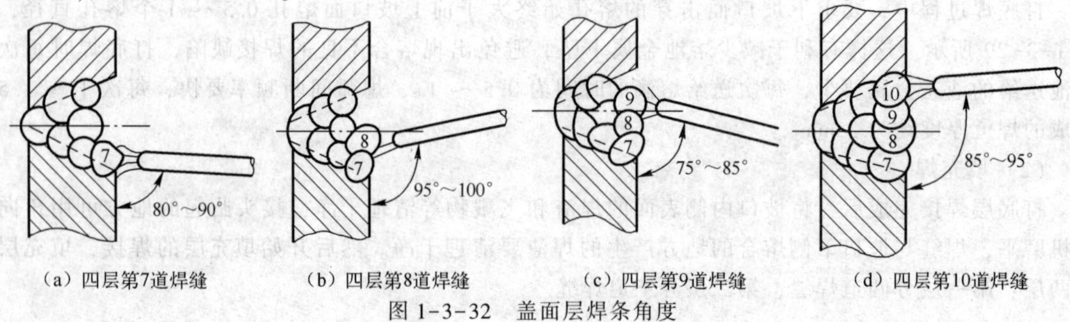

图 1-3-32　盖面层焊条角度

盖面层第一道焊缝焊接时，电弧应深入下坡口边缘 1 ～ 2 mm，使母材金属保持均匀熔化，避免产生咬边或边缘未熔合现象。焊接第二道和第三道焊缝时，要使焊接电弧对准前一道焊缝的上边缘，使熔化的液态金属覆盖到前一道焊缝的中心，不可越过中心太多，也不可产生未衔接。第四道焊缝是盖面层焊接的关键，操作得当时，应与下侧焊缝结合平整，上端无咬边缺陷。操作不当时，则可能产生液态金属下淌，下部焊缝超高，上部出现咬边、凹陷、未熔合等缺陷。焊接过程中要注意观察坡口上边缘的熔化情况，并压低电弧，使液态金属和熔渣均匀地流动，保证良好的熔池形状，使之清晰可见。当出现熔渣超前流动或出现熔渣脱离熔池较远的现象时，应及时变换焊条角度，使焊接熔渣紧紧跟在液态熔池后面，焊后焊缝应圆滑过渡，整齐美观无缺陷，如图 1-3-33、图 1-3-34 所示。

图 1-3-33　横位焊盖面操作

图 1-3-34　横位焊成形工件

盖面层多道焊时，每道焊道焊后不要马上清渣，待盖面层焊缝形成后一起清渣，这样有利于盖面焊缝的成形及保持表面的金属光泽。

任务四　V 形坡口板对接立位单面焊双面成形

任务目标

1. 掌握板材对接立位焊的工装技术及工艺流程。
2. 学会断弧法在 V 形坡口板对接立位焊中的应用。
3. 掌握 V 形坡口板对接立位焊打底焊、填充焊和盖面焊的操作技术。
4. 观察熔池变化情况，控制熔池温度的高低。

任务描述

1. 识图

根据图纸要求：材料规格为 300 mm×120 mm×12 mm，坡口角度为 60°每组两件，如图 1-4-1 所示。

2. 焊材

（1）工件材质：Q235 低碳钢板材。

（2）焊接材料：

① 焊条选用 E5015（J507）直径为 3.2 mm 和 4.0 mm。

② 焊条使用前应进行烘焙，温度为 350 ～ 400℃，保持恒温 1 ～ 2 h，随后装入焊条保温筒随用随取。

3. 技术要求

（1）要求单面焊双面成形。

（2）钝边厚度、装配间隙自定。

（3）装配定位后允许修磨定位处。

（4）定位后允许预留反变形量。

任务分析

立位焊是指与水平面相垂直的立位置焊缝的焊接。根据焊条的移动方向，立位焊焊接方法可分为两类，一类是自上向下焊，需特殊焊条才能进行施焊，故应用较少。另一类是自下向上焊，采用一般焊条即可施焊，故应用广泛，如图 1-4-2 所示。

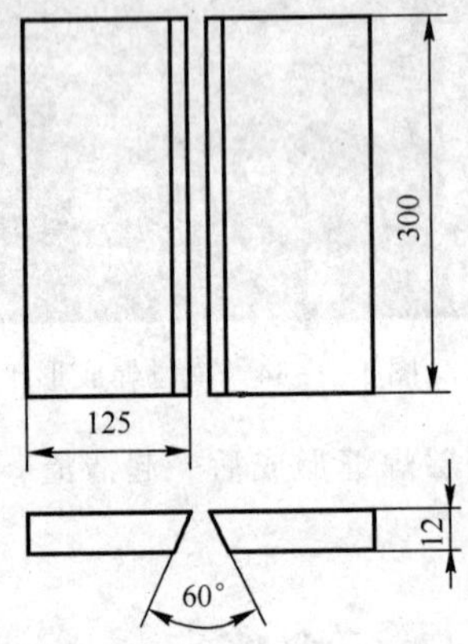

图 1-4-1　立位焊备料图

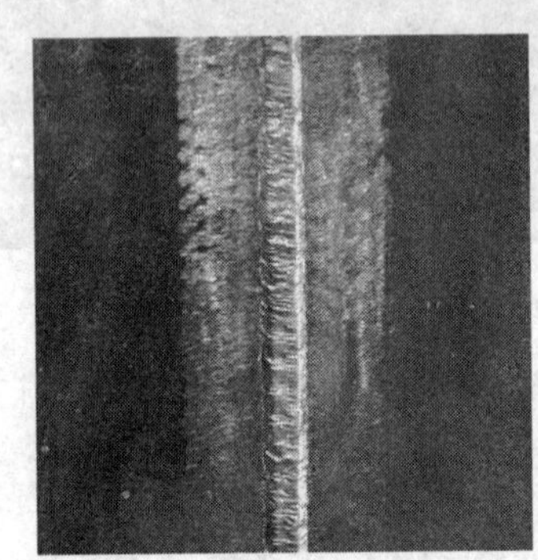

图 1-4-2　立位焊成形工件

立焊的特点：

（1）铁水与熔渣因自重下坠，焊缝难以成形，要靠电弧吹力向上托起熔滴。熔池温度过高时，铁水易下淌形成焊瘤、咬边。温度过低时，易产生夹渣与未焊透等缺陷。

（2）焊接速度和运条方法难掌握，双面成形差，焊接生产率较平位焊低。

任务实施

一、实训准备

1. 前期准备

（1）安全、环保及预防性措施。参照项目一的任务一进行准备。

（2）设备、工具

① 焊接设备：YD-400 型松下直流逆变式弧焊机。配有焊接电缆、焊钳、接地电缆及接地夹。

② 环保通风设备：混流风机 HL3-2A-4. 5A、轴流风机 TN2-40。

③ 工具：焊工防护面罩、角向磨光机、清渣锤、手锤、平锉刀、平錾、钢丝刷，扭力扳手、直角尺、平光防护眼镜、焊条保温筒。

（3）任务完成后，要认真填写任务评价表。

2. 注意事项

参照项目一的任务一。

二、实训步骤

图 1-4-3　焊接支架

1. 焊接支架

焊接支架是用来固定待焊工件的夹具，如图 1-4-3 所示。它首先需要具备一定的承载能力，同时还要适用于待焊工件的各种位置的焊接操作。当工件卡入焊接支架内，一定要旋紧固定螺栓，严防在焊接过程中和清理熔渣时夹具滑落，造成人身伤害事故。

2. 确定焊接工艺参数（见表 1-4-1）

表 1-4-1　焊接工艺参数

焊接层次	运条方法	焊条直径/mm	焊接电流/A
打底层	断弧焊	3.2	90～100
填充层（1）	锯齿形或月牙形	4.0	110～120
填充层（2）	锯齿形或月牙形	4.0	110～120
盖面层	锯齿形或月牙形	3.2	100～110

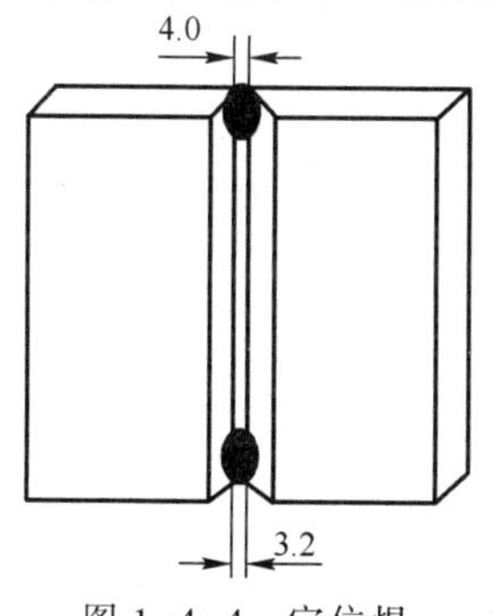

图 1-4-4　定位焊

3. 工件装配与定位焊

定位焊的位置应在坡口内两端 10～15 mm 处，如图 1-4-4 所示。为防止工件在施焊时产生横向收缩，始焊端间隙为 3.2 mm，终焊端为 4.0 mm，错边量小于 1 mm，反变形量为 3°～4°，获得反变形量的操作方法与平位焊的方法相同。

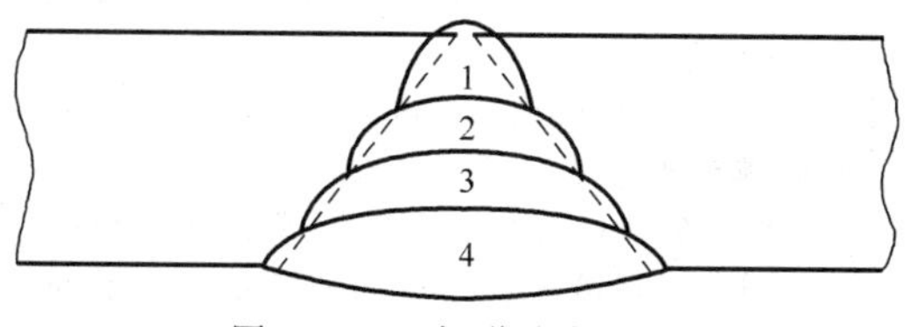

图 1-4-5　焊道分布层次

4. 确定焊道层次

根据工件板材的厚度，焊道层次确定为四层四道，如图 1-4-5 所示。

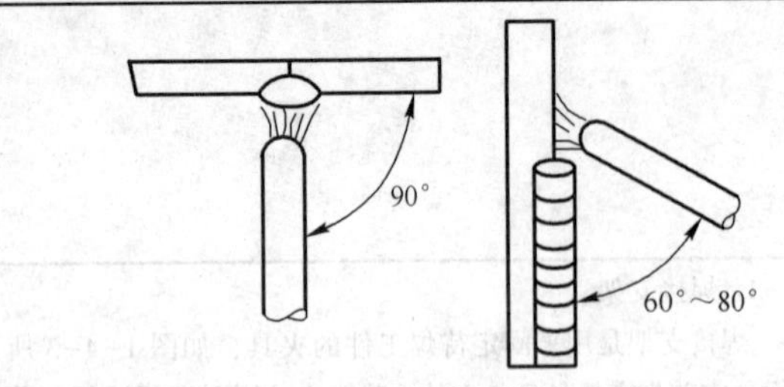

图 1-4-6　打底层焊条角度

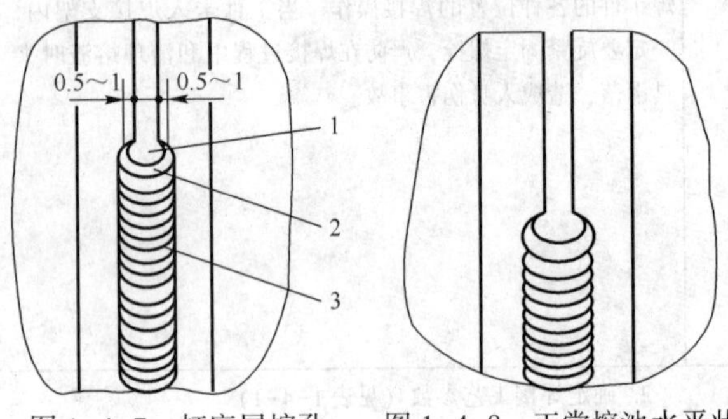

图 1-4-7　打底层熔孔　　图 1-4-8　正常熔池水平状

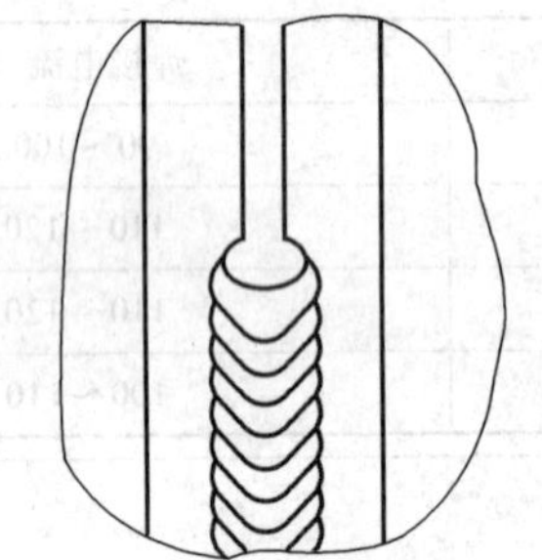

图 1-4-9　熔池温度过高凸状

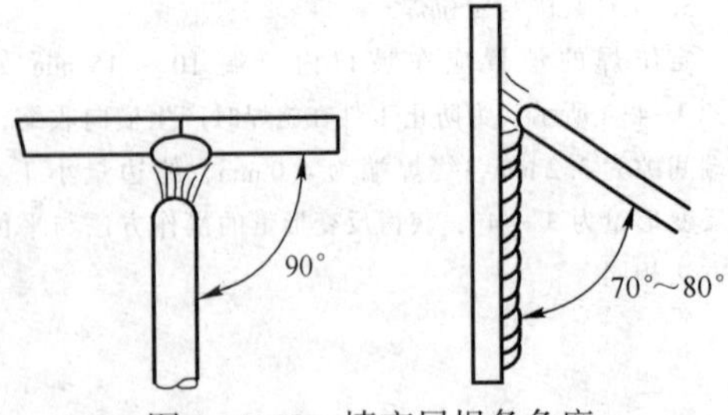

图 1-4-10　填充层焊条角度

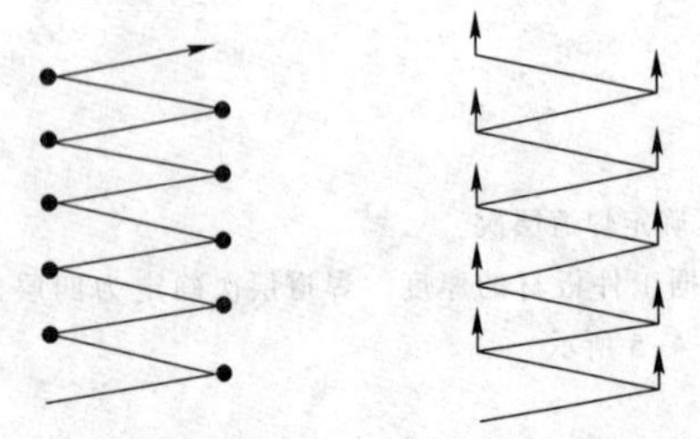

（a）两侧稍作停顿　　（b）两侧稍作上、下摆动

图 1-4-11　锯齿形运条方法

5. 操作实施

（1）打底层焊接

① 打底层焊接时的焊条角度如图 1-4-6 所示。焊条与试板两侧夹角要确保 90°，以防电弧热量分布不均，击穿单边坡口。焊条向下倾角为 60°～80°。

② 引弧。在始焊端的定位焊处引弧，并略抬高电弧稍作预热，焊至定位焊缝尾部时，将焊条向下压一下，听到“噗噗”声以后，立即斜向上提起焊条灭弧。此时熔池前端应有熔孔，深入两侧母材 0.5～1 mm，如图 1-4-7 所示。当熔池边缘变成暗红，熔池中间仍处于熔融状态时，立即在熔池中间引燃电弧，焊条向下轻微压一下，形成熔孔，打开熔孔后立即灭弧，这样反复击穿直到焊完，运条间距要均匀准确，使电弧的 2/3 压住熔池，1/3 作用在熔池前方，用来熔化和击穿坡口根部形成熔池，保证背面焊道成形良好。正常熔池表面呈水平椭圆形，如图 1-4-8 所示。熔池如果凸肚变圆，说明熔池温度过高，铁水易下淌形成焊瘤，如图 1-4-9 所示。立位焊单面焊双面成形打底焊时，每分钟的熄弧次数应确保不能低于 50～60 次/min，以免根部热影响区开裂，影响焊接质量。

③ 收弧。打底焊道需要更换焊条停弧时，应在熔池前做一个熔孔，然后向坡口内侧下端回焊 10～15 mm，再灭弧；或向末尾熔池的根部送进 2～3 滴溶液，然后灭弧，以使熔池慢慢冷却，避免接头出现冷缩孔和弧坑裂纹。

④ 接头。接头可分热接法和冷接法两种。

热接法：当弧坑还处在红热状态时，在弧坑下方 10～15 mm 处的斜坡上引弧，并焊至收弧处，使弧坑根部温度逐步升高，然后将焊条沿预先做好的熔孔向坡口根部顶一下，使焊条与焊件的下倾角增大到 90°左右，听到“噗噗”声后，稍作停顿，恢复正常焊接。停顿时间一定要适当，若过长，易使背面产生焊瘤；若过短，则易形成接头内凹或接头脱节等不良缺陷。另外焊条更换的动作越快越好，落点要准。

冷接法：当弧坑已经冷却，用砂轮或扁铲在已焊的焊道收尾处打磨一个 10～15 mm 的斜坡，在斜坡上引弧并预热，使弧坑根部温度逐步升高，当焊至斜坡最低处时，将焊条沿预先做好的熔孔向坡口根部顶一下，听到“噗噗”声后，稍作停顿，并提起焊条进行正常焊接。

（2）填充焊

① 清理。填充焊前，应对打底层焊道仔细进行清渣，应特别注意死角处的熔渣清理，接头产生的凸起要用角向磨光机或錾子打平，形成焊道与坡口面的圆滑过渡，打磨时不得伤及坡口面。

② 引弧。在距离焊缝始端 10 mm 左右处引弧后，将电弧拉回到始端施焊。每次都应按此法操作，以防止产生缺陷。

③ 焊条角度与运条方法。焊条与焊件的下倾角为 70°～80°，如图 1-4-10 所示。与焊件两侧夹角要确保 90°，以防电弧热量分布不均。采用月牙形或横向锯齿形连弧运条，焊条摆动到坡口两侧处要稍作停顿，以利于熔合及排渣，并防止焊缝两边产生死角如图 1-4-11 所示。

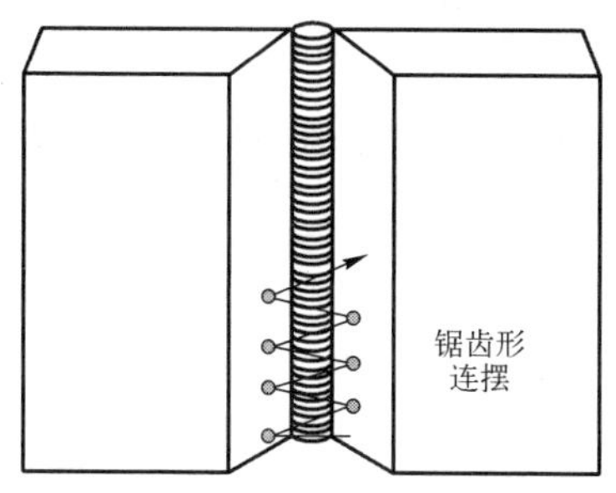

图 1-4-12　填充层运条方法

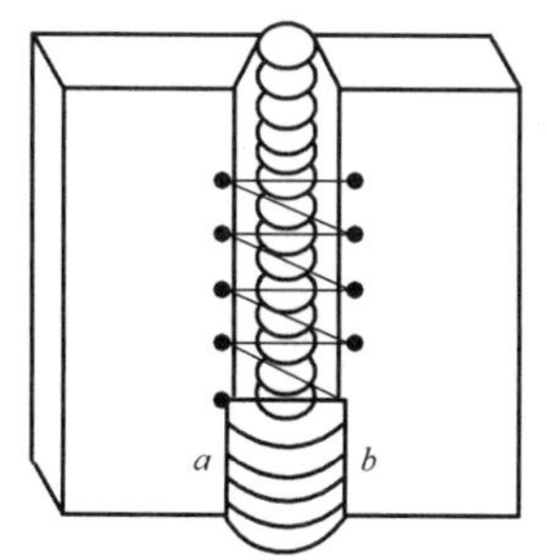

图 1-4-13　盖面焊运条方法

④ 焊接。填充层焊接一般需要两层，焊条伸入坡口的深浅直接影响着焊缝的高度，运条方法，如图 1-4-12 所示。焊接第二层填充层时，应确保填充层比母材表面低 0.5～1 mm，且应呈凹形，不得熔化坡口棱边，以利于盖面层保持平直。

（3）盖面焊

① 引弧。与填充焊相同，运条方法采用月牙形或横向锯齿形连弧摆动。焊条摆动到坡口两侧时要稍作停顿，以利熔合及排渣，并防止焊缝两边产生夹角，焊条与焊件的下倾角为 70°～75°。

② 焊接盖面层时，在保证焊条端部高于上坡口的前提下，电弧越短越好。焊条摆动到坡口边缘 a、b 两点时，要压低电弧并稍作停留，这样有利于熔滴过渡并可防止咬边，如图 1-4-13 所示。焊条摆动到焊道中间的过程要快些，防止熔池外形凸起产生焊瘤。焊条的摆动频率应比平焊缝稍快些，前进速度要均匀一致，使每个新熔池覆盖前一个熔池的 2/3～3/4，以获得薄而细腻的焊缝波纹。

一、金属材料的焊接性

金属焊接性是指金属材料对焊接加工的适应性。它主要指在一定的焊接工艺条件下，获得优质焊接接头的难易程度。

金属材料的焊接性包括两个方面：结合性能和使用性能。金属的焊接性能是金属的一种加工性能，它决定于金属材料本身性质和加工条件。

二、碳素结构钢和低合金结构钢的焊接

1. 低碳钢的焊接（08 钢、10 钢、15 钢）

低碳钢焊接性能良好。一般不需要预热，不需要特殊的焊接工艺措施，采用所有的焊接方法，都可以焊好。

（1）手工电弧焊：J422、J427

（2）埋弧自动焊：H08A/H08MnA+431

2. 低合金结构钢的焊接（16Mn）

（1）普通低合金钢一般采用手工电弧焊和埋弧自动焊。厚板可采用气体保护焊和电渣焊等。

（2）对于 $\sigma_s \leq 300 \sim 350$ MPa 的低合金钢，如 16Mn 等，因为它们的 C 当量≤0.4%，塑性和韧性良好，一般不需要预热，原则上可采用与低碳钢类似的焊接工艺。当板厚大于 32 ～ 38 mm 时，或环境温度较低时，应该预热，而且焊后应消氢、去应力退火。

3. 中碳钢的焊接（35 钢、40 钢、45 钢）

（1）中碳钢含碳量较高，有较大的淬硬倾向，焊接性比低碳钢差。其主要特点是：热影响区易

产生低塑性、高硬度的淬硬组织。含碳量越高，板厚度越大，淬硬倾向越大。如焊接时有一部分母材熔化到焊缝中去，容易产生裂纹（冷裂纹、热裂纹）。

（2）中碳钢的焊接工艺。焊条可选用抗冷裂纹和热裂纹能力较强的碱性低氢焊条，如 E5015（J507）、E6015-D1（结 607）等。

三、不锈钢的焊接

1. 奥氏体不锈钢（1Cr18Ni9Ti）

焊接性能较好，一般不需采取特殊措施，但必须考虑焊接材料的选择，否则会引起晶间腐蚀和热裂纹。

焊接工艺采用小线能量（小电流）快速焊接，采用手工焊、钨极氩弧焊等。

2. 铁素体不锈钢（Cr17、Cr27）

铁素体不锈钢焊接的主要问题是过热区晶粒长大引起脆化和裂纹。因此，应采取较低温度预热，防止过热脆化，减少高温停留时间。此外，采取小线能量焊接工艺可以减少晶粒长大的倾向。

焊接方法：手工电弧、钨极氩弧焊等。

四、铸铁的补焊

铸铁含碳量高，硫磷杂质多，塑性差，所以焊接性差，焊接的主要问题是：易产生白口组织，不能加工，以及易产生裂纹，同时还易产生气孔。

1. 焊接工艺

（1）热焊。把工件整体或局部预热到 600 ～ 700℃，在焊接过程中保持预热温度，焊后缓慢冷却，这种方法称为热焊。

焊接方法：气焊，气剂（201 或硼砂）；手工电弧焊（Z248、208）。

（2）冷焊。焊接时不预热或低温预热。通过调整焊条化学成分，提高塑性，并防止白口和裂纹。

焊接方法为手工电弧焊、气焊。采用镍基焊条：Z308、Z408、Z508（重要零件补焊）。

五、有色金属的焊接

除了钢铁等黑色金属之外的所有非黑色金属总称为有色金属。有色金属具有密度小、比强度高、耐热性强、抗腐蚀性能好、导电性好、导热率高等优点。

1. 铝及铝合金的焊接

（1）铝及铝合金包含工业纯铝、不能热处理强化的铝合金（铝锰合金、铝镁合金）和可热处理强化的铝合金（铝铜镁、铝锌镁）。

（2）铝和铝合金焊接的主要问题是：易氧化和产生气孔。

（3）焊接方法：钨极氩弧焊、电阻焊和钎焊。

2. 铜及铜合金的焊接

（1）铜及铜合金的焊接困难有：难融合、导热系数大、熔解释放热量易传出、易变形、膨胀系数和收缩率大、再加上导热性强，焊接变形比较严重。

（2）常用的焊接方法有：钨极氩弧焊、电弧焊、钎焊等。

3. 钛及钛合金的焊接

（1）钛及钛合金的焊接主要问题：氧气污染和接头脆化，易产生裂纹和气孔。

（2）钛及钛合金的焊接方法主要有：钨极氩弧焊，也可以用等离子和真空电子束焊。

任务评价

序号	考核内容	考 核 要 点	配分	评分标准	检测结果	扣分	得分
1	考前准备	劳保防护用品及工具准备齐全，焊接参数设置、设备调试正确，工件清理及工件组对、点固定位	10	工具及劳保防护用品不符合要求，焊接参数设置、设备调试不正确，工件组对及点固定位不正确，有一项扣2分			
2	焊接操作	试件空间位置符合要求	10	试件空间位置超出规定的范围扣10分			
3	焊缝外观	焊缝咬边深度≤0.5 mm；焊缝两侧咬边累计总长度不超过焊缝有效长度的15%	10	焊缝两侧咬边累计长度5 mm扣1分。咬边深度>0.5 mm或累计长度>40 mm，此项不得分			
		未焊透深度≤1.5 mm时，总长度不超过焊缝有效长度的30 mm	10	未焊透累计长度每5 mm扣2分。未焊透深度>1.5 mm或累计长度>26 mm此工件按不及格论			
		背面凹坑≤2 mm时，累计长度不超过焊缝有效长度的26 mm	10	背面凹坑累计长度每5 mm扣2分。背面凹坑深度>2 mm或累计长度>26 mm此项不得分			
4		工件焊后变形角度$\theta \leq 3°$	10	焊后变形角度>3°扣3分			
		工件的错边量≤1.2 mm	5	错边量>1.2 mm扣2分			
5	焊缝内部质量	焊件经X射线探伤后，焊缝的质量达到标准中的Ⅲ级	30	Ⅰ级片30分；Ⅱ级片20分；Ⅲ级片10分；Ⅲ级片以下不得分			
6	其他	安全文明生产	5	设备复位、工具摆放整齐、清理试件、打扫场地、拉闸关灯，有一处不符合要求扣1分			
7	工时定额	操作时间60 min		每超过1 min从总分中扣2分			
合　计			100				

否定项：1. 焊缝表面出现裂纹、未熔合等缺陷。
2. 焊缝原始表面遭到破坏，有加工或补焊、返修焊等。
3. 操作时间超过定额的50%。

任务扩展

1. 小径管对接水平转动焊

管件焊接在生产中应用十分广泛。管件的焊接按焊接时管的固定方式和焊件空间位置的不同，可分为水平转动焊、垂直固定焊、水平固定焊和斜45°焊。按管的直径不同可分为大直径管的焊接和小直径管的焊接；按管的厚度不同可分为厚壁管的焊接和薄壁管的焊接。

本任务是小径管对接水平转动焊，为管件焊接中较易掌握的一种焊接位置，易保证质量。管对接水平转动焊，需借助于可调速的设备变位机或手工转动装置来实现。施焊时，焊接位置应为上坡焊，因而具有立位焊时铁水与熔渣容易分离的特点，又有平位焊时易操作的特点，但该工艺由于受工件形式和施工条件的限制，因而应用范围较小。实际生产中，常常采用管子断续转动的焊接方法进行焊接操作。

2. 操作准备

20钢无缝钢管：

①工件规格尺寸如图1-4-14所示。

② 焊前清理试件。

焊前用角向磨光机和锉刀清理坡口内及管子坡口端内、外表面20 mm 范围内的油污、铁锈及氧化物等，直至露出金属光泽为止，以免在焊后产生夹渣和未焊透等缺陷。

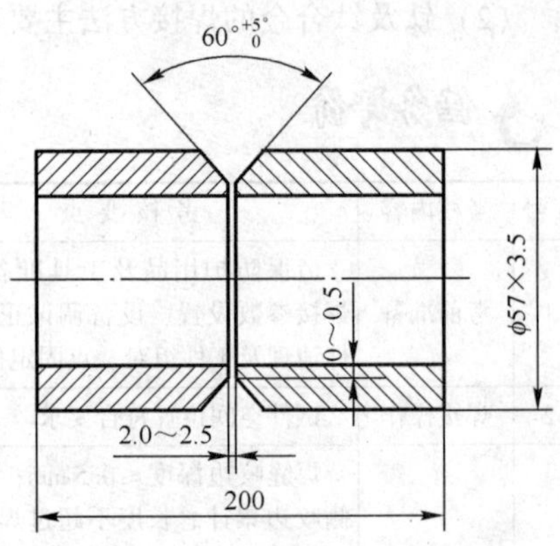

图 1-4-14　管对接水平转动焊工件

3. 焊接材料

（1）焊条选用 E4303（结 422），直径为 2.5 mm。

（2）焊条使用前应进行烘焙，温度为 75 ～ 150℃，保持恒温 1 ～ 2 h，随后装入焊条保温筒随用随取。

4. 焊接设备和工具

（1）松下 YD-400AT 型焊机。

（2）面罩、角向磨光机、内圆直磨机、敲渣锤、钢丝刷、防护眼镜、焊条保温筒。

5. 操作步骤

（1）将工件置于装配胎具上，装配间隙为 2.0 ～ 2.5 mm，如图 1-4-15 所示。

（2）两点定位，定位点约在时钟 5 点和 9 点位置，如图 1-4-16 所示。定位焊缝长度为 8 ～ 10 mm，定位焊时使用的焊条及焊接参数与正式焊接时相同。

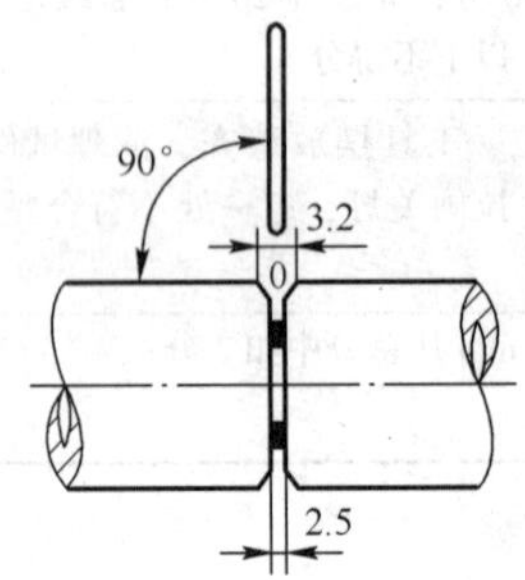

图 1-4-15　试件装配间隙

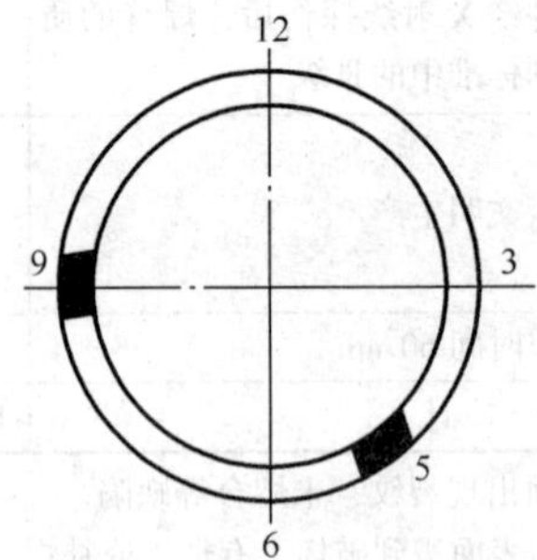

图 1-4-16　试件点固位置

（3）错边量≤0.5 mm。

6. 选择焊接工艺参数（见表 1-4-2）

表 1-4-2　焊接工艺参数

焊接层次	运条方法	焊条直径/mm	焊接电流/A
打底层	断弧法	2.5	80～85
盖面层	断弧法	2.5	85～95

7. 焊道分布层次

焊道分布为两层两道，如图 1-4-17 所示。

8. 操作方法

（1）打底层焊接

采用断弧法焊接，要求单面焊双面成形，起焊点和焊条角度如图 1-4-18 所示。起焊点为时钟 1 点 30 分左右，终焊点为 12 点钟处。待第一段焊缝焊完后，将管子转动 45°，进行第二段焊缝的焊接，直至焊完一周焊缝。

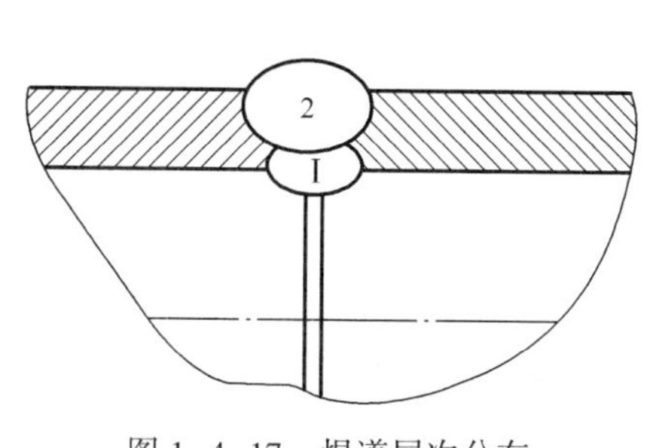

图 1-4-17　焊道层次分布

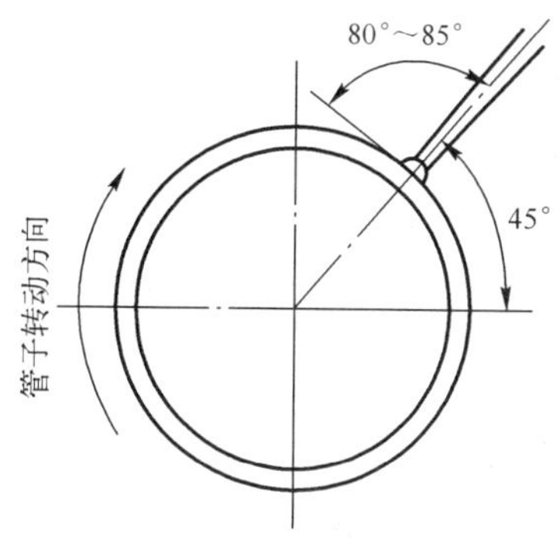

图 1-4-18　试件起焊点和焊条角度

焊接开始时，先用长弧加热，然后将焊条伸到坡口根部，压低电弧，做横向摆动，待坡口根部击穿形成第一个熔池后立即灭弧，如图 1-4-19 所示，如此反复，直至焊至时钟 12 点钟处。然后将管子转动 45°，接头时先在收弧处前端 15 mm 左右处引弧，然后将电弧移至接头处焊缝后侧 10 mm 左右处用稍长的电弧进行横向摆动向前焊接，焊条到达接头焊缝前端坡口根部时将电弧压低击穿坡口根部。再次将管件转动 45°，进行第三段焊接。当焊至环形焊缝最后封闭接头处时，待封闭接头完成后再继续向前焊接 10 mm 左右再熄弧。

图 1-4-19　小径管水平转动焊打底焊

焊接时要注意观察熔池状态和熔孔大小，熔池应清晰明亮，熔孔大小应保持一致，并使熔孔向焊件两侧各深入 0.5 ～ 1 mm。并且接弧位置要准确，每次接弧时的焊条中心都要对准熔池前端与母材交界处。当听到“噗噗”声时，向熔池后方迅速灭弧，灭弧要干脆利落，不要拉长弧，才能保护熔池，避免气孔的产生。

（2）盖面焊

采用断弧法，焊接顺序与打底焊时相同。焊接过程中要注意电弧运至坡口两侧边缘时稍作停顿，以保证焊缝与母材熔合良好。焊接时要注意熔渣情况，如果出现熔渣超前，应迅速调整焊条的角度。

接头时应在弧坑前端 10 ～ 15 mm 处引弧，用长弧预热后再接头。封闭接头应超过起头焊缝 10 mm 左右，然后熄弧。

9. 焊后处理

清理熔池和氧化物，但不能补焊和修磨，应保持焊缝的原始形状。检查焊缝正反面质量。焊缝表面不得有焊瘤、气孔、夹渣、咬边等缺陷。

任务五　T 形接头横角焊

任务目标

1. 学会 T 形接头横角焊的工装技术及工艺流程。
2. 根据焊角尺寸控制焊条角度和运条方法。
3. 掌握平角焊不同层次、不同板厚的焊接电流调节方法。
4. 掌握 T 形接头平角焊单层单道焊、多层焊、多层多道焊的操作方法及基本操作要领。

1. 识图

根据图纸要求：下水平板宽度 160 mm；长度为 300 mm；板厚度 12 mm；上立板宽度为 80 mm；长度 300 mm；厚度 10 mm；各一件，如图 1-5-1 所示。

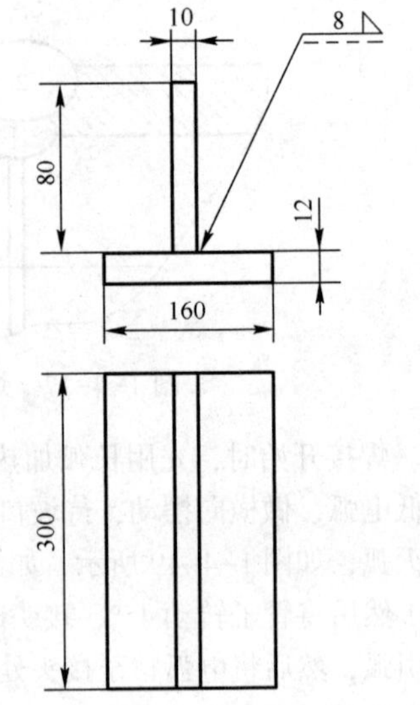

图 1-5-1　T 形接头横角焊备料

2. 技术要求

（1）T 形接头横角焊。

（2）要求焊脚高度 8 mm。

（3）根部间隙不大于 1.5 mm。

3. 焊材

（1）工件材质：Q235 低碳钢板材。

（2）焊接材料：焊条选用 E4303（J422）直径为 $\phi 3.2$ mm、$\phi 4.0$ mm；焊条使用前应进行烘焙，温度为 75 ～ 150℃，保持恒温 1 ～ 2 h，随后装入焊条保温筒随用随取。

任务分析

焊接结构中，广泛采用 T 形接头、搭接接头和角接接头等接头形式，这些接头形式的焊缝称为角焊缝。焊脚是角焊缝的横截面中，从一个直角面上的焊趾到另一个直角面表面的最小距离。增大角焊缝焊脚可增加接头的承载能力，一般焊脚随焊件厚度的增大而增大。焊脚大小决定于焊接层数和焊道数量。角焊缝的焊接方式有单层焊、多层焊和多层多道焊三种。采用哪一种焊接方式取决于所要求的焊脚大小。一般当焊脚尺寸在 6 mm 及以下时，采用单层焊；焊脚尺寸为 6 ～ 10 mm 时，采用多层焊或多层多道焊；焊脚尺寸大于 10 mm 时，采用多层多道焊。由不等厚度板组装的角焊缝在焊接时，要相应调节焊条角度，电弧应偏向厚板，使厚板受热增加。通过调节焊条角度，使厚、薄两板受热均匀，以保证两板接头良好的熔合，如图 1-5-2 所示。

图 1-5-2　横角焊成形工件

一、实训准备

1. 前期准备

（1）安全、环保及预防性措施。参照项目一的任务一进行准备。

（2）设备、工具

① 焊接设备：YD-400 型松下直流逆变式焊机。配有焊接电缆、焊钳、接地电缆及接地夹。

② 环保通风设备：混流风机 HL3-2A-4.5A、轴流风机 TN2-40。

③ 工具：焊工防护面罩、角向磨光机、清渣锤、手锤、平锉刀、平錾、钢丝刷，扭力扳手、直角尺、平光防护眼镜、焊条保温筒。

2. 注意事项

注意事项参照项目一的任务一。

二、实训步骤

图 1-5-3　打磨工件

1. 工件清理

首先检查原料尺寸及平直度，如有弯曲可用锤击矫正，用角向磨光机修磨工件，清理焊缝20 mm 范围内的铁锈、油及污物，直至露出金属光泽。用锉刀锉削工件端面，然后用钢丝刷清理工件表面，如图 1-5-3 所示。

2. 确定焊接工艺参数，见表 1-5-1。

表 1-5-1　横角焊焊接工艺参数

焊接层次	焊脚尺寸/mm	焊条直径/mm	焊接电流/A
一层一道	$k\leqslant 6$	ϕ3. 2	110～130
		ϕ4. 0	140～160
二层二道	$8\leqslant k\leqslant 10$	ϕ3. 2	110～130
		ϕ4. 0	140～160
二层三道		ϕ3. 2	110～130
		ϕ4. 0	140～160

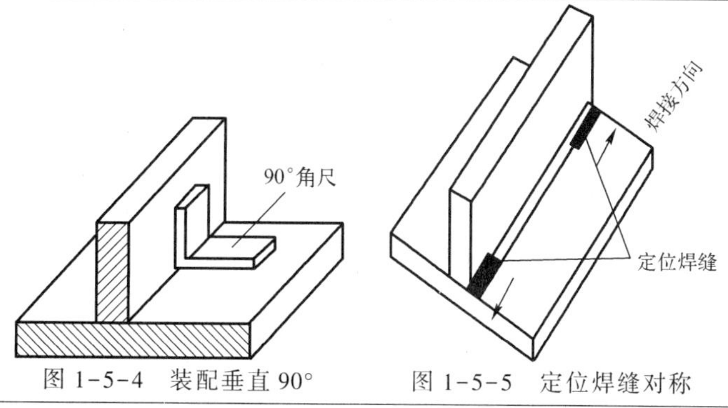

图 1-5-4　装配垂直 90°　　图 1-5-5　定位焊缝对称

3. 工件装配与定位焊

工件装配定位焊时，首先将上立板和水平板装配成 90°，如图 1-5-4 所示。两板之间预留一定的间隙，以保证熔深，在工件的两面对称处进行定位焊，定位焊缝长度为 10～15 mm，如图 1-5-5 所示。装配结束后，检查工件上立板垂直度，如有误差，应进行矫正处理。

直线形运条

图 1-5-6　直线形运条方法

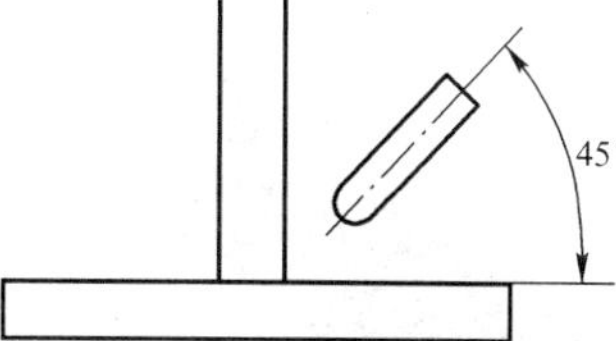

图 1-5-7　焊条与工件的夹角

4. 操作方法

（1）单层焊

当焊脚尺寸较小（通常小于 5 mm）时，可进行单层焊，焊条直径的选择由焊脚大小来确定，如果焊脚尺寸较大，焊条直径就应选择大一些。焊接操作时，电流要比平对接焊时增大 10% 左右，采用直线形运条法（见图 1-5-6），保持焊条与平板成 45°夹角，如图 1-5-7 所示。与焊接方向成 65°～80°夹角，如图 1-5-8 所示。焊接时速度要均匀，采用短弧施焊，并要时刻注视焊件的熔化情况，控制熔池的大小和温度，保持熔池在接口处不偏上或偏下，使平板与立板焊道充分熔合；还要保持熔渣对熔化金属的保护作用，既不超前，也不滞后（熔渣超前，易造成夹渣；熔渣滞后，焊缝表面质量差）。

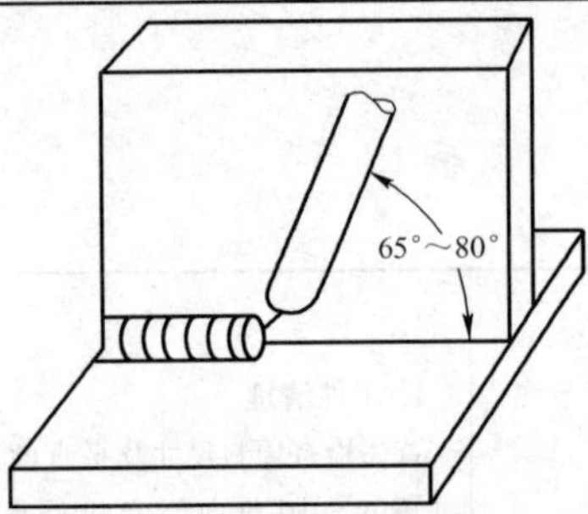

图 1-5-8　焊条前进方向的夹角

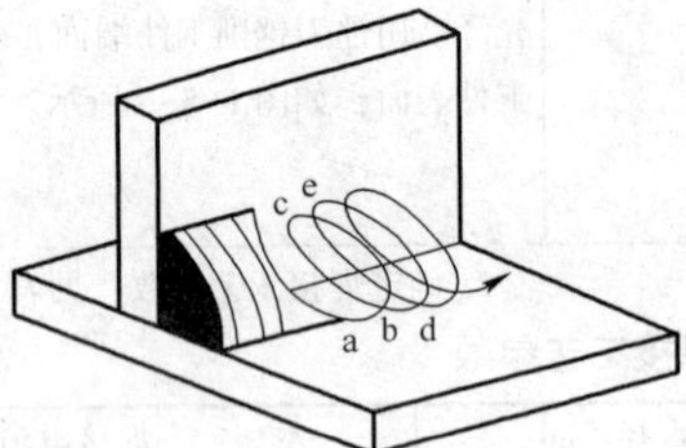

图 1-5-9　横角焊斜圆圈运条法

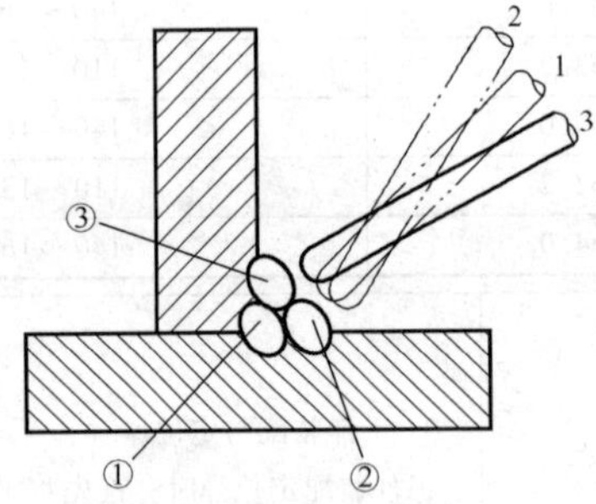

图 1-5-10　多层多道焊时焊条角度 ①②③为焊道层数

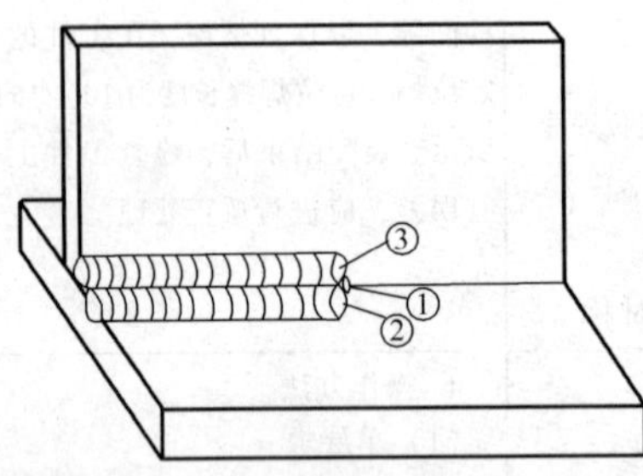

图 1-5-11　错误的焊道接头位置

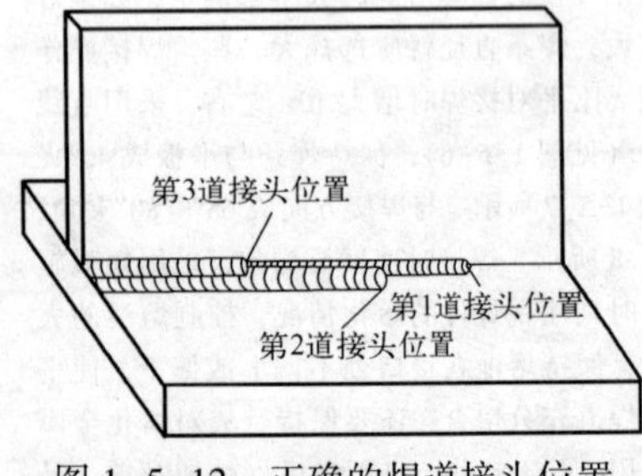

图 1-5-12　正确的焊道接头位置

图 1-5-13　焊道多处缺陷

单层焊时，也可将焊条端头的边缘靠在试件的夹角处，并轻轻施加压力，随着焊条的熔化，焊条便会自然而然地向前移动。这种方法简便易行，焊缝成形也比较美观。

(2) 多层焊

当焊脚尺寸要求较大时，可采用多层焊，包括两层两道焊、三层三道焊等，这里以两层两道焊为例介绍多层焊。

第一层焊接时，一般采用直径较小的焊条，焊接电流选择大一些，以获得较大的熔深，采用直线形运条法，注意收弧时填满弧坑。

第二层焊接前，应仔细清理前一层焊缝表面的熔渣，采用直径 4.0 mm 的焊条，电流比第一层焊接时要大一些，采用斜圆圈形运条法，注意在焊道两侧稍作停顿，以保证熔合良好。斜圆圈形运条法如图 1-5-9 所示。由 $a\to b$ 时，速度要慢，以保证根部焊透和一定的熔深，焊条作微微的往复前移动作，防止熔渣超前；由 $b\to c$ 时，速度稍快，防止液态金属下淌，并在 c 处稍作停留，保证立板一定的熔深，防止咬边。重复前面的操作，保持后一个熔池与前一个熔池有 1/2～2/3 的重叠，以利于焊缝成形，防止夹渣。按照上述方法反复运条，收尾时注意填满弧坑，完成第二层焊缝的焊接。

(3) 多层多道焊

生产中，当焊脚尺寸大于 6 mm 时，应采用多层多道焊。由于焊脚表面较宽，坡度较大，熔化金属容易下淌，影响焊缝成形，会给操作带来一定的困难。当焊脚尺寸为 10～12 mm 时，采用两层三道焊法，如图 1-5-10 所示。焊接第一道焊缝时，可用直径为 3.2 mm 的焊条，焊条角度如图 1-5-10 所示。在①的位置，使用较大的焊接电流，采用直线形运条法施焊，收尾时注意填满弧坑，焊后彻底清除焊缝表面熔渣及飞溅物。焊接第二道时，应至少覆盖第一条焊道的 2/3，焊条与水平焊件的夹角要稍大些，在 45°～55°，如图 1-5-10 所示②的位置，以使熔化金属能较好地与水平焊件熔合。焊条与焊接方向的夹角仍为 65°～80°，运条方式采用斜圆圈形或锯齿形，焊接速度与多层焊时基本相同。焊接第三道时，应覆盖第二条焊道的 1/3～1/2，焊条与水平焊件的夹角为 40°～45°，如图 1-5-10 所示③的位置，运条采用直线形运条法，焊接速度保持均匀一致，但不宜太慢，太慢容易产生焊瘤缺陷，会影响焊缝表面成形，焊条接头要错开，不能在一个位置上接头，错误接头如图 1-5-11 所示。正确接头如图 1-5-12 所示。若希望焊道薄一些，则可采用直线往复运条法。整条焊缝应保持宽度一致，过渡圆滑，无咬边、夹渣及焊脚下垂等焊接缺陷。焊缝缺陷，多处焊瘤，焊道不平整，咬边等如图 1-5-13 所示。

一、焊条电弧焊的焊条

1. 焊条组成

焊条是由药皮（涂敷在焊芯表面的有效成分称为药皮，也称涂层）和焊芯（焊条中被药皮包裹的金属芯）两部分组成。焊条的直径和长度是指焊芯的直径和长度，常用的直径有 ϕ1.6、ϕ2.0、ϕ2.5、ϕ3.2、ϕ4.0、ϕ5.0 等几种，长度范围 L 为 200 ～ 550 mm，如图 1-5-14 所示。焊接时焊芯的作用有两个：一是作为电极起传导电流和引燃电弧的作用；二是熔化后作为填充金属与熔化后的母材金属一起形成焊缝。为保证焊缝质量，对焊芯金属的化学成分有严格的要求，碳、硅含量较低，硫、磷含量极少，焊芯都经过专门冶炼制成。

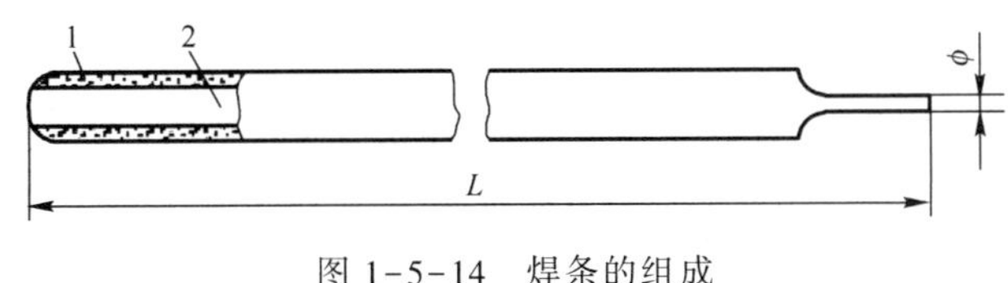

图 1-5-14　焊条的组成

1—药皮；2—焊芯

2. 药皮的作用

药皮在焊接中起着很重要的作用，药皮一般由 7 ～ 9 种原料混合组成。这些原料有稳弧剂、造渣剂、造气剂、脱氧剂、合金剂、稀渣剂、黏结剂和增塑剂等。药皮的作用有以下几点：

（1）焊接时，药皮熔化后与焊缝金属母材熔合会产生各种冶金反应，去除焊缝中有害杂质，向焊缝添加合金元素，使焊缝获得符合要求的化学成分和机械性能。

（2）利用药皮熔化后释放出的气体和形成的熔渣隔离空气，防止有害气体侵入焊缝熔池。

（3）改善焊接工艺性能使电弧容易引燃，且燃烧稳定，减少了焊接飞溅，容易脱渣，并使焊缝成形美观。

二、焊条的分类

常用的焊条分类方法有以下两种。

1. 按焊条用途分

（1）碳钢焊条。

（2）低合金钢焊条。

（3）钼和铬钼耐热钢焊条。

（4）奥氏体不锈钢焊条。

（5）堆焊焊条。

（6）铸铁焊条。

（7）镍及镍合金焊条。

（8）铜及铜合金焊条。

（9）铝及铝合金焊条。

（10）特殊用途焊条。

2. 按熔渣碱度分

按熔渣酸碱度可将焊条分为酸性焊条和碱性焊条。

（1）酸性焊条

指药皮中含有大量酸性氧化物的焊条，施焊后熔渣呈酸性。这类焊条焊接工艺性好，电弧稳定，可交流、直流两用，熔渣流动性好，飞溅小，脱渣容易，焊道成形外表美观。

（2）碱性焊条

指药皮中含有大量的碱性氧化物的焊条，施焊后熔渣呈碱性。用这类焊条施焊，焊缝金属的力学性能和抗裂能力都高于酸性焊条；但电弧稳定性较差，对铁锈、油污、水分等比较敏感，焊接过程中烟尘较大，脱渣困难，焊道表面成形比较粗糙。

三、焊条的型号与牌号

1. 焊条的型号

焊条型号是以焊条国家标准为依据，是反映焊条主要特征的一种表示方法。焊条型号包括以下含义：焊条类别、焊条特点（如焊芯金属类型、熔敷金属化学组成或抗拉强度等）药皮类型及焊接电源种类。不同类型焊条型号表示方法也不同。

碳钢焊条。按国家标准 GB/T 5117—2012 和 GB/T 5118—2012 中规定，碳钢和低合金钢焊条型号就是根据熔敷金属的力学性能、药皮类型、焊接位置及焊接电流种类划分的，以字母“E”与后缀四位数字组成。前两位数字表示熔敷金属抗拉强度最小值，第三位数字表示焊条的焊接位置，第三位与第四位组合表示焊接电流种类及药皮类型。

碳钢焊条熔敷金属的抗拉强度等级有 E43 系列（抗拉强度为 420 MPa）和 E50 系列（抗拉强度为 490 MPa）两类

第三位数字“0”及“1”表示焊条适用于全位置（平、横、立、仰）焊接；“2”表示焊条适用于平焊及平角焊；“4”表示适用于立位向下焊接。

第三位与第四位组合“03”表示钛钙型药皮，焊接电源种类为交流或直流反接；“15”表示低氢钠型药皮，焊接电源种类为直流反接；“16”表示低氢钾型药皮，焊接电源种类为交流或直流反接。

碳钢焊条型号举例如下：

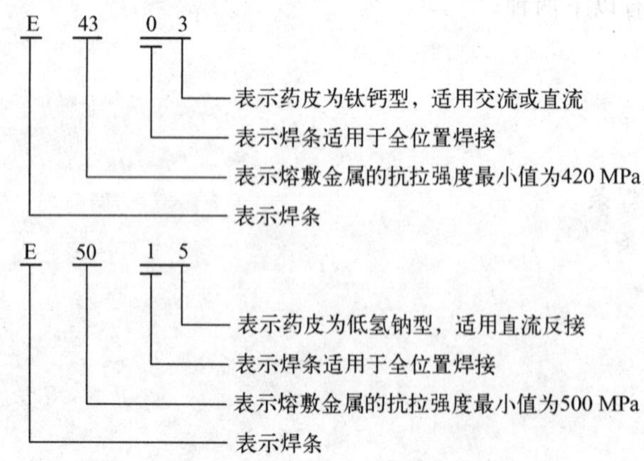

2. 焊条的牌号

焊条牌号是焊条生产厂家对产品所规定的代号，目前广泛采用的牌号由代表用途的字母和后缀三位数字组成。应用较多的焊条牌号及含义见表 1-5-2。

表 1-5-2　焊条牌号代表字母

焊条类型	代表字母	焊条类型	代表字母
结构钢焊条	J（结）	低温钢焊条	W（温）
低合金钢焊条		铸铁焊条	Z（铸）
钼和铬钼耐热钢焊条	R（热）	镍及镍合金焊条	Ni（镍）
铬不锈钢焊条	G（铬）	铜及铜合金焊条	T（铜）
铬镍不锈钢焊条	A（奥）	铝及铝合金焊条	L（铝）
堆焊焊条	D（堆）	特殊用途焊条	TS（特殊）

四、焊条牌号、型号和用途

1. 碳钢及低合结构钢焊条

碳钢及低合金结构钢焊条型号、牌号及主要用途见表 1-5-3。

表 1-5-3　碳钢及低合金结构钢焊条的型号与牌号对照及主要用途

型　号	牌　号	主要用途
E4303	J422	用于普通碳素钢（如 Q235）的焊接
E5015	J507	用于低合金结构钢（如 Q345）的焊接

2. 奥氏体不锈钢焊条

奥氏体不锈钢焊条型号、牌号及主要用途见表 1-5-4。

表 1-5-4　奥氏体不锈钢焊条的型号与牌号对照及主要用途

型　号	牌　号	主要用途
E308-16	A102	用于 18-8 型奥氏体不锈钢的焊接
E308-15	A107	
E309-16	A302	用于 25-13 型奥氏体不锈钢的焊接
E309-15	A307	
E310-16	A402	用于 25-20 型奥氏体不锈钢的焊接
E310-15	A407	

3. 低合金高强度钢焊条

低合金高强度钢焊条的型号与牌号对照及主要用途见表 1-5-5。

表 1-5-5　低合金高强度钢焊条的型号与牌号对照及主要用途

型　号	牌　号	主要用途
E5015-G	J507MoNb	用于抗硫化氢、氢、氮、氨介质腐蚀用钢 12siMoVNb、15MoV 等的焊接
E5015-G	J507MoW	用于抗高温、氢、氮、氨腐蚀用钢，如 10MoWVNb
E5015-G	J507NiCu J507CuP	用于耐大气、耐海水腐蚀及其他耐候钢种的焊接
E5015-G	J557 J557Mo	用于中碳钢及相应强度的低合金钢，如 15MnVTi，Q390(15MnV)，Q420(15MnVN)等的焊接

续表

型　号	牌　号	主要用途
E6015-G	J607RH	用于压力容器和桥梁及海洋工程重要结构的焊接
E7015-D2	J707	焊接 Cr9Mo、15MnMoV、14MnMoVB、18MnMoVNb

4. 低合金耐热钢焊条

低合金耐热钢焊条的型号与牌号对照及主要用途见表 1-5-6。

表 1-5-6　低合金耐热钢焊条的型号与牌号对照及主要用途

型　号	牌　号	主要用途
E5015-A1	R107	用于工作温度在 510 ℃以下的 15Mo 等珠光体耐热钢的焊接
E5503-B1 E5515-D2	R202 R207	用于工作温度在 510 ℃以下的 12CrMo 等珠光体耐热钢的焊接
E5503-B2 E5515-B2	R302 R307	用于工作温度在 520 ℃以下的 15CrMo 等珠光体耐热钢的焊接
E5515-B3-VWB	R347	用于工作温度在 520 ℃以下的相应耐热钢的焊接
E1-5MoV-15		用于 Cr5MoV 等珠光体耐热钢的焊接

五、焊条的使用与保管

为保证焊接质量，焊条必须进行烘焙并应妥善保管。

（1）焊条的烘焙

由于碱性焊条的药皮是采用水玻璃作黏结剂，酸性焊条采用的是有机物作黏结剂，用木粉作造气剂。因此，焊条的烘焙温度不宜过高。不同类型焊条的烘焙温度见表 1-5-7。

表 1-5-7　焊条的烘焙温度

焊条类型	烘焙温度/℃	保温时间/h	最多烘焙次数	使用时的保温温度/℃
碱性焊条	350～400	1～2	3	100
酸性焊条	150	1～2	3	100
不锈钢焊条	220～250	1	3	100
纤维素型焊条	100～120	1	3	80～100

经过烘焙的焊条，需装入焊条保温筒中使用。当取出焊条后，须立即盖好保温筒，避免空气中的湿度使烘焙好的焊条回潮。

（2）焊条的保管

① 各类焊条必须存放于通风良好、干燥的仓库中。

② 焊条要分类存放，有存放焊条的架子，距离地面不低于 300 mm，距离墙壁不小于 300 mm 且上下左右空气流通性好。

③ 特种焊条的存放与保管制度，应比一般焊条严格。保证仓库内相对湿度小于 50%。

④ 焊条存放仓库内，应设置温度计和湿度计。低氢型焊条库内温度不低于 5 ℃，空气相对湿度应低于 60%。

任务评价

姓名		班级			得分
检查项目	标准分数	焊缝等级			
		Ⅰ	Ⅱ	Ⅲ	Ⅳ
焊脚尺寸	标准（mm）	8～10	>11，≤12	>12，≤13	>13
	分数	20	15	10	8
凹凸度	标准（mm）	±≤1	±≤1.5	± ≤2	±>2
	分数	15	10	8	6
咬边	标准（mm）	0	深度 0.3 长度≤15	深度≤0.5 长度≤30	深度>0.5 长度>30
	分数	15	8	4	2
两板之间垂直度	标准（mm）	90°	≤90°	≤87°	≤85°
	分数	20	15	12	6
焊缝外表成形	标准（mm）	优	良	一般	差
		成形美观	成形较好	成形尚可	焊缝弯曲
	分数	30	20	15	10

否定项：1. 焊缝表面出现裂纹、未熔合等缺陷。
2. 焊缝原始表面遭到破坏，有加工或补焊、返修焊等。
3. 操作时间超过定额的 50%。

任务扩展

1. T 形接头立角焊

立角焊是在角接焊缝倾角 90°（向上立焊）转角 45°或 135°的角焊位置进行焊接。立位焊时，焊缝处于两板的夹角处，熔池成形容易控制，但是，在重力作用下熔池中的液态金属容易下淌，操作不当会产生焊瘤并使焊缝两侧形成咬边等缺陷。立角焊根据工件的技术要求及厚度选择焊接层次，焊接效果如图 1-5-15 所示。

图 1-5-15　立角焊成形工件

2. 操作准备

（1）300 mm×150 mm×80 mm（Q235 低碳钢板材各一件）。

（2）E4303 或 E5015 型焊条，焊条直径为 ϕ3.2 mm、ϕ4.0 mm。

（3）YD-400 型直流弧焊机。

3. 操作步骤

（1）清理工件表面铁锈、油污及杂质等。

（2）按工艺要求进行工件装配及定位焊，定位焊点同平角焊相同。

（3）确定焊接工艺参数，见表 1-5-8 。

表 1-5-8　立角焊焊接工艺参数

焊接层次	运条方法	焊条直径/mm	焊接电流/A
第一层焊道	断弧法	3.2	100～110
第二层焊道	反月牙形或锯齿形	3.2	120～130
盖面层	反月牙形或锯齿形	3.2	115～120

4. 操作方法

（1）采用三层三道焊接。为了使焊件能够均匀受热并有一定的熔深，焊接时焊条应处在两板的角平分线的位置上，并使焊条与焊件成 75°～90°的下倾角，如图 1-5-16 所示。常用立角焊的运条方法如图 1-5-17 所示。

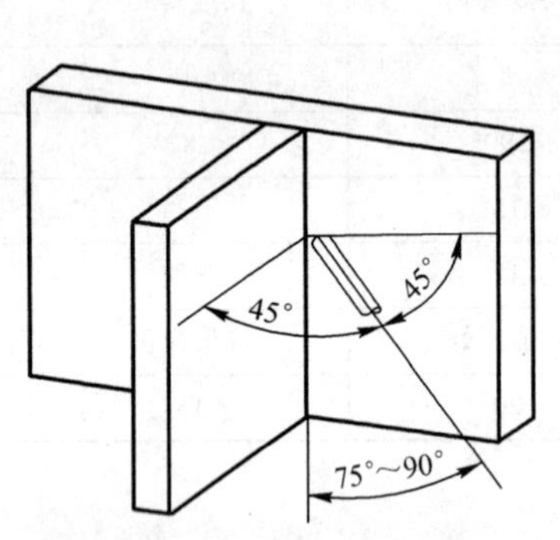

图 1-5-16　立角焊焊条角度

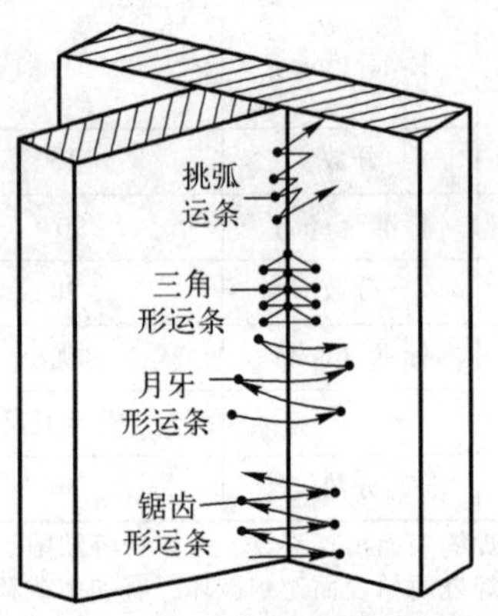

图 1-5-17　立角焊运条方法

（2）第一层焊道的焊接。采用断弧法进行焊接，与板对接立位焊相似。

（3）第二层焊道的焊接。清理前一层焊道的熔渣后，采用三角形或锯齿形运条方法进行焊接，如图 1-5-18 所示。为了避免出现咬边等缺陷，除选用合适的焊接电流外，焊条在焊道中摆动应稍快些，两侧稍作停顿，使熔化金属填满焊道两侧的边缘部分，并保持每个熔池均呈扁圆形，即可获得平整的焊道。

（4）盖面层的焊接。由于连续焊接，焊件温度会相应升高，焊接电流要作适当地调节，应比第二层焊道的电流稍小些。盖面焊也采用三角形或锯齿形运条方法，焊条摆动的宽度要小于所要求的焊接尺寸，如果要求焊角尺寸为 10 mm，焊条摆动的范围应在 8 mm 以内，待焊缝成形后就可达到焊角尺寸的要求。

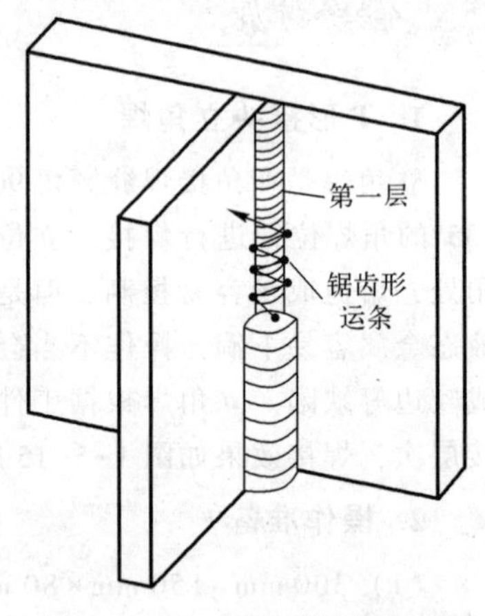

图 1-5-18　锯齿形运条方法

任务六　V 形坡口板对接仰位焊单面焊双面成形

任务目标

1. 能够正确简述板材对接仰位焊的工装技术及操作工艺流程。
2. 掌握 V 形坡口板对接仰位单面焊双面成形的操作技术。

3. 熟练掌握断弧法、连弧法在 V 形坡口板对接仰位焊中的应用。

4. 掌握板对接单面焊双面成形控制变形的方法。

5. 掌握能克服熔化金属因重力下垂而产生的咬边及焊道表面发生超高现象操作技巧。

6. 能够正确选择焊接工艺参数。

1. 识图

根据图纸要求：工件尺寸 300 mm×125 mm×12 mm，坡口角度为 60°，每组两件，工件尺寸如图 1-6-1 所示。

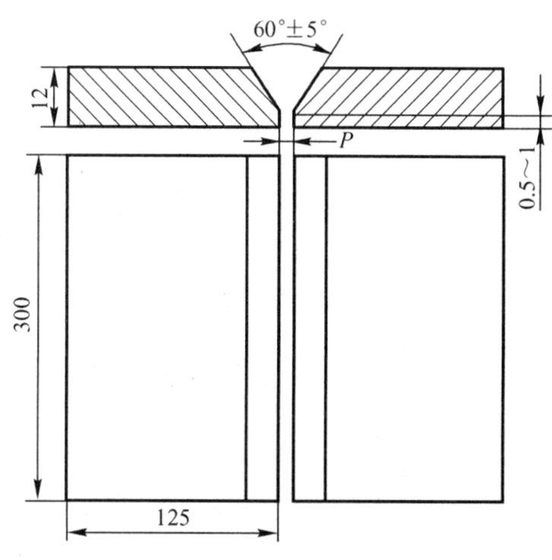

图 1-6-1　板对接仰位焊备料

2. 焊材

（1）工件材质：Q235 低碳钢板材。

（2）焊接材料：焊条选用 E5015（J507）直径为 3.2 mm 和 4.0 mm。焊条使用前应进行烘焙，温度为 350 ～ 400 ℃，保持恒温 1 ～ 2 h，随后装入焊条保温筒随用随取。

3. 技术要求

（1）要求单面焊双面成形。

（2）钝边厚度、装配间隙自定。

（3）装配定位后允许修磨定位处。

（4）定位后允许预留反变形量。

任务分析

仰位焊是焊工操作技术难度最大的方法之一，操作时焊条位于焊件下方，焊工仰视焊件所进行的焊接操作。仰焊时由于熔池倒悬在工件下面，液体金属靠自身表面张力、电弧吹力的作用保持在焊件上，如果熔池温度越高，表面张力则越小，熔池体积增大，所以在工件下部易产生焊瘤，而工件上部又容易产生凹陷，同时产生夹渣、气孔、未熔合等缺陷。因此仰位焊时应采用短弧焊接，运条时在坡口两侧稍作停留，中间过渡要快，防止焊道产生夹角，不利于焊道最后表面成形。工艺参数选择合理，电流不宜过大，确保焊道成形均匀平整，成形工件如图 1-6-2 所示。

图 1-6-2　仰位焊成形工件

一、实训准备

1. 前期准备

（1）安全、环保及预防性措施。参照项目一的任务一进行准备。

（2）设备、工具。

① 焊接设备：YD-400 型松下直流逆变式弧焊机。配有焊接电缆、焊钳、接地电缆及接地夹。

② 环保通风设备：混流风机 HL3-2A-4.5A、轴流风机 TN2-40

③ 工具：焊工防护面罩、角向磨光机、清渣锤、手锤、平锉刀、平錾、钢丝刷、扭力扳手、直角尺、平光防护眼镜、焊条保温筒。

(3) 任务完成后，要认真填写任务评价表。

2. 注意事项

注意事项参照项目一的任务一。

二、实训步骤

图 1-6-3　焊接支架

1. 装夹

工件固定在支架上时，应调整好焊接高度，同时特别要注意的是应旋紧加力顶丝，防止在焊接或层间清渣时工件脱落造成人身伤害，如图 1-6-3 所示。

2. 确定焊接工艺参数（见表 1-6-1）

表 1-6-1　焊接工艺参数

焊接层次	运条方法	焊条直径/mm	焊接电流/A
打底层	断弧焊	3.2	100-110
	连弧焊	3.2	85-95
填充层（1）	锯齿形或月外形	3.2	120-130
填充层（2）	锯齿形或月牙形	3.2	120-130
盖面层	锯齿形或月牙形	3.2	110-120

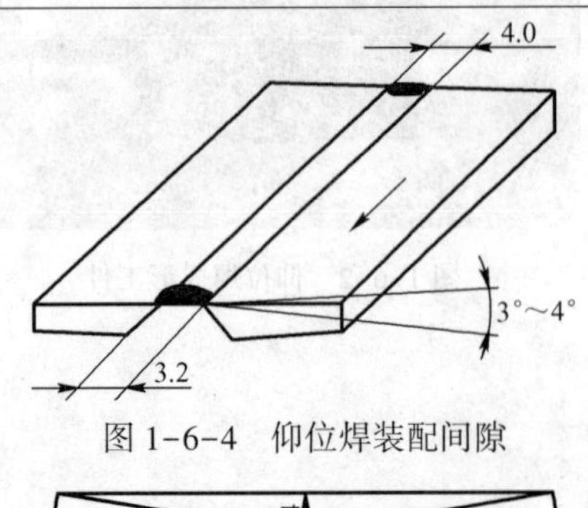

图 1-6-4　仰位焊装配间隙

图 1-6-5　反变形量预留尺寸

3. 定位焊、预留反变形量

① 定位焊采用与焊接试件相同牌号的焊条，在试件两端坡口内进行定位焊，定位焊缝的长度为 10～15 mm，必须焊牢。终焊端应多焊一些，放大终焊端的间隙是考虑到焊接过程中的横向收缩量，以保证熔透坡口根部所需要的间隙如图 1-6-4 所示，错边量≤1 mm。

② 预留 3°～4°反变形量可用 ϕ4.0 mm 焊条头测量。由于 V 形坡口具有不对称性，只在一侧焊接，焊缝在厚度方向横向收缩不均，钢板会向上翘起产生角变形，获得反变形量的方法是：焊前用两手拿住组对好的试件中的一块钢板的两端，轻轻磕打另一块钢板，使两板向焊后角变形的相反方向折弯一定的反变形量，背弯间隙可用 ϕ4.0 mm 焊条头测量，如图 1-6-5 所示。

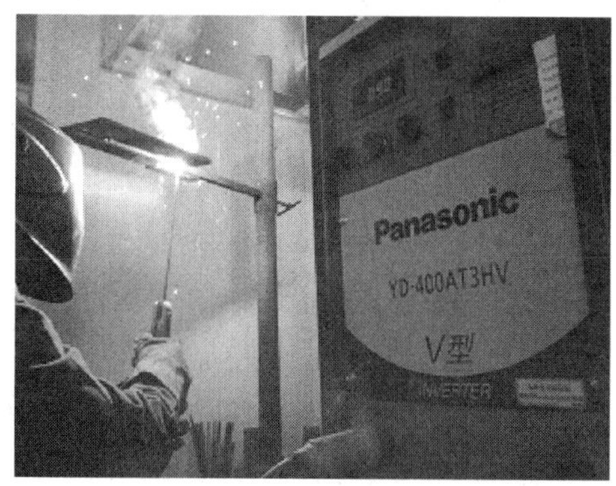

图 1-6-6 引弧位置及焊条角度

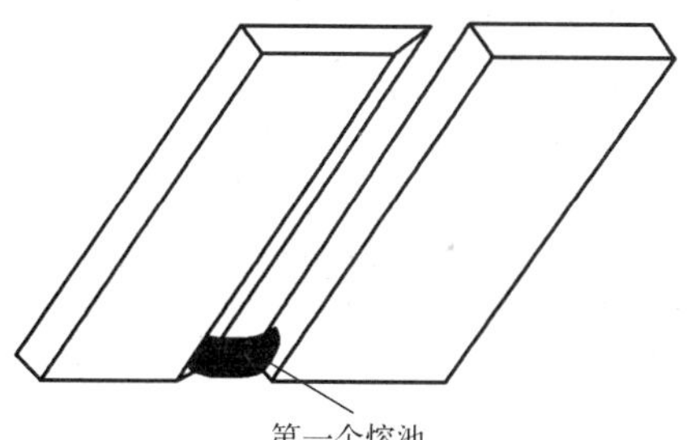

图 1-6-7 仰位焊熔池形成

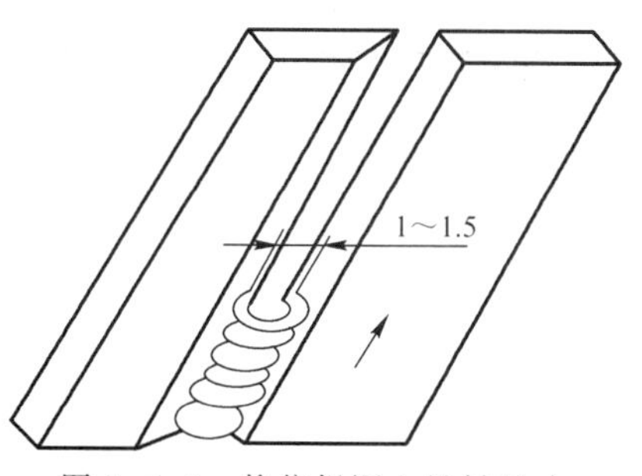

图 1-6-8 仰位焊深入母材尺寸

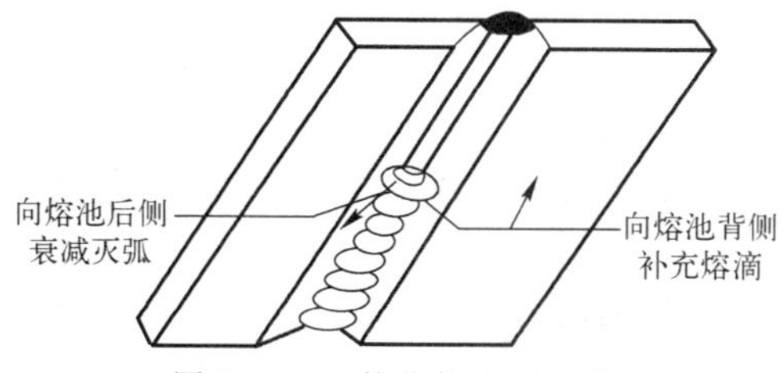

图 1-6-9 仰位焊灭弧方法

4. 操作方法

打底层焊接可采用断弧手法，也可采用连弧手法施焊。

① 断弧焊手法引弧。在定位焊缝上引弧，焊条角度如图 1-6-6 所示。然后焊条在始焊部位坡口内做轻微快速横向摆动，当焊至定位焊缝尾部时，应稍作预热，并将焊条向上顶一下，听到“噗噗”声后，表明坡口根部已被焊透，第一个熔池已形成，如图 1-6-7所示。并使熔池前方形成向坡口两侧各深入 1～1.5 mm 的熔孔，如图 1-6-8 所示。然后焊条向斜下方立即灭弧。

② 采用两点击穿法，坡口左、右两侧钝边应完全熔化，并深入两侧母材各 1～1.5 mm。灭弧动作要快，干净利落，并使焊条总是向上探。灭弧与接弧时间要短，灭弧频率为 30～50 次/min，每次接弧位置要准确，焊条中心要对准熔池前端与母材的交界处。

③ 接头。更换焊条灭弧前，要在熔池边缘部位迅速向背面补充 2～3 滴熔滴，如图 1-6-9 所示。同时还要在熔池前方作一熔孔，然后回移 10 mm 左右再熄弧。迅速更换焊条后，在弧坑后面 10～15 mm 坡口内引弧，用连弧手法运条到弧坑根部时，将焊条沿着预先做好的熔孔向坡口根部顶一下，听到“噗噗”声后，稍停，在熔池中部斜下方灭弧，随即恢复原来的灭弧焊手法。

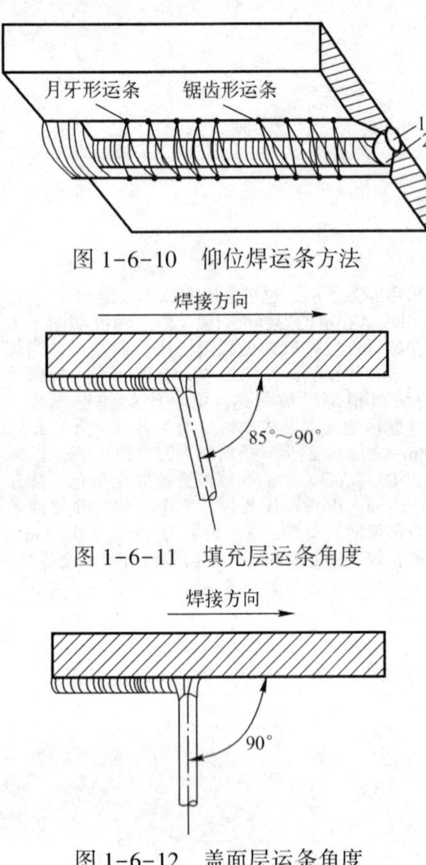

图 1-6-10　仰位焊运条方法

图 1-6-11　填充层运条角度

图 1-6-12　盖面层运条角度

④ 填充层焊接。

可采用多层焊或多层多道焊。多层焊时应将第一层熔渣、飞溅物清除干净，若有焊瘤应修磨平整。在距焊缝始端 10 mm 左右处引弧，然后将电弧拉回到起始处施焊（每次接头都应如此）。采用短弧月牙形或锯齿形运条法施焊，如图 1-6-10 所示。焊条与焊接方向夹角为 85°～90°，如图 1-6-11所示。运条到焊道两侧一定要稍停片刻，中间摆动速度要尽可能快，以形成较好的焊道，保证熔池呈椭圆形，大小一致，防止焊道下坠凸起。

⑤ 盖面层焊接。

盖面层焊接前需要仔细清理熔渣及飞溅物。焊接时可采用短弧、月牙形或锯齿形运条法运条。焊条与焊接方向夹角为 90°，如图 1-6-12所示。焊条摆动到坡口边缘时稍作停顿，以坡口边缘熔化 1～2 mm 为准，防止咬边。保持熔池外形平直，如有凸形出现，可使焊条在坡口两侧停留时间稍长一些，必要时做灭弧动作，以保证焊缝成形均匀平整。更换焊条时采用热接法。更换焊条前，应对熔池填几滴熔滴金属，迅速更换焊条后，在弧坑前 10 mm 左右处引弧，再把电弧拉到弧坑处划一小圆圈，使弧坑重新熔化，随后进行正常焊接。

金属材料的性能包括物理性能、化学性能、力学性能和工艺性能等。

1. 金属材料的物理性能

金属材料的物理性能包括密度、熔点、导热性、热膨胀性、导电性、磁性等。

2. 金属材料的化学性能

金属材料的化学性能包括耐热性、耐蚀性、耐光性、催化特性、感光特性等。

3. 金属材料的力学性能

金属材料的力学性能是指金属在外力作用时表现出来的性能，包括强度、塑性、硬度、韧性及疲劳强度等。金属材料的力学性能是通过专门试验机试验和测定而获得的。

（1）强度。金属材料在静载荷作用下，抵抗塑性变形和断裂的能力称为强度。衡量强度的常用指标有屈服点和抗拉强度。

钢材在拉伸过程中载荷达到一定值时，载荷不变，仍继续发生明显的塑性变形的现象，称为屈服现象。材料产生屈服现象时的应力，称为屈服点，用 σ_S来表示。有些金属材料（如高碳钢、铸铁等）没有明显的屈服现象或无屈服现象，测定 σ_S很困难，在这种情况下，规定以试件基准长度方向产生 0.2% 塑性变形时的应力定义为材料的屈服点，用 $\sigma_{0.2}$表示。材料在拉伸时，在拉断前所承受的最大应力称为抗拉强度，用 σ_b 表示，它也是衡量金属材料强度的重要指标。金属材料在使用中所承受的工作应力不能超过材料的抗拉强度，否则会产生断裂，材料的强度指标是设计机械零部件设计和选择材料的重要依据。

（2）塑性。金属材料在外力作用下产生永久变形而不被破坏的最大能力称为塑性，通常以拉伸试验时的试样标距长度延伸率 δ(%)和试样断面收缩率 ψ(%)来表示。金属材料的伸长率和断面率数值越大，材料的塑性越好。

（3）硬度。表示材料抵抗硬物体压入其表面的能力。它是金属材料的重要性能指标之一。一般材料硬度越高，耐磨性越好。常用的硬度指标有布氏硬度（HB）、洛氏硬度（HR）、维氏硬度（HV）。

（4）冲击韧性。它是反映金属材料对外来冲击载荷的抵抗能力，一般由冲击韧性值（α_K）和冲击功（A_K）表示，其单位分别为 J/cm² 和 J（焦耳）。冲击韧性或冲击功试验（简称“冲击试验”），因试验温度不同而分为常温、低温和高温冲击试验三种；若按试样缺口形状又可分为“V”形缺口和“U”形缺口冲击试验两种。冲击韧度指标的实际意义在于揭示材料的变脆倾向。材料的冲击韧性值与温度有关，温度越低，冲击韧性值越小。

（5）疲劳强度。疲劳强度是指金属材料在无限多次交变载荷作用下而不被破坏的最大应力称为疲劳强度或疲劳极限。实际上，金属材料并不可能作无限多次交变载荷试验。一般试验时规定，钢在经受 10^7 次、有色金属材料经受 10^8 次交变载荷作用时不产生断裂时的最大应力称为疲劳强度。当施加的交变应力是对称循环应力时，所得的疲劳强度用 σ-1 表示。许多机械零件，如轴、齿轮、轴承、叶片、弹簧等，在工作过程中各点的应力随时间作周期性的变化，这种随时间作周期性变化的应力称为交变应力（也称循环应力）。在交变应力的作用下，虽然零件所承受的应力低于材料的屈服点，但经过较长时间的工作后产生裂纹或突然发生完全断裂的现象称为金属的疲劳。疲劳破坏是机械零件失效的主要原因之一。据统计，在机械零件失效中大约有 80% 以上属于疲劳破坏，而且疲劳破坏前没有明显的变形，因而疲劳破坏经常造成重大事故，所以，对于轴、齿轮、轴承、叶片、弹簧等承受交变载荷的零件要选择疲劳强度较好的材料来制造。

4. 金属材料的工艺性能

工艺性能是金属材料物理、化学性能和力学性能在加工过程中的综合反映，是指是否易于进行冷、热加工的性能。按工艺方法的不同，可分为铸造性、可锻性、焊接性和切削加工性等。在设计零件和选择工艺方法时，都要考虑金属材料的工艺性能。例如，灰铸铁的铸造性能优良，是其广泛用来制造铸件的重要原因，但它们的可锻性极差，不能进行锻造，其焊接性也较差。又如，低碳钢的焊接性能优良，而高碳钢则很差，因此，焊接结构广泛采用低碳钢。

序号	考核内容	考核要点	配分	评分标准	检测结果	扣分	得分
1	考前准备	劳保防护用品及工具准备齐全，焊接参数设置、设备调试正确，工件清理及工件组对、点固定位	5	工具及劳保防护用品不符合要求，焊接参数设置、设备调试不正确，工件组对及点固定位不正确，有一项扣 2 分			
2	焊接操作	试件空间位置符合要求	10	试件空间位置超出规定的范围扣 10 分			

续表

序号	考核内容	考核要点	配分	评分标准	检测结果	扣分	得分
3	焊缝外观	(1) 焊缝外形尺寸：焊缝余高0～4 mm，余高差≤3 mm。焊缝宽度比坡口每侧增宽0.5～2.5 mm，宽度差≤3 mm。 (2) 焊缝两侧咬边累计长度不超过焊缝有效长度范围内的40 mm。 (3) 未焊透深度≤1.5 mm，总长度不超过焊缝有效长度范围内的26 mm。 (4) 背面凹坑深度≤1 mm	10 10 10 5	(1) 焊缝外形尺寸有1项不符合要求扣3分，直至扣光配分。 (2) 焊缝两侧咬边累计总长度每5 mm扣2分；咬边深度>0.5 mm或累计长度>40 mm，此项配分扣光。 (3) 未焊透累计长度每5 mm扣2分；未焊透深度>1.5 mm或累计长度>26 mm，此工件按不及格论。 (4) 背面凹坑深度>1 mm，此项配分扣光			
4	焊后变形	工件焊后变形的角度 $\theta\leq3°$，工件的错边量≤1 mm	10	焊后变形角度>3°扣3分；错边量>1 mm扣2分			
5	焊缝内部质量	焊件经X射线探伤后，焊缝的质量达到标准中的Ⅲ级	30	Ⅰ级片30分；Ⅱ级片20分；Ⅲ级片10分；Ⅲ级片下不及格			
6	焊缝的抗弯曲性能	将试样冷弯至50°后其拉伸面上不得有任何一个横向（沿试样宽度方向）裂纹或缺陷长度不得>1.5 mm	10	面弯经补样后才合格扣6分			
7	其他	安全文明生产		设备复位、工具摆放整齐、清理试件、打扫场地、拉闸关灯，有一处不符合要求扣1～10分			
8	工时定额	操作时间60 min		每超过1 min从总分中扣2分			
		合计	100				

否定项：1. 焊缝表面出现裂纹、未熔合等缺陷。
2. 焊缝原始表面遭到破坏，有加工或补焊、返修焊等。
3. 操作时间超过定额的50%。

1. 管对接垂直固定焊

垂直固定管的焊接位置实际上是管的横向环焊缝，其类似于板材的对接横焊。因有弧度，焊接时焊条应随弧度转动，施焊时焊工要不断的随着管子的弧度转动身体进行操作，因而会给操作增加一定的难度。管对接垂直固定焊时，熔池在管壁横向环缝的立面上进行焊接，熔化金属因重力下垂，造成焊缝上部容易咬边，中间焊缝不平。因此，焊工在操作时要随时调整操作姿势及焊条角度、运条方法和焊接速度并注意盖面焊时的上下焊道的搭接量。

2. 操作准备

(1) 工件材料及尺寸

① 工件材料20钢。

② 工件及坡口尺寸如图 1-6-13 所示。

（2）焊接材料

① E4303（J422）ϕ2.5 mm 焊条。

② 焊前进行 75 ～ 150 ℃烘干，恒温 2 h，放置保温筒内随用随取。

（3）技术要求

① 单面焊双面成形。

② 预留间隙和钝边自定。

③ 定位焊缝可修磨。

（4）焊接设备及工具准备

① 焊机 YD—400AT。

② 面罩、消渣锤、手锤、电动直磨机、锉刀、钢丝刷等。

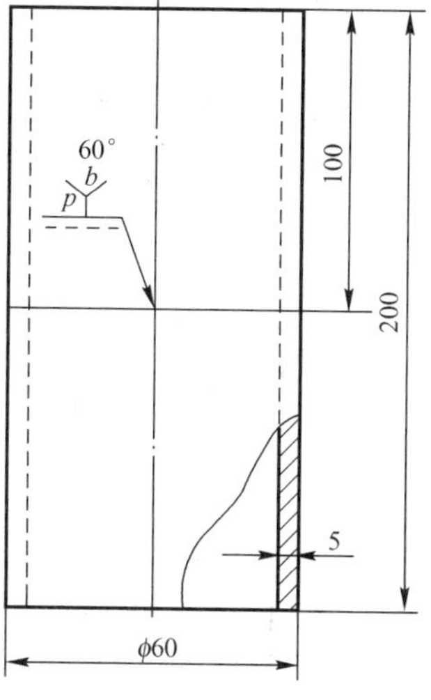

图 1-6-13 垂直固定管工件

3. 操作步骤

试件装配及定位焊：

① 清除坡口及其两侧内外表面 20 mm 范围内的油、铁锈及其他污物，直至露出金属光泽。

② 焊前用锉刀或角向磨光机修磨钝边，钝边高度为 0.5 ～ 1 mm，无毛刺，要求坡口平直。

③ 装配间隙为 2. 5 ～ 3. 0 mm；错边量≤0. 5 mm。

④ 定位焊：两点定位，焊点在 120°位置，焊缝长度为 5 ～ 8 mm，要求焊透．不得有气孔、夹渣、未焊透等缺陷。焊点两端修成斜坡，以利于接头。

4. 确定焊接工艺参数（见表 1-6-2）

表 1-6-2 焊接工艺参数

焊接层次	焊条直径/mm	焊接电流/A	焊层厚度/mm
打底层	ϕ2. 5 mm	80～85	3～3. 5
盖面层 第 1 道	ϕ2. 5 mm	90～100	3. 5～4. 0
盖面层 第 2 道	ϕ2. 5 mm	90～95	3. 5～4. 0

5. 操作实施

（1）打底焊

打底焊采用间断灭弧击穿法施焊。

① 引弧：在两定位焊缝相对位置中部坡口面上引弧，拉长电弧预热坡口，待其两侧接近熔化温度时压低电弧，待发出击穿声并形成熔池后，马上灭弧，使熔池降温。待熔池由亮变暗时，在熔池的前沿重新引燃电弧，压低电弧，由上坡口焊至下坡口，使上坡口钝边熔化 1 ～ 1.5 mm，下坡口钝边熔化量略小，并形成熔孔，然后灭弧，再引弧焊接，如此反复地进行灭弧击穿焊接，打底层熔孔形状及运条方法，如图 1-6-14所示。

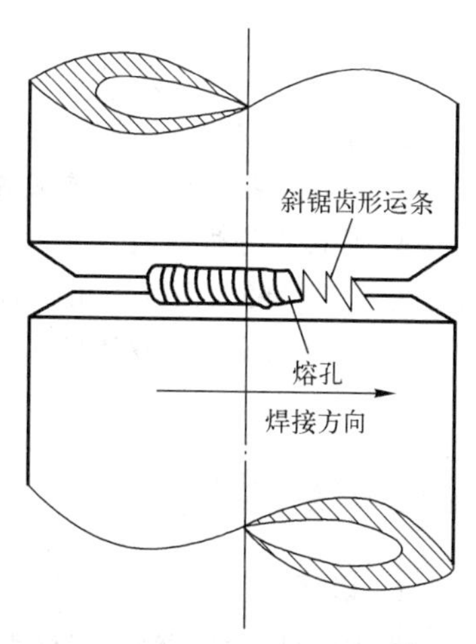

图 1-6-14 打底层熔孔形状及运条方法

施焊时把握三个要领：看熔池、听声音、落弧准，即观察熔池温度适宜，熔渣与熔池分明，熔池形状一致，熔孔大小均匀；听清电弧击穿坡口根部的“噗噗”声；落弧的位置要在熔池的前沿，保持始终准确，每次接弧时焊条中心对准熔池前部的 1/3 处，使新熔池覆盖前一个熔池 2/3 左右，弧柱击穿后透过背面 1/3。焊条的下倾角为 70°～ 80°，采用短弧焊接方法。

② 打底层的接头：

当焊条焊至定位焊缝根部或焊至封闭接头时，不能灭弧，而应将电弧向内压，向前顶，听到“噗噗”击穿声后，稍停 1 ～ 2 s，焊条略加摆动填满弧坑后拉向一侧灭弧，打底层焊条角度如图 1-6-15 所示。

（2）盖面焊

焊前，将打底层的熔渣及飞溅物清理干净，将焊缝接头处打磨平整，然后进行焊接。盖面层分上、下两道焊接，焊接时由下至上施焊，焊条与焊件间的角度如图 1-6-16 所示。

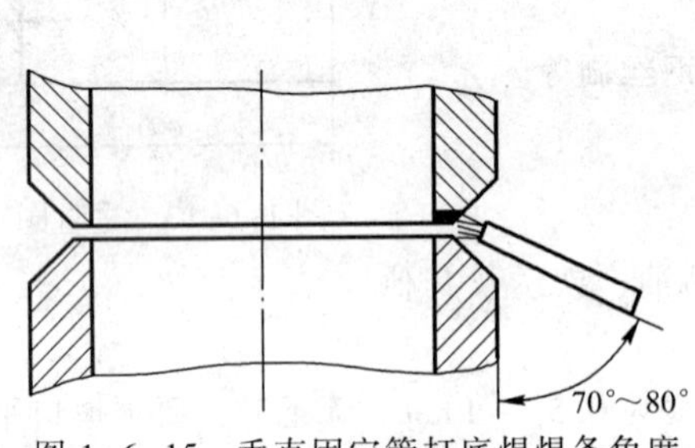

图 1-6-15 垂直固定管打底焊焊条角度

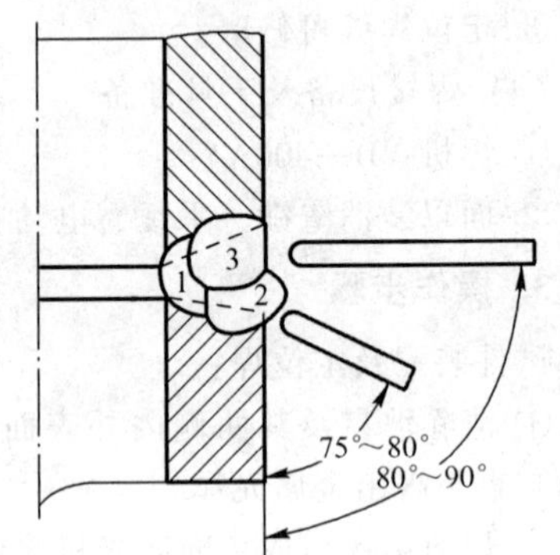

图 1-6-16 垂直固定管盖面焊的焊条角度

盖面层焊接时，运条要均匀，采用短弧焊接，焊接下面焊道时，电弧应对准填充焊道的下沿，稍作横向摆动，使熔池下沿稍微超出坡口下棱边（≤1.5 mm），应使熔化金属覆盖住打底焊道的 1/2 ～ 2/3，焊接上面的盖面焊道时为防止咬边和铁水下垂现象，要适当增大焊接速度或减小焊接电流，调整焊条角度，以防止咬边，确保整个焊缝外表宽窄一致、均匀平整。

任务七 中径管 V 形坡口对接水平固定焊

任务目标

1. 掌握管对接试件的工装技术与工艺流程。
2. 学会管对接水平固定焊单面焊双面成形的操作技术。
3. 熟练掌握断弧焊、连弧焊的运条方法。
4. 掌握在施焊过程中焊接空间位置发生变化时，运条角度也会随之而发生相应的变化。
5. 任务完成后能叙述操作过程及焊接缺陷产生的原因。

任务描述

1. 识图

根据图纸要求：管子规格直径为 108 mm，厚度为 5 mm，长度为 100 mm，坡口角度为 60°，每组两件，工件尺寸如图 1-7-1 所示。

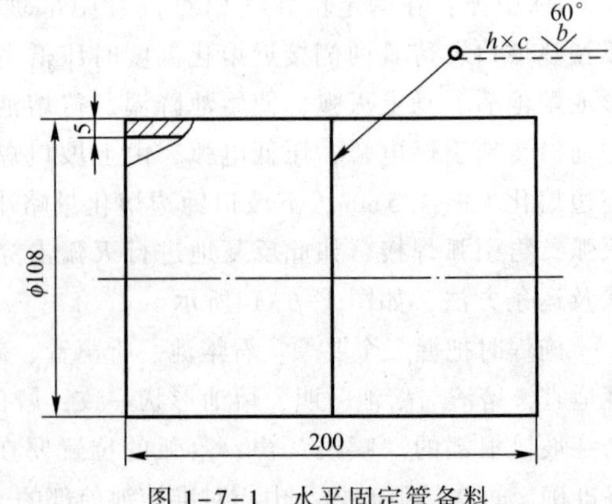

图 1-7-1 水平固定管备料

2. 焊材

（1）工件材质：20 钢管。

（2）焊接材料：E4303（J422）焊条直径，ϕ2.5 mm。焊前进行 75 ～ 150 ℃烘干，恒温 1 ～ 2 h，放入保温筒随用随取。

3. 技术要求

（1）管对接 V 形坡口水平固定单面焊双面成形。

（2）钝边厚度、预留间隙自定。

（3）装配定位后允许修磨定位处。

（4）全位置焊接。

任务分析

管对接水平固定焊是包括仰位焊、立位焊、平位焊三种空间位置的焊接形式。焊接熔池在各种位置转换变化过程中形成，所以水平固定焊也称为全位置焊，是操作技术里难度较大的一种基本形式。其工艺特点，只能是单面焊双面成形。由于焊接位置的不断变化，要求不断改变焊条角度，在操作过程中焊工站立的高度位置必须适应角度变化的需要。容易出现的缺陷是在平位焊时易出现下凹现象，仰位焊时容易产生夹渣、未熔合和焊瘤等缺陷。盖面焊时容易产生中间高、两侧咬边等缺陷，因此，要求焊工在操作时应注意每个环节的操作步骤及操作要领。

任务实施

一、实训准备

1. 前期准备

（1）安全、环保及预防性措施。参照项目一的任务一进行准备。

（2）设备、工具。

① 焊接设备：YD-400 型松下直流逆变弧焊机。配有焊接电缆、焊把、接地电缆和接地夹。

② 环保通风设备：混流风机 HL3-2A-4.5A、轴流风机 TN2-40。

③ 工具：焊工防护面罩、角向磨光机、清渣锤、手锤、平锉刀、平錾、钢丝刷，扭力扳手、直角尺、平光防护眼镜、焊条保温筒、直磨机。

（3）任务完成后，要认真填写任务评价表。

2. 注意事项

注意事项参照项目一的任务一。

二、实训步骤

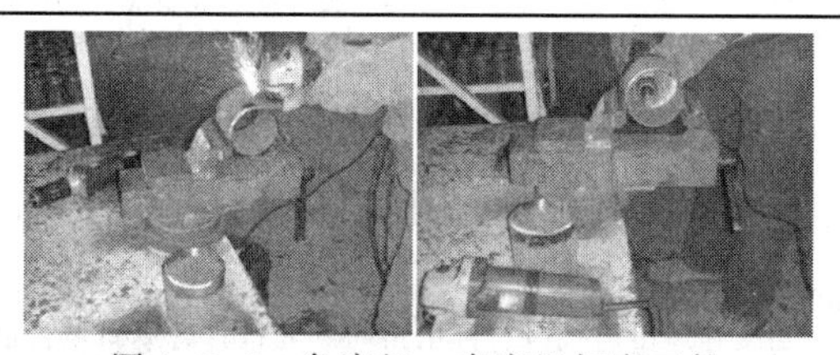

图 1-7-2　角磨机、直磨机打磨工件

1. 工件清理

焊前用锉刀或角向磨光机修磨钝边，钝边为 0.5～1 mm，无毛刺，清除坡口及其两侧内外表面 20 mm 范围内的油、铁锈及其他污物，直至露出金属光泽，如图 1-7-2 所示。

2. 确定焊接工艺参数（见表 1-7-1）

表 1-7-1　焊接工艺参数

焊层	焊条直径/mm	焊接电流/mm	焊层厚度/mm
打底层	ϕ2.5	80～85	3～3.5
盖面层	ϕ2.5	85～90	3.5～4.0

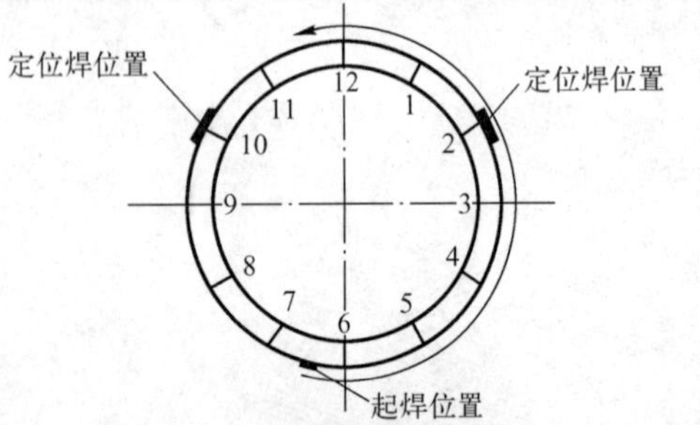

图 1-7-3　定位焊点及起焊位置

图 1-7-4　工件固定支架

3. 工件装配与定位焊

① 装配间隙：上部（12 点位置）3.0 mm.；下部（6 点位置）2.5 mm。错边量≤0.5 mm。

② 定位焊：在时钟 10 点和 2 点位置定位焊，如图 1-7-3所示。将焊缝长度约为10 mm焊点两端修磨成斜坡。定位焊完成后将试件水平固定在焊接支架上，焊接支架距地面高度为 800～1 200 mm，如图 1-7-4所示。

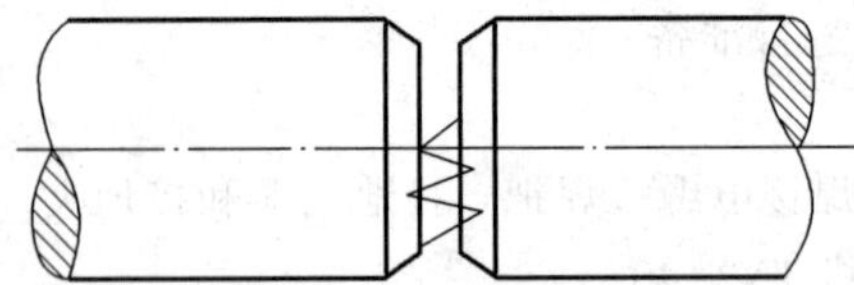

图 1-7-5　水平固定焊运条方法

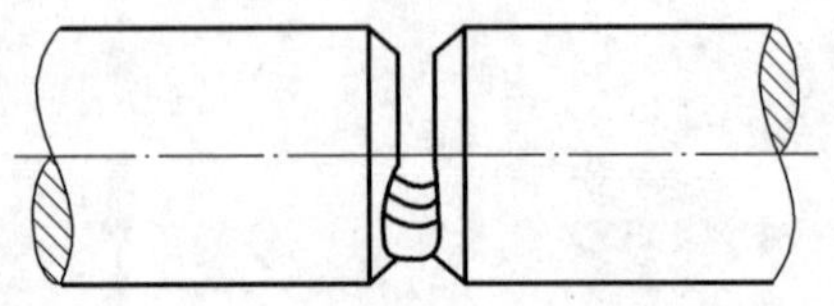

图 1-7-6　管对接熔孔形状

4. 操作实施

打底层焊接：打底层焊接可采用灭弧焊法，也可以采用连弧焊法。运条方法采用月牙形或横向锯齿形摆动，运条方法如图 1-7-5 所示。

（1）灭弧焊法。

① 灭弧焊时，在时钟 6 点前位置引弧，在坡口边上引燃电弧，将电弧引至坡口间隙处，用长弧在起焊处预热 2～3 s，当坡口两侧接近熔化状态时立即压低电弧，当坡口内形成熔池后将电弧稍微抬起，接弧位置要准确。每次接弧时焊条要对准熔池前部的 1/3 左右处，使每个熔池覆盖前一个熔池 2/3 左右。

② 灭弧动作要干净利落，不要拉长弧，灭弧与接弧的时间间隔要短。灭弧频率大体为：仰位焊和平位焊区段 35～40 次/min，立位焊区段 40～50 次/min。

③ 焊接过程中要使熔池的形状和大小基本保持一致，熔池金属液体清晰明亮，熔孔始终深入两侧母材 0.5～1 mm，如图 1-7-6 所示。

④ 在前半圈起焊区 5～10 mm 范围内焊接时焊缝应由薄变厚，形成一个斜坡；而在平位焊位置收弧区（即 12 点～11 点）5～10 mm 范围，则焊缝应由厚变薄，形成一个斜坡，以利于与后半圈接头。

⑤ 与定位焊缝接头时焊条运至定位焊点，将焊条向下压一下，若听到“噗噗”声后，快速向前施焊，到定位焊缝另一端时，焊条在接头处稍停，将焊条再向下压一下，又听到“噗噗”声后，表明根部已熔透，恢复原来的操作手法。

⑥ 接头。更换焊条时接头有热接和冷接两种方法：

a. 热接即在收弧处尚保持红热状态时，立即从熔池前面引弧，迅速把电弧拉到收弧处。

b. 冷接即熔池已经凝固冷却，必须将收弧处修磨成斜坡，并在其附近引弧，再拉到修磨处稍作停顿，待先焊焊缝熔池熔化，方可向前正常焊接。

c. 前半圈收尾时将焊条逐渐引向坡口斜前方，或将电弧往回拉一小段，再慢慢提高电弧，使熔池逐渐变小，填满弧坑后熄弧。

d. 后半圈的焊接与前半圈基本相同，但必须注意首尾端的接头。

⑦ 仰焊位（下方）的接头。

当接头处没有焊出斜坡时，可用角向磨光机打磨成斜坡，也可用焊条电弧来切割。其方法是：在距接头中心约 10 mm 的焊

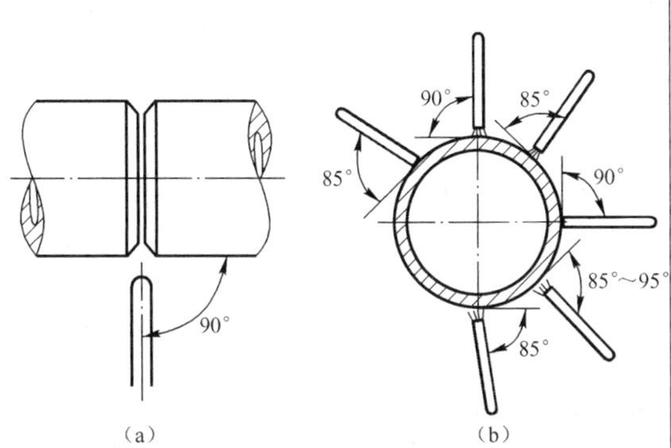

图 1-7-7 水平固定管对接焊条的角度变化

图 1-7-8 管对接盖面焊操作图

缝上引弧，用长弧预热接头部位，当焊缝金属熔化时迅速将焊条转成水平位置，使焊条头对准熔化金属，向前一推，形成槽形斜坡，然后马上把转成水平的焊条角度调整为正常焊接角度，进行仰位接头。在6点前处引弧时，以较慢速度和连弧方式焊至斜坡处把斜坡焊满，当焊至接头末端时，焊条向上顶，使电弧穿透坡口根部，并有“噗噗”声后，恢复原来的正常操作手法。

(2) 连弧焊法。

① 引弧与起焊。在坡口面上引弧至间隙内，使焊条在两钝边做微小横向摆动，当钝边熔化金属液与焊条熔滴连在一起时，将焊条上送，此时焊条端部到达坡口底边，整个电弧的2/3将在管内燃烧，并形成第一个熔孔。

② 仰焊位及下爬坡部位的焊接。应压住电弧做横向摆动运条，运条幅度要小，速度要快，焊条与管子切线倾角为80°～85°。

随着焊接向上进行，焊条角度变大，焊条深度慢慢变浅。在时钟7点位置时，焊条端部离坡口底边1 mm，焊条角度为100°～150°，这时约有1/2电弧在管内燃烧，横向摆动幅度增大，并在坡口两侧稍作停顿。到达立焊位时，焊条与管子切线的倾角为90°。

③ 上爬坡和平焊位的焊接。焊条继续向外带出，焊条端部离坡口底边约2 mm，这时，1/3电弧在管内燃烧。上爬坡的焊条与管切线夹角为85°～90°，平焊时夹角为85°～90°，如图1-7-7所示。

④ 更换焊条时接头有热接和冷接两种方法：

a. 热接头。

b. 冷接头。

和断弧焊接头方法相同。

接弧位置要准确。每次接弧时焊条要对准熔池前部的1/3左右处，使每个熔池覆盖前一个熔池2/3左右。

⑤ 盖面焊。

清除打底焊熔渣及飞溅物，修整局部凸起接头。在打底焊道上引弧，采用月牙形或横向锯齿形运条法焊接。焊条角度比相同位置打底焊稍大5°左右。焊条摆动到坡口两侧时，要稍作停留，并熔化坡口边缘1～2 mm，以防咬边，盖面焊操作如图1-7-8所示。前半圈收弧时，对弧坑稍填些液体金属，使弧坑呈斜坡状，以利于后半圈接头；在焊后半圈前，需将前半圈两端接头部位渣壳去除10 mm左右，最好采用砂轮打磨成斜坡。盖面层焊接前后两半圈的操作要领基本相同，注意收口时要填满弧坑。

一、焊接应力与变形

物体受到外力作用时，在内部横截面上产生内力，其大小与外力相等。物体单位横截面积所受的内力，称为应力。

焊接构件受到焊接产生的内应力称为焊接应力。按作用的时间可分为焊接瞬时应力和焊接残余应力。焊接瞬时应力是焊接过程中某一瞬时的焊接应力，它随着时间而变化。焊接残余应力是焊后残留在焊件内部的焊接应力。

物体在外力或温度等因素的作用下，其形状和尺寸发生变化，这种变化称为物体的变形。当使物体产生变形的外力或其他因素去除后变形也随之消失，物体可恢复原状，这样的变形称为弹性变形。当外力或其他因素去除后变形仍然存在，物体不能恢复原状，这样的变形称为塑性变形。

1. 焊接应力产生的原因

焊接应力按应力作用的方向分为纵向应力、横向应力和厚度方向焊接应力。纵向焊接应力就是平行于焊缝长度方向的应力。在焊接过程中，钢板中会产生不均匀的温度场，从而产生不均匀的膨胀。在靠近焊缝一侧高温区受到热压应力作用，而在远离焊缝一侧受到热拉应力的作用。焊接操作结束后，焊件自然冷却，在近焊缝区段产生拉应力，在稍远区段产生压应力。横向应力是垂直于焊缝轴线的应力，产生横向焊接应力的原因可分为焊缝的纵向收缩和横向收缩两个方面。在焊接过程中，两块板沿焊缝长度方向中部产生横向拉应力，两端产生压应力。冷却时，由于焊缝先后冷却时间不同，先焊的焊缝先冷却时，横向收缩受到阻止，而产生横向拉应力，先焊的焊缝先冷却凝固，存在一定的强度，阻止了后焊的焊缝在横向的自由膨胀，使其产生横向压缩变形。后焊的焊缝冷却时，横向收缩受到阻止，而产生横向拉应力，而先焊部分则产生横向压应力。厚度方向的焊接应力常发生在多层焊中，温度沿厚度方向分布不均匀，表面先冷却，中间后冷却，中间部分收缩时，受到表面已凝固焊缝阻止，中间层受拉，而外层受压。

2. 焊接变形产生的原因

焊接变形分局部变形和整体变形。局部变形指焊接结构的某部分发生变形，它在焊接中易矫正；整体变形指整个结构的形状或尺寸发生变化，还是由于焊缝在各个方向上的收缩引起的，在焊接中尤为重要，一般不允许发生整体变形。焊接变形产生的原因有很多种，不均匀的局部加热和冷却是最主要的原因。焊接时，焊件的局部被加热到熔化状态，形成了焊件上温度的不均匀分布区，使焊件出现不均匀的热膨胀，热膨胀因受到周围金属的阻碍不能自由膨胀而受到压应力，周围的金属则受到拉应力。当被加热金属受到的压应力超过其屈服点时，就会产生塑性变形；焊件冷却时，由于加热的金属在加热时已经产生了压缩的塑性变形，所以，最后的长度要比被加热金属的长度稍短一些。

除此之外，焊接方法、坡口形式、坡口角度、焊件组对装配间隙、错边、焊接电流、焊接速度和焊接顺序等都会对焊接变形和焊接应力有不同程度的影响。

二、焊接应力的控制措施与消除方法

1. 控制焊接应力产生的措施

焊接工件内残留有内应力是不可避免的，但可以根据产生机理和规律寻找一些措施来有效地控制它，使之危害程度降至最低。

控制内应力的基本要求有两个：焊件上热量尽量均匀以尽量减少对焊缝自由收缩的限制。通常采用的工艺措施有两种：一是采用合理的装配与焊接顺序。主要是在装配和焊接的顺序安排上尽量使焊缝能自由收缩，便可有效控制焊接应力；二是采用焊前预热加温技术，被焊工件各部位的温差越大，焊缝的冷却速度越快则焊接接头的残余应力越大。预热既能减小工件各部位的温差，又能减缓冷却速度，所以是降低焊接残余应力的有力措施。预热可分为局部预热或整体预热。对刚性大、厚度大的工件，应整体预热，这样降低残余应力的效果更加显著。

除了上面两种控制应力的方法外，还有在焊接结构的设计上采取措施，例如：对称布置焊缝、避免封闭焊缝等，以及对阻碍焊接接头自由收缩的部位加温，使之与焊缝同步伸缩，这种方法称为“减应法”。

2. 消除焊接应力的方法

消除焊接应力的方法主要有：热处理法和机械法。

焊后热处理是消除残余应力的有效方法，也是广泛采用的方法。它可分为整体热处理和局部热处理。一般是将被焊工件加热到 A_1 线以下，保温均匀，再缓慢冷却，以达到消除残余应力的目的。如 Q235B、16MnR 钢焊后热处理的温度一般选为(625±25)℃。

机械法，用机械的方法施加外力使冷却后的焊缝金属产生延展，以达到消除应力的目的，这种方法称为机械法消除应力，如锤击焊缝；在卷板机上压碾焊缝；对焊缝结构实行有控制的过载等都是机械消除应力的方法。

三、焊接变形的控制措施与消除方法

1. 从焊接工艺参数着手控制焊接变形的措施

首先，要选择合理的焊缝尺寸。焊缝尺寸的大小不仅关系到焊接量，而且对焊接变形也产生了很大的影响。焊缝尺寸预留过大，填充金属量和工作量也随之加大，从而使焊接变形增大；而焊缝尺寸过小时，虽然填充金属量少，但冷却速度快，容易产生一系列的焊接缺陷，直接影响焊接质量和降低焊缝的力学性能。因此，在确保结构承载能力和焊道的焊接质量前提下，尽量采取小的焊道尺寸。

其次，应合理安排焊缝的位置。焊缝应尽可能选取在对称于截面中性轴，或接近于中性轴的位置上。对于对称的焊接结构，焊缝布置应对称于中性轴；对于不对称的焊接结构，采用合理的焊接顺序，均会使焊接变形明显减少。

再次，焊缝坡口形式的合理选择也很重要。焊缝的坡口形式对焊接变形的影响较大。焊缝的坡口角度越大，熔敷金属的填充量就越大，沿着板厚方向的横向收缩就越不均匀，焊接变形就越大。通常情况下，不开坡口的焊缝因为熔敷金属填充量小，比开坡口的焊缝焊接变形要小。

在保证结构件强度的前提下，应尽量减少不必要的焊缝。在焊接结构设计中，常用筋板来提高钢结构的稳定性和刚度，但是筋板数量太多，焊缝过于密集，产生的热量就较大。因此，应尽量减少不必要的焊缝。

2. 选择合理的焊接方法

选择合理的焊接方法的原则是：在保证焊接质量和力学性能的前提下，选用较低的线能量，能有效地防止焊接变形。例如：埋弧自动焊与手工电弧焊相比，功率大，热利用率高，焊接速度快，焊缝收缩小，焊接变形也小；气焊比电弧焊的焊后变形大，因为气焊操作时，焊件受热范围大，加上焊接速度慢，使金属受热体积增大，导致焊后变形大。用二氧化碳气体保护焊代替手工电弧焊，不仅生产效率大大提高，而且焊后变形随之减小。

3. 采用反变形法控制焊接变形

在长期的生产中，根据发生焊接变形的规律，可以预先把焊件制成一个变形，使这个变形与焊接后发生的变形方向相反，而且变形角度数值大小相等，以达到防止产生焊接残余变形的目的。这种方法在实际生产中应用较广，如采用外力或夹具将结构件夹压在具有足够刚度的平台上，使它产生一个反变形，然后再继续进行施焊。

4. 常用矫正焊接变形的几种方法

目前矫正焊接变形的方法主要有两种；一是机械矫正法，即利用外力使被焊金属结构件与焊接方向相反的塑性变形，使两者相互抵消。除压力外，还可用锤击法来延展焊缝及其周围压缩塑性变形区域的金属，达到消除焊接变形的目的；二是火焰加热矫正法，即利用火焰局部加热时产生的压缩塑性变形，使较长的金属冷却后收缩，来达到矫正变形的目的。矫正方法有两个基本原则：矫正位置要准确，即要搞清楚各部件变形产生的原因及变形程度。矫正顺序要正确，首选矫正主要变形位置，其次是矫正次要变形位置。

序号	考核内容	考核要点	配分	评分标准	检测结果	扣分	得分
1	考前准备	劳保防护用品及工具准备齐全，焊接参数设置、设备调试正确，工件清理及工件组对、点固定位	10	工具及劳保防护用品不符合要求，焊接参数设置、设备调试不正确，工件组对及点固定位不正确，有一项扣2分			
2	焊缝外观	① 焊缝余高>3 mm。 ② 焊缝余高差>2 mm。 ③ 焊缝宽度差>3 mm。 ④ 背面余高>3 mm。 ⑤ 焊缝直线度>2 mm。 ⑥ 背面凹坑深度>2 mm，累计长度>40 mm。 ⑦ 咬边深度≤0.5 mm，累计长度5 mm。 ⑧ 咬边深度>0.5 mm或累计长度>40 mm	40	① 扣6分。 ② 扣6分。 ③ 扣6分。 ④ 扣4分。 ⑤ 扣4分。 ⑥ 扣5分。 ⑦ 扣1分。 ⑧ 扣8分。 注意：焊缝外观质量得分低于24分，此项考试按不合格论			
3	焊缝内部质量	焊件经X射线探伤后，焊缝的质量达标	40	①焊缝质量达到Ⅰ级，扣0分。 ② 焊缝质量达到Ⅱ，扣10分。 ③焊缝质量达到Ⅲ级，此项考试按不合格处理			
4	其他	安全文明生产	10	设备复位、工具摆放整齐、清理试件、打扫场地、拉闸关灯，有一处不符合要求扣1分			
5	工时定额	操作时间45 min		每超过1 min从总分中扣2分			
		合计	100				

否定项：1. 焊缝表面出现裂纹、未熔合、夹渣等缺陷。
2. 焊接时任意改变焊接空间位置。
3. 焊缝原始表面遭到破坏，有加工或补焊、返修焊等。
4. 操作时间超过定额的50%。

1. 管对接倾斜45°固定焊

倾斜45°固定管子焊接位置，它介于水平固定与垂直固定之间，它们的焊接方法有相似之处，也有不同之处。在焊接操作时也分成两个半圈进行，每个半圈都分为斜仰、斜立、斜平三种位置，从时钟6点位置起弧，焊至时钟12点位置收弧。由于管子是倾斜的，熔化金属有从坡口上侧坠落到下侧的趋向，所以在施焊中焊条应该偏于垂直位置。

2. 焊前准备

工件材料及尺寸：

（1）工件材料为20无缝钢管。

（2）工件及坡口尺寸 ϕ108 mm×4.5 mm×110 mm，α 为60°，每组两件，如图1-7-9所示。

3. 焊接材料

（1）E4303（J422）焊条直径，ϕ2.5 mm。

（2）焊前焊条进行75°～150℃烘干，恒温1～2 h，放入保温筒随用随取。

4. 焊接设备及工具准备

（1）焊机：YD—400AT。

（2）面罩、敲渣锤、直磨机、锉刀、活扳手、钢丝刷等。

5. 操作步骤

（1）清理工件。焊前用锉刀或角向磨光机、直磨机修磨钝边，钝边为0.5～1 mm，无毛刺，清除坡口及其两侧内外表面20 mm范围内的油、铁锈及其他污物，直至露出金属光泽。

（2）确定焊接工艺参数见表1-7-2。

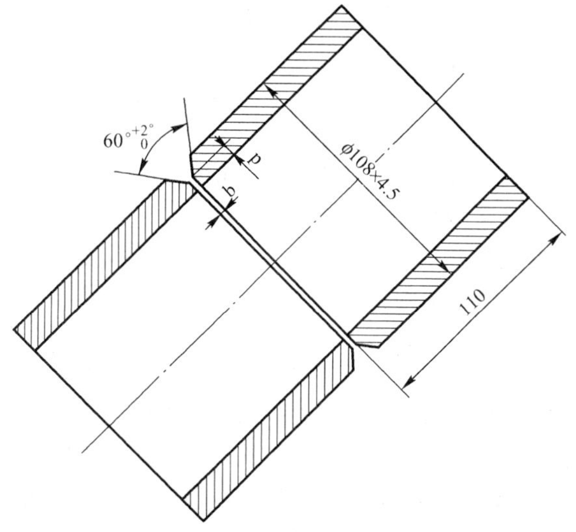

图1-7-9　管对接斜45°固定焊

表1-7-2　焊接工艺参数

焊接层次	焊条直径/mm	焊接电流/A	焊层厚度/mm
打底层	2.5	80～90	2.5～3.0
盖面层	2.5	90～95	3.0～3.5

（3）工件装配。装配间隙，上部（12点位置）2.8 mm；下部（6点位置）3.0 mm。错边量≤0.5 mm。

（4）定位焊。在时钟10点和2点位置定位焊，焊缝长度约10 mm，焊点两端修磨成斜坡状，焊条直径为2.5 mm，定位焊点和正式焊接相同。

（5）定位焊工件固定在焊接支架上，距离地面高度800～1 200 mm，如图1-7-10所示。

（6）操作姿势。倾斜固定管的操作姿势随着工件的空间位置而发生变化。

图1-7-10　固定焊接支架

6. 操作方法

（1）打底焊

打底层采用断弧焊。断弧焊时采用逐点焊接法进行焊接。焊条在时钟6点前5～10 mm处起弧，在始焊部位坡口内上下轻微摆动，对坡口两侧预热，待温度上升后，压低电弧，击穿钝边，此时焊条端部到达坡口底边，整个电弧的2/3在管内燃烧并形成第一个熔孔。形成熔池后即可灭弧。待第一个熔池变成暗红色时，焊条在坡口上侧引燃电弧，横拉至熔孔，稍作停留，击穿钝边，产生新的熔孔。形成熔池后，焊条斜拉到下坡口根部，稍作停留，击穿钝边，形成整体熔池后焊条向斜前方，迅速灭弧，如此反复操作，即形成了打底层焊道。

在焊接过程中应该注意，在仰焊位焊条要送深些，必须将铁水送到坡口根部稍做停顿立即断弧，防止铁水因重力下垂形成焊瘤。在立焊位、平焊位时，焊条向熔池送进要浅一些，防止管内余高超标。在焊接过程中，焊条从上坡口向下坡口斜拉过渡时，一定要保持熔池铁水呈水平状态。每次引弧时，焊条中心要对准熔池2/3左右，使新熔池覆盖前熔池2/3左右。收弧时，焊条向熔池中填充少量铁水，熔池缩小后应立即断弧。

焊条接头时尽量采用热接头方法。焊条在熔池弧坑前 10 mm（打底层焊道）处引燃电弧，拉至上坡口熔孔处，稍停一下，待击穿钝边形成新的熔孔，产生熔池后斜拉至下坡口熔孔处，击穿钝边形成熔孔，当上下钝边形成整体熔池后灭掉电弧，开始正常焊接。左半圈与右半圈操作方法相同。

（2）盖面层焊接方法

盖面层焊接方法有两种，断弧焊与连弧焊。盖面运条方法有直拉法和横拉法。

直拉法盖面焊是在盖面焊过程中，以月牙形运条法沿管子轴线方向施焊的一种方法。从坡口上部边缘起弧并稍作停留，然后沿管子的轴线方向作月牙形运条，把熔化金属带至坡口下部边缘灭弧，每个新熔池覆盖前熔池的 2/3 左右，依次循环。

斜仰焊位的起头动作是在起弧后，先在斜仰焊部位坡口的下部依次建立三个熔池，使其一个比一个大，最后达到焊缝宽度，然后进入正常焊接。起头施焊时以直拉法运条如图 1-7-11 所示。

前半圈的收弧方法是在熄弧前，先将几滴熔化铁水逐渐斜拉，使尾部焊缝呈三角形。焊后半圈时，在管子斜仰部位的接头方法是在引弧后，先把电弧拉至接头待焊的三角形尖端建立第一个熔池，此后熔池逐渐加大，直至三角形区填满后用直拉法运条。

后半圈焊缝的收弧方法是在运条到试件上部斜平焊位收弧部位的待焊三角区尖端时，使熔池逐个缩小，直至填满三角区后收弧。

注意：接弧与灭弧位置必须准确，直拉法盖面收口方法如图 1-7-12所示。

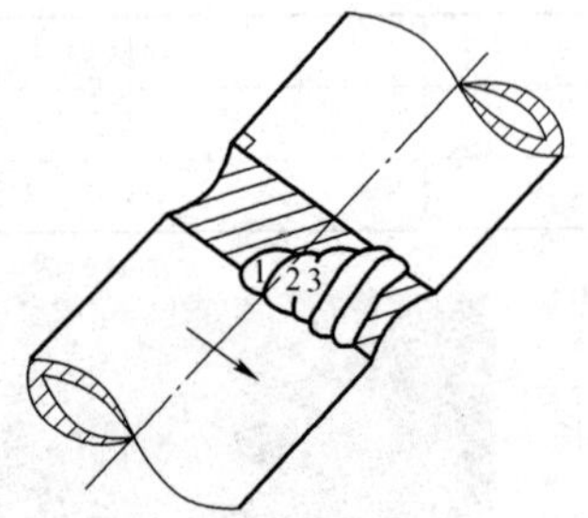

图 1-7-11　直拉法起头方法

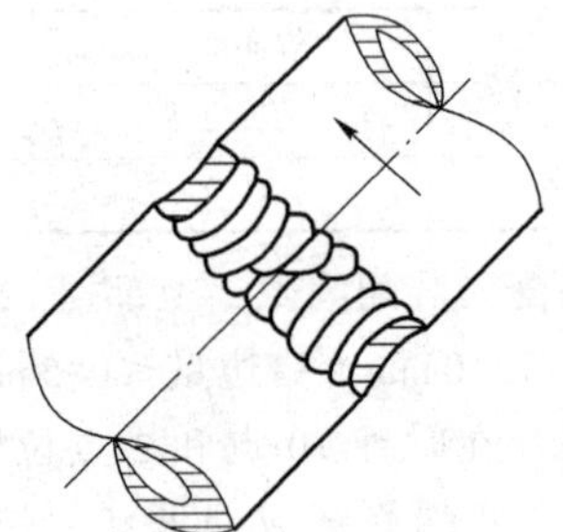
图 1-7-12　直拉法盖面的收口方法

（3）横拉法盖面及接头

横拉法盖面焊是在盖面焊过程中，以月牙形或锯齿形运条法沿水平方向施焊的一种方法。施焊时，当焊条摆动到坡口边缘时，稍作停顿，使熔池的上下轮廓线基本处于水平位置。

斜仰焊位起头方法是在起弧后，相继建立起三个熔池，然后从第四个熔池开始横拉运条，它的起头部位同样也留出一个待焊的三角区域，横拉法盖面起头方法如图 1-7-13 所示。

前半圈上部斜平焊位焊缝收尾时也要留出一个待焊的三角区域。后半圈在斜仰焊位的接头方法是在引弧后，先从前半圈留下的待焊三角区域尖端向左横拉至坡口下部边缘，使这个熔池与前半圈起头部位的焊缝搭接上，然后用横拉法运条，如图 1-7-14 所示，至后半圈盖面焊焊缝收弧。后半圈斜平焊位收弧方法是在运条到收弧部位的待焊三角区域尖端时，熔池逐个缩小，直至填满三角区后收弧。

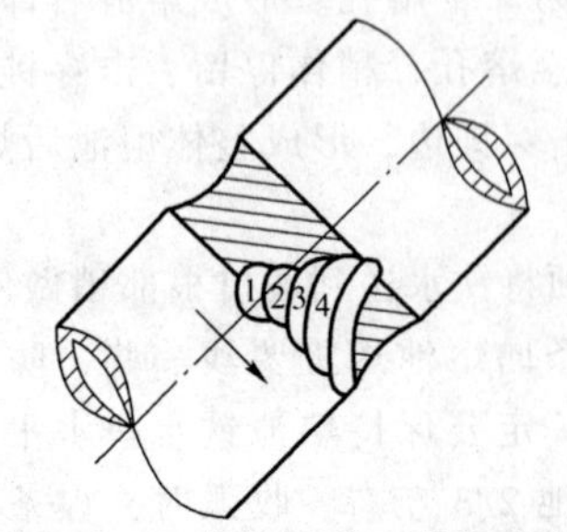

图 1-7-13　横拉法盖面的起头方法

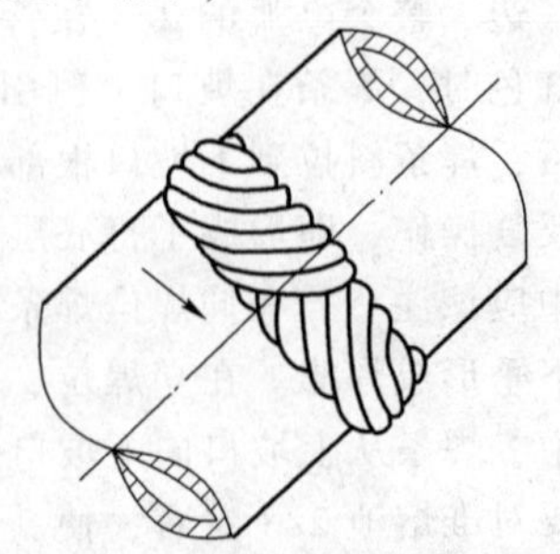
图 1-7-14　横拉法盖面的接头方法

项目二

CO_2 气体保护焊

CO_2气体保护焊是一种以 CO_2气体作为保护气体，保护焊接区和金属熔池不受外界空气的侵入，依靠焊丝和焊件间产生的电弧来熔化焊件金属的一种熔化极气体保护焊，应用范围广泛。在了解焊条电弧焊的基本操作方法以后，通过 CO_2气体保护焊 T 形接头平角焊来练习 CO_2气体保护焊的引弧方法、运丝方法和收尾方法。根据 T 形接头工件摆放位置不同，还应掌握 CO_2气体保护焊 T 形接头立角焊和仰角焊。CO_2气体保护 V 形坡口板对接平位焊是学习 CO_2气体保护焊中单面焊双面成形的基础，CO_2气体保护 V 形坡口板对接立位焊，有向上立焊和向下立焊两种焊接方法，一般板厚在 6 mm 以下的薄板可采用向下立焊，中厚板对接立焊为向上立焊。CO_2气体保护 V 形坡口板对接横位焊应采用多层多道焊，以通过多条窄焊道的堆积，尽量减少熔池的体积，以调整焊道外表面的形状，最后获得较对称的焊缝成形。CO_2气体保护 V 形坡口板对接仰位焊操作难度较大，因为熔池倒悬在工件下面，处于悬空状态，焊缝成形难度大。对于管对接的 CO_2气体保护焊需要掌握 CO_2气体保护焊 V 形坡口管对接水平固定焊、垂直固定焊和 45°倾斜固定焊，由于是全位置焊接，因此对操作者控制熔池温度和熔池形状及连续改变焊枪角度的变化能力有较高的技术要求。

T 形接头仰角焊

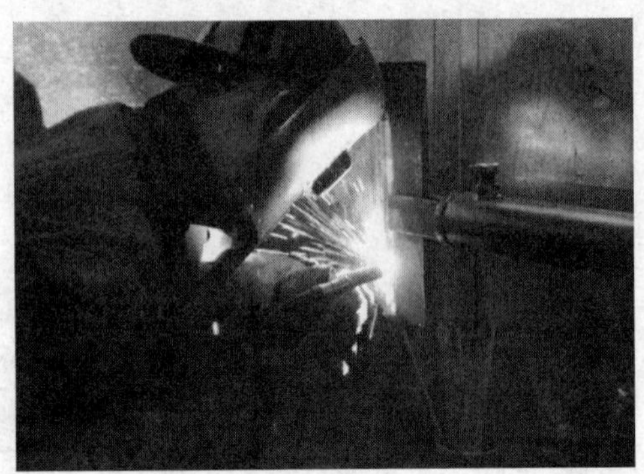

V 形坡口板对接立位焊（3G）

电焊机

任务一　CO_2 气体保护焊 T 形接头平角焊

任务目标

1. 熟练掌握 CO_2 气体保护焊设备的使用方法。
2. 能够正确叙述 CO_2 气体保护焊平角焊的工装技术及工艺流程。
3. 根据工件厚度正确选择焊接工艺参数。
4. 在操作中能根据焊脚尺寸的要求，控制焊枪角度和运丝方法。
5. 学会 CO_2 气体保护焊平角焊的操作技术及要领。
6. 掌握 CO_2 气体保护焊平角焊焊接缺陷产生的原因及防治措施。
7. 遵守焊工操作规程，文明生产，安全第一。

1. 识图

根据图纸要求：下水平板宽度 200 mm；长度为 300 mm；厚度 10 mm；上立板宽度为 80 mm；长度 300 mm；厚度 10 mm，如图 2-1-1 所示。

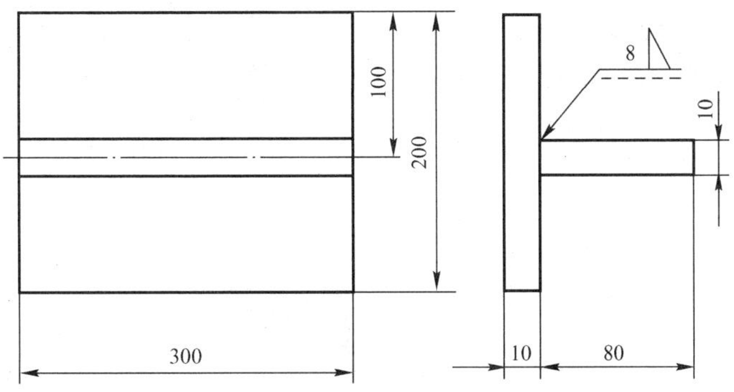

图 2-1-1　CO_2气体保护焊平角焊工件

2. 焊材

（1）工件材质：Q235 低碳钢板材。

（2）焊接材料：H08Mn2SiA 实芯焊丝，直径 1.2 mm。

3. 技术要求

（1）T 形接头平角焊。

（2）焊脚高度 8 mm。

（3）根部间隙不大于 0.5 mm。

（4）可预留反变形量。

CO_2气体保护焊平角焊可分为单层焊和多层多道焊。根据工件的焊接位置应采用左焊法操作，运丝方法为斜锯齿形和斜椭圆形。按图纸要求的焊脚高度可采用两层三道焊的操作方法。

任务实施

一、实训准备

1. 前期准备

（1）安全、环保及预防性措施。参照项目一的任务一进行准备。

（2）设备、工具。

① 焊接设备：KRⅡ-350 型松下直流逆变式气体保护焊机。配有推丝式送丝机构、CO_2气瓶，如图 2-1-2 所示。气体调节器，如图 2-1-3 所示。CO_2气体纯度大于或等于 99.5%。

② 环保通风设备：混流风机 HL3-2A-4.5A、轴流风机 TN2-40。

③ 工具：焊工防护面罩、角向磨光机、清渣锤、手锤、平锉刀、平錾、钢丝刷，如图 2-1-4 所

示。扭力扳手、直角尺、平光防护眼镜。

图 2-1-2 常用 CO_2 气瓶

图 2-1-3 CO_2 气体调节器

（a）盔式防护面罩

（b）手持式防护面罩

（c）角向磨光机

（d）敲渣锤

（e）手锤

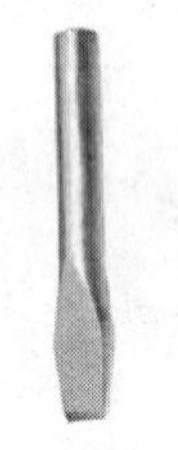

（f）平錾

（g）钢丝刷

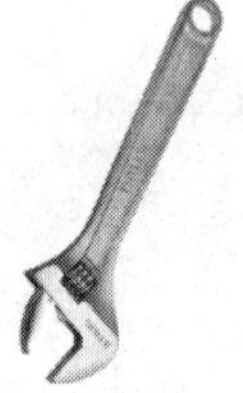

（h）活络扳手

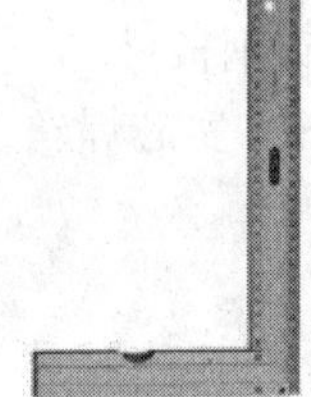

（i）直角尺

（j）防护眼镜

图 2-1-4 焊接辅助工具

（3）任务完成后，要认真填写任务评价表。

2. 注意事项

注意事项参照项目一的任务一。

二、实训步骤

图 2-1-5 合闸送电操作姿势

1. 合闸送电

首先检查线路有无破损，如发现问题及时报告专人进行检修。合闸送电推拉开关须侧身站立，防止电弧灼伤，如图 2-1-5所示。

图 2-1-6　角向磨光机打磨铁锈及杂质

2. 焊件的清理

焊件装配前用锉刀或角向磨光机将焊缝区域 20 mm 范围内的杂质、氧化皮清理干净，直至露出金属光泽，如图 2-1-6 所示。

使用角向磨光机打磨工件时应戴好防护眼镜，避免飞溅物伤人

3. 确定焊接工艺参数（见表 2-1-1）

表 2-1-1　焊接工艺参数

焊层类别	焊接电流/A	电弧电压/V	伸出长度/mm	气体流量/(L/min)
1、2	120	20	10～15	10
3、4、5、6	120	20～21	10～15	10

注：表中 1、2 为第一层焊道，3、4、5、6 为第二层焊道，如图 2-1-14 所示。

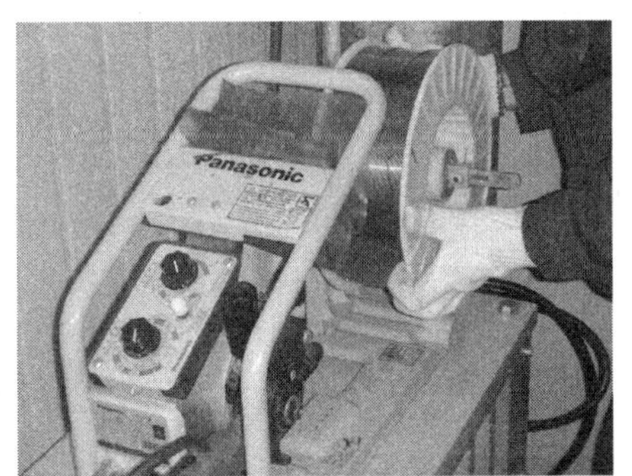

图 2-1-7　送丝机送丝盘安装

4. 送丝机安装焊丝

根据要求的焊丝直径选择送丝轮，然后把焊丝通过压丝轮的槽道轻轻拉动送丝，送一段后把压丝杆压好，再按点动（手动）送丝，送丝安装完成，如图 2-1-7 所示。

检查送丝软管和导电嘴的直径是否匹配。

图 2-1-8　CO_2气体调节器安装示意图

5. 安装气体调节器

安装气体调节器前应瞬间开启气瓶，吹净瓶口内杂质与污物，然后迅速关闭气瓶。螺口连接处应顺时针方向旋紧。当进口压力和出口流量发生变化时，保证其出口压力始终维持稳定。低压表读数上升可能预示潜在危险和隐患，应立即关闭气瓶，更换流量表，如图 2-1-8 所示。

开启气瓶时应侧向站立，不要面对流量表。

图 2-1-9　调整气体流量

6. 调整气体流量

气瓶开启后，需调节流量计（工作所需压力）仔细观察流量计显示数值的稳定性，上下浮动不能过大，如图 2-1-9 所示。随时查看气体流量计的预热器是否正常，如发现上面有水珠流淌应及时更换。气体流量计的电源插头有 220 V 和 36 V 两种，不要插错电源，防止烧损预热器。

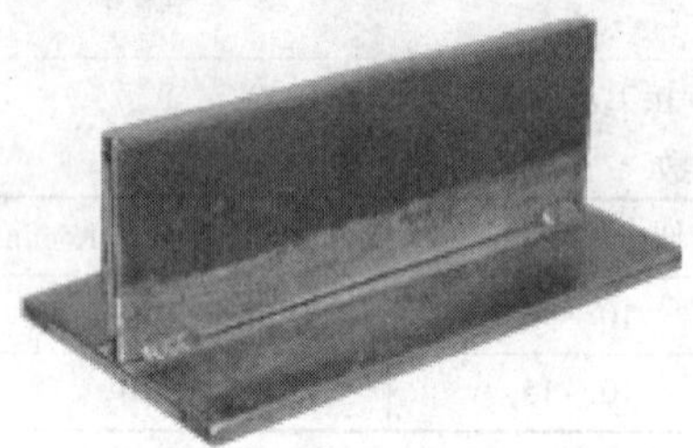
图 2-1-10　T 形接头平角焊装配定位

7. 焊件的装配与定位

首先将焊件装配成 90°T 形接头，不留间隙，采用正式焊接时所用的焊丝进行定位焊，定位焊缝位于焊件两面对称处，定位焊缝长度为 10～15 mm。装配结束后，应检查上立板的垂直度，如有偏差，应进行矫正，如图 2-1-10 所示。

焊件装配定位焊也可采用反变形法，预留反变形量约 2°～3°。

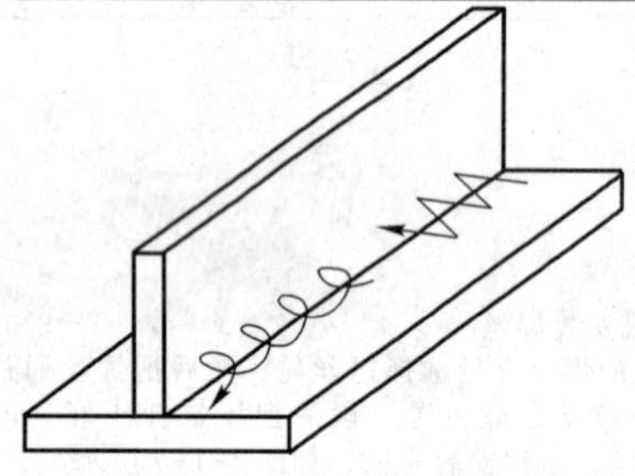
图 2-1-11　平角焊运丝方法

8. 操作方法

（1）运丝方法为斜锯齿形或斜椭圆形，如图 2-1-11 所示。焊枪摆动匀速。

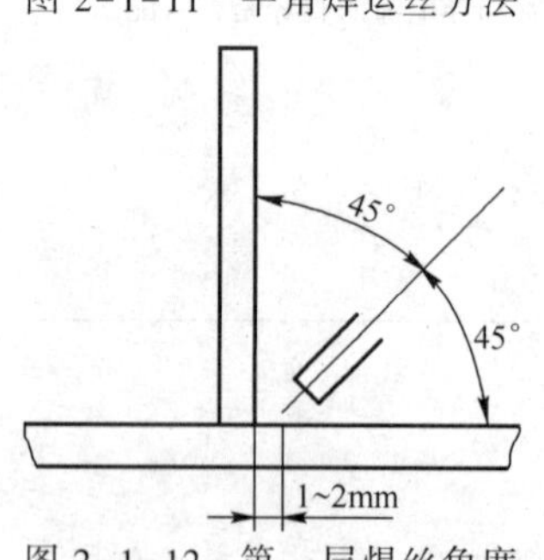

图 2-1-12　第一层焊丝角度

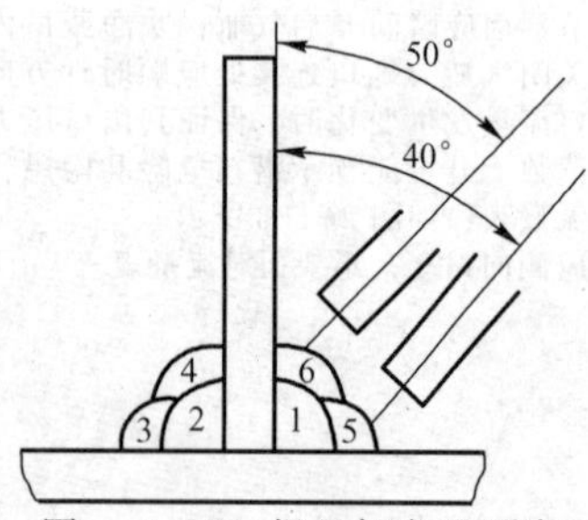

图 2-1-13　焊丝倾角及顺序

（2）采用左焊法二层三道焊接。焊接时注意焊枪角度和指向位置，焊枪的后倾角为 70°～80°，一层焊道下倾角为 45°，二层焊道下倾角为 40°～50°如图 2-1-12、2-1-13 所示。这样电弧吹力吹向立板一侧，电弧运至下侧稍低，对熔池熔化金属有助推的作用，可避免焊道下坠。

图 2-1-14 CO_2气体保护焊平角焊引弧操作

（3）操作时，将焊枪置于距起焊端 20 mm 处引弧，如图 2-1-14 所示。引燃电弧后，抬高电弧拉向焊件端部，压低电弧并控制喷嘴高度，焊丝位于距焊件根部下侧 1 mm 处，适当做斜锯齿形或斜椭圆形运丝，焊脚尺寸要始终控制在 5 mm 左右，并保证焊道与焊件良好熔合。焊至终焊端要填满弧坑，缓慢地抬起焊枪完成收弧动作，第一道、第二道焊缝操作结束。

收弧时要向尾部弧坑处多填几滴铁水，直至填满弧坑为止。

图 2-1-15 二层三道、三道焊道示意图

（4）焊接二层三道、五道焊道时应压在前一道焊道最少 2/3 处，运丝方法可采用直线形或直线往复形，确保每道焊道的直线度与宽度，为最后成形打下良好基础，如图 2-1-15 所示。

尽量采用短弧焊接，以使飞溅小、焊道成形美观。

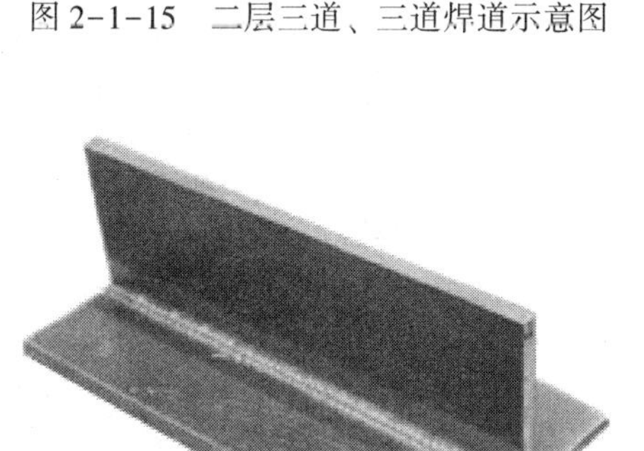

图 2-1-16 T 形接头平角焊成形工件

（5）焊接时要注意焊丝不能伸出太长，否则焊丝过热而成段熔断，焊接电流、电弧电压要匹配适当，否则飞溅大，容易堵塞喷嘴、保护效果较差。气体流量大或小都会直接影响焊接质量，太大的气体流量会造成紊流，气体流量过小保护效果不好，易产生缺陷。焊接速度不能过快，否则会产生咬边、未焊透、夹渣、气孔等缺陷。

焊后将焊件上的飞溅物、杂质等清理干净，如发现存在焊接缺陷，不得补焊和修磨，要保持焊缝原始形状，成形工件如图 2-1-16 所示。

清理飞溅物及杂质时应戴好平光镜，防止飞溅物伤眼。

一、CO_2气体保护焊的基本原理

CO_2气体保护焊是利用 CO_2气体作为保护气体的一种熔化极气体保护焊。CO_2气体由供气系统、气体减压器经输气管路进入焊枪，开启手动开关从喷嘴喷出，因为 CO_2气体比空气重，所以能在熔化金属熔池上面形成一个连续而稳定的 CO_2气体保护气罩，可防止外界有害气体进入焊接区域。焊丝通过送丝机传动滚轮不断送进，与焊件之间产生电弧。在电弧热的作用下，熔化焊丝和焊件形成熔池，随着焊枪的不断摆动与前移，熔池凝固后形成金属焊缝。

二、CO_2气体保护焊设备

CO_2气体保护焊有自动焊和半自动焊，其中半自动焊在工业生产中应用广泛。半自动焊设备由供气系统、焊接电源、送丝机构、焊枪和控制系统等部分组成，如图 2-1-17、图 2-1-18 所示。

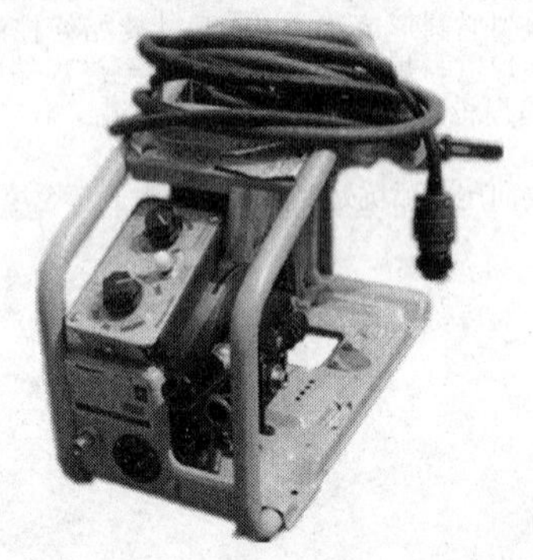

图 2-1-17　YD-350 CO_2气体保护焊送丝机

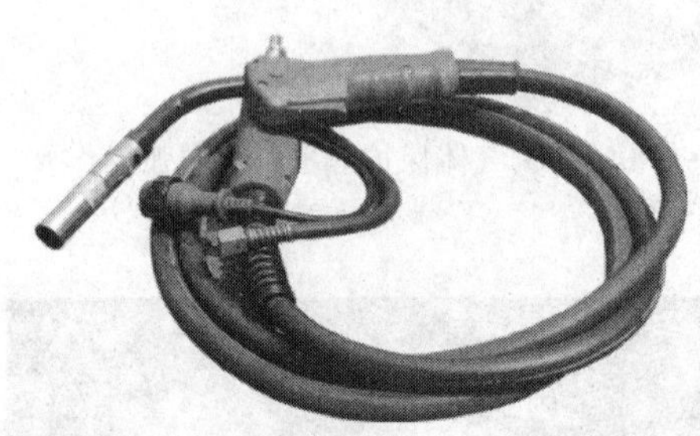

图 2-1-18　YD-350 CO_2气体保护焊焊枪

1. 供气系统

供气系统的功能是向焊接区提供稳定的保护气体，由气瓶、减压阀、预热器、流量计及管路等组成。其中减压阀的作用是将气瓶中高压 CO_2气体的压力降低，并保证输出气体压力稳定；高压 CO_2气体经减压阀变成低压气体时，因体积突然膨胀，温度会降低，可能使瓶口结冰，将阻碍 CO_2气体的流出。使用预热器可防止瓶口结冰，流量计用来调节和测量保护气体的流量。

2. 焊接电源

（1）对焊接电源的要求

CO_2气体保护焊机使用直流反接电源，因为 CO_2气体保护焊采用交流或直流正接电源，电弧都不稳定，飞溅较大。细丝 CO_2气体保护焊等速送丝，采用平硬外特性电源；粗丝 CO_2气体保护焊选用陡降外特性电源与弧压反馈送丝配合，焊接过程最稳定。CO_2气体保护焊常用的弧焊整流器有抽头式硅弧焊整流器、晶闸管弧焊整流器及逆变弧焊整流器。CO_2气体保护焊具有合适的空载电压。CO_2气体保护焊焊机的空载电压为 38 ～ 70 V，具有良好的动特性，要求容易引弧、焊接过程稳定、飞溅小，操作时电弧平稳、柔软、富有弹性，具有合适的调节范围，能方便地调节焊接工艺参数，以满足实际需要。

（2）焊接电源的铭牌

铭牌上给出了焊接电源的参数，使用时应严格遵守铭牌上的全部规定。例如 YD-350KR2 型 CO_2气体保护焊焊机电源铭牌，见表 2-1-2。

表 2-1-2　YD-350 型 CO_2气体保护焊焊机电源铭牌

CO_2气体保护焊直流电源			
型号	YD-350KR2HVE	额定输出	350A/31.5 V
额定输入电压、相数	AC380 V　3 相	额定空载电压	52 V
额定负载持续率	%50		
额定输入容量	18.1 kVA　16.2 kW		
输入电源频率	50/60 Hz		
外形尺寸（宽×长×高）	376×675×747（mm）	重量	117 Kg

3. 送丝机构

CO_2气体半自动焊为等速送丝，其送丝方式有推丝式、拉丝式、推拉式三种，如图 2-1-19 所示。

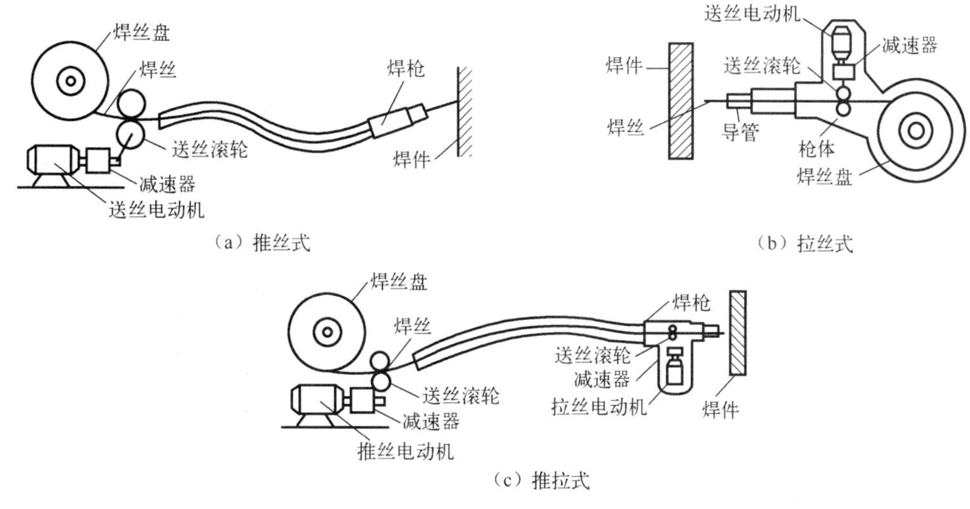

图 2-1-19　送丝机构

(1) 推丝式。焊枪与送丝机构是分开的，焊丝经一段软管送到焊枪中。这种焊枪结构简单、轻便，但焊丝通过软管时受到的阻力大，因而软管长度受到限制，通常只能在距送丝机 2 ～ 4m 的范围内使用。目前 CO_2气体半自动焊多采用推丝式送丝。

(2) 拉丝式。送丝机构与焊枪合为一体，没有软管，送丝阻力小，送丝较稳定，但焊枪结构复杂，重量增加，操作者劳动强度大，只适用于细焊丝送丝。

(3) 推拉式。这种结构是以上两种送丝方式的组合。送丝时以推为主，由于焊枪上装有拉丝轮，可将焊丝拉直，以减小焊丝在软管内的摩擦阻力。推拉式可使软管加长至 60 m，增加了操作的灵活性。

4. 焊枪

焊枪根据送丝方式不同分为拉丝式和推丝式两种。

(1) 拉丝式焊枪。常用的拉丝式焊枪为手枪式结构。这种焊枪送丝均匀稳定，活动范围大，但因焊丝盘装在焊枪上，结构复杂且笨重，只能使用直径为 0.5 ～ 0.8 mm 的焊丝。

(2) 推丝式焊枪。按焊枪形状不同，可分为以下两种：

① 手枪式焊枪（见图 2-1-20），焊接空间为重焊缝时较为方便。若使用较大的焊接电流时，可采用手枪式焊枪。

② 鹅颈式焊枪（见图 2-1-21），这种焊枪形似鹅颈，枪体轻便，用于平焊位置较为方便，应用广泛。

焊枪上的喷嘴一般为圆柱形，喷嘴内孔的直径一般为 12 ～ 25 mm。为了防止飞溅物的黏附并易于清除，焊前最好在喷嘴的内外表面上喷一层防飞溅喷剂或刷硅油。焊枪上的导电嘴常用紫铜、铬青铜或磷青铜制造。通常导电嘴的孔径比焊丝直径大 0.2 mm 左右，孔径太小，送丝阻力大；孔径太大送出的焊丝摆动厉害，致使焊缝宽窄不一。

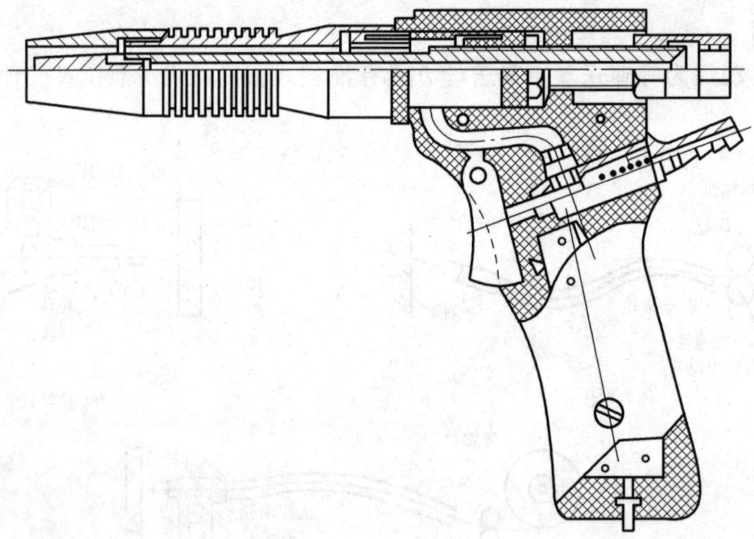

图 2-1-20　手枪式焊枪

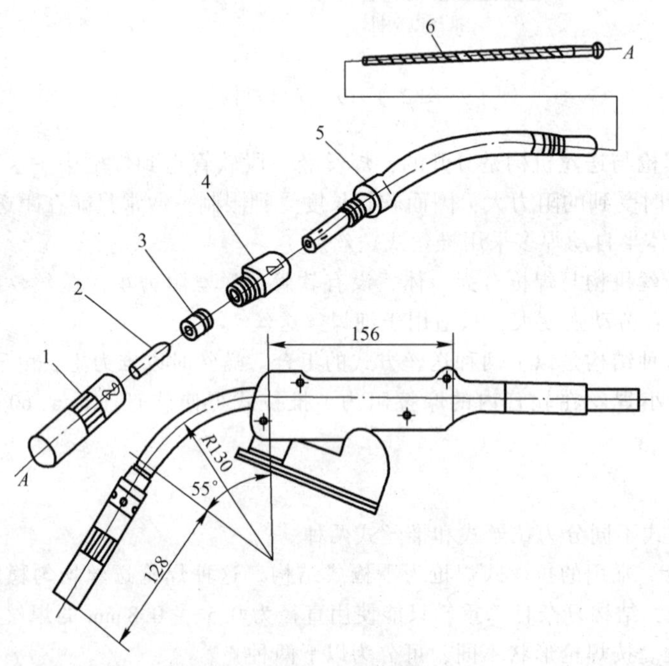

图 2-1-21 鹅颈式焊枪

1—喷嘴；2—导电嘴；3—分流器；4—接头；5—枪体；6—弹簧软管

5. 控制系统

CO_2气体保护焊的控制系统的作用是在焊接过程中对焊接电源、供气系统、送丝机构实现程序控制。要保证在引弧前供气 1 ～ 2 s；收弧时，停气滞后 2 ～ 3 s；焊接时控制均匀送气。

三、CO_2气体保护焊操作技术

1. 正确的持枪姿势

由于 CO_2气体保护焊的焊枪比焊条电弧焊的焊钳重，焊枪后面又拖了一根沉重的送丝导管，因

此操作者操作起来比较吃力，为了长时间坚持生产，操作者应该根据不同的焊接位置，选择正确的持枪姿势，这样可使操作者长时间、稳定地进行焊接。

正确的持枪姿势应满足以下条件：

（1）在操作时，用身体的某个部位承担焊枪的重量，通常手臂处于自然状态，手腕能灵活带动焊枪平移或转动，以不感到太累为宜。

（2）在焊接过程中，软管电缆最小的曲率半径应大于 300 mm，以便焊接时可随意拖动焊枪。

（3）在焊接时，应能维持焊枪倾角不变，并能清楚、方便地观察熔池。

（4）将送丝机放在合适的位置，以保证焊枪能在需要焊接的范围内自由移动。

2. 保持焊枪与焊件合适的相对位置

CO_2气体保护焊焊接过程中，操作者必须使焊枪与焊件间保持合适的相对位置，主要是正确控制焊枪与焊件间的倾角和喷嘴高度。焊接时，操作者既能方便地观察熔池、控制焊缝形状，又能可靠地保护熔池，防止出现缺陷。合适的相对位置因焊缝的空间位置和接头形式的不同而不同。

3. 保持焊枪匀速向前移动

在整个焊接过程中，必须保持焊枪匀速前移，才能获得满意的焊缝。通常操作者可根据焊接电流的大小、熔池的形状、焊件熔合情况、装配间隙等情况，调整焊枪前移的速度，以保证匀速前进。

焊枪的运动方向有两种：一种是焊枪自右向左移动，称为左焊法；另一种是焊枪自左向右移动，称为右焊法，如图 2-1-22 所示。

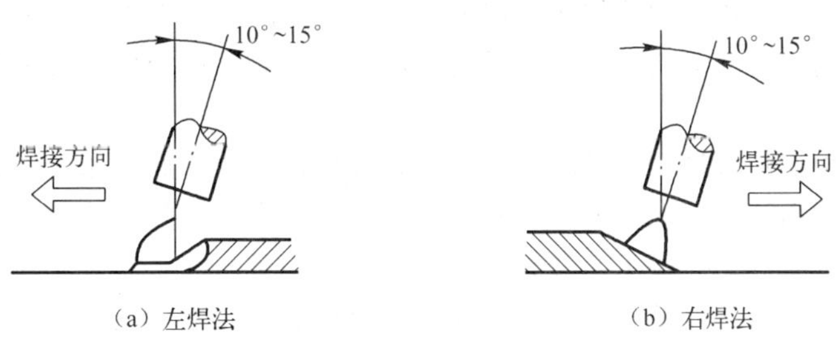

（a）左焊法　（b）右焊法

图 2-1-22　CO_2气体保护焊焊枪的运动方向

4. 焊枪的摆动方式

为了控制焊缝的宽度和保证熔合质量，CO_2气体保护焊焊枪要做横向摆动。常用的摆动方式有锯齿形、月牙形、正三角形、斜椭圆形等几种，如图 2-1-23 所示。为了减少热输入，从而减小热影响区、减小变形，通常不希望采用大的横向摆动来获得宽焊缝，而提倡采用多层多道焊来焊接厚板。当坡口角度较小，在焊接打底焊缝时，可采用锯齿形摆动方法进行较小的横向摆动，并在两侧停留 0.5 s 左右，如图 2-1-24 所示。当坡口大时，可采用月牙形摆动方法进行横向摆动，两侧停留同样是 0.5 s 左右，如图 2-1-25 所示。

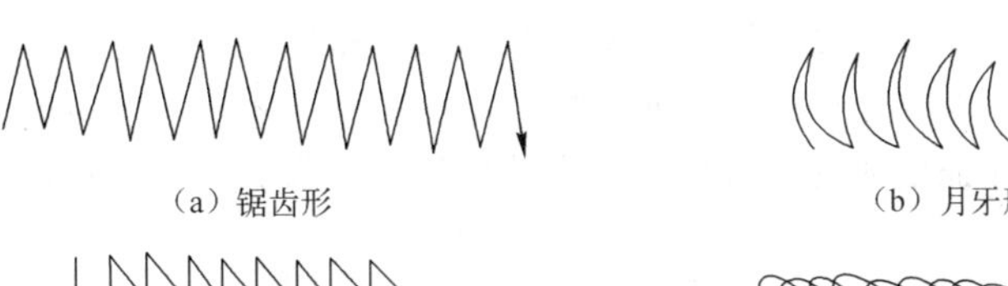

（a）锯齿形　（b）月牙形

（c）正三角形　（d）斜椭圆形

图 2-1-23　CO_2气体保护焊焊枪的摆动方式

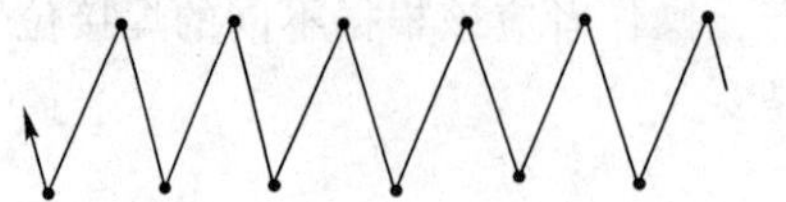

图 2-1-24　锯齿形横向摆动

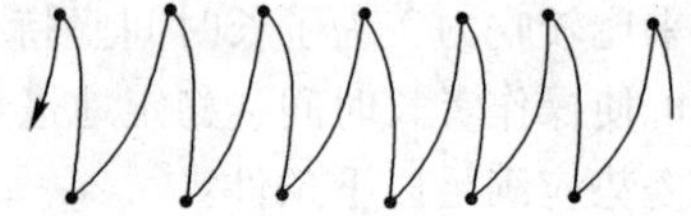

图 2-1-25　月牙形横向摆动

5. 引弧

CO_2气体保护焊与焊条电弧焊的引弧方法有所不同，不采用划擦法引弧，主要采用碰撞引弧，引弧时不必抬起焊枪。具体操作步骤如下：

（1）引弧前先按动焊枪上的控制开关，点动送出一段焊丝，焊丝伸出长度小于喷嘴与焊件间的距离，超长部分应剪去。当焊丝的端部出现球状时，必须预先剪去，否则会导致引弧困难。

（2）将焊枪按要求放在引弧处，保持合适的倾角和喷嘴高度。此时焊丝端部与焊件未接触。喷嘴高度由焊接电流决定。

（3）按动焊枪上的控制开关，焊机自动提前送气，延时接通电源，保持高电压、慢送丝，当焊丝碰撞焊件短路后，自动引燃电弧。

短路时，焊枪有自动顶起的倾向，故引弧时要稍用力下压焊枪，以防止因焊枪抬起太高、电弧太长而熄灭。

6. 焊接

引燃电弧后，通常都采用左焊法焊接。在焊接过程中，操作者的主要任务是保持合适的倾角和喷嘴高度，沿焊接方向尽可能地均匀移动，当坡口较宽时，为保证两侧熔合良好，焊枪还要做横向摆动。

操作者必须能够根据焊接过程，判断焊接工艺参数是否合适。像焊条电弧焊一样，操作者主要依靠焊接过程中看到的熔池的情况、电弧的稳定性、飞溅的大小及焊缝成形的好坏来选择焊接工艺参数。一般焊薄板或打底焊的焊接工艺参数的特点是焊接电流较小，电弧电压较低，其熔滴为短路过渡，焊中、厚板或盖面层的焊接工艺参数的特点是焊接电流较大、电弧电压较高，其熔滴为短路过渡与颗粒状过渡。

7. 收弧

焊接结束前必须收弧，若收弧不当容易产生弧坑，并出现弧坑裂纹、气孔等缺陷。操作时可以采取以下措施：

（1）CO_2气体保护焊焊机有弧坑控制电路，则焊枪在收弧处停止前进，同时接通此电路，焊接电流与电弧电压自动变小，待熔池填满时断电。

（2）若 CO_2气体保护焊焊机没有弧坑控制电路或因焊接电流小没有使用弧坑控制电路时，在收弧处焊枪停止前进，并在熔池未凝固时，反复断弧、引弧几次，直至弧坑填满为止。操作时动作要快，若熔池已凝固才引弧，则可能产生未熔合、气孔等缺陷。

不论采用哪种方法收弧，操作时需要特别注意，收弧时焊枪除停止前进外，不能抬高喷嘴，即使弧坑已填满，电弧已熄灭，也要让焊枪在弧坑处停留几秒钟后再离开。因为熄弧后，控制电路仍保持延时送气一段时间，以保证熔池凝固时得到可靠的保护，若收弧时抬高焊枪，则容易因保护不良而引起缺陷。

8. 接头

CO_2气体保护焊不可避免地产生接头，为保证焊接质量，可按下述步骤操作：

（1）将带焊接头处用角向磨光机打磨成斜面，如图 2-1-26 所示。

（2）在斜面顶部引弧，引燃电弧后，将电弧移至斜面底部，转一圈返回引弧处后再继续向左焊接，如图 2-1-27 所示。

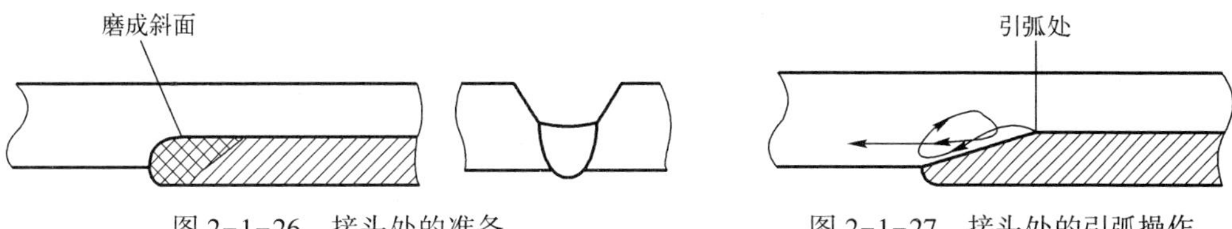

图 2-1-26　接头处的准备　　图 2-1-27　接头处的引弧操作

在引弧后向斜面底部移动时，要注意观察熔孔，若未形成熔孔则接头背面焊不透；若熔孔太小，则接头处背面产生熔颈；若熔孔太大，则背面焊缝太宽或焊漏。

任务评价

序号	考核内容	考核要点	配分	评分标准	检测结果	扣分	得分
1	考前准备	劳保防护用品及工具准备齐全，焊接参数设置、设备调试正确，工件清理及工件组对、点固定位	10	工具及劳保防护用品不符合要求，焊接参数设置、设备调试不正确，工件组对及点固定位不正确，有一项扣 2 分			
2	焊接操作	试件空间位置符合要求	10	试件空间位置超出规定的范围扣 8 分			
3	焊缝外观	焊缝表面不允许有焊瘤、裂纹、烧穿等缺陷	10	出现任何一项缺陷该项不得分			
		焊缝咬边深度≤0.5 mm，两侧咬边总长度不超过焊缝有效长度的 15%	8	（1）咬边深度>0.5 mm 不得分。 （2）咬边深度≤0.5 mm 时累计长度每 5 mm 扣 1 分，累计长度超过 40 mm 不得分			
		未焊透深度小于板厚的 15%，且小于或等于 1.5 mm 时，未焊透总长度不超过焊缝有效长度的 10%	8	（1）未焊透深度≤1.5 mm 时，累计长度每 5 mm 扣 1 分，累计长度超过 26 mm，扣 8 分。 （2）未焊透深度>1.5 mm 时扣 8 分			
		焊缝的凹度或凸度应小于或等于 1.5 mm	10	凸凹度不符扣 4～10 分			
		焊脚高度为 13～14 mm，焊脚分布对称	10	焊脚尺寸不符合要求扣 3～5 分，焊脚分布不对称，扣 3～5 分			
		焊后角变形≤3°	4	超差不得分			
4	金相检查	没有裂纹和未熔合		若有裂纹和未熔合按不及格处理			
		未焊透深度≤1 mm	15	未焊透深度>1 mm，扣 15 分			
		（1）气孔或夹渣的最大尺寸不超过 1.5 mm。 （2）当气孔或夹渣为 0.5～1.5 mm 时，其数量不多于一个。 （3）当气孔或夹渣≤0.5 mm 时，其数量不多于 3 个	10	（1）气孔或夹渣的最大尺寸超过 1.5 mm，扣 10 分。 （2）气孔或夹渣为 0.5～1.5 mm 时扣 5 分。 （3）当气孔或夹渣≤0.5 mm 时，每个扣 2 分			

续表

序号	考核内容	考核要点	配分	评分标准	检测结果	扣分	得分
5	其他	安全文明生产	5	设备复位、工具摆放整齐、清理试件、打扫场地、拉闸关灯，有一处不符合要求扣1分			
6	工时定额	操作时间30 min		每超过1 min从总分中扣2分			
合计			100				

否定项：1. 焊缝表面出现裂纹、未熔合等缺陷。

2. 焊接时任意改变焊接空间位置。

3. 焊缝原始表面遭到破坏，有加工或补焊、返修焊等。

4. 操作时间超过定额的50%。

任务扩展

1. CO_2气体保护焊T形接头船形焊

T形接头船形焊是将平角焊的焊件沿着顺时针或逆时针方向翻转45°，使焊枪近于垂直位置的焊接状态，通常称为船形焊，如图2-1-28所示。船形焊接，操作方便，可采用较大电流焊接，因为熔池处于水平位置，相当于平焊，能避免产生咬边，且能一次焊成较大截面的焊缝，并能获得平整、美观的焊缝，大大地提高了焊接生产率。在实际生产中如施工条件允许应尽可能采用船形焊。

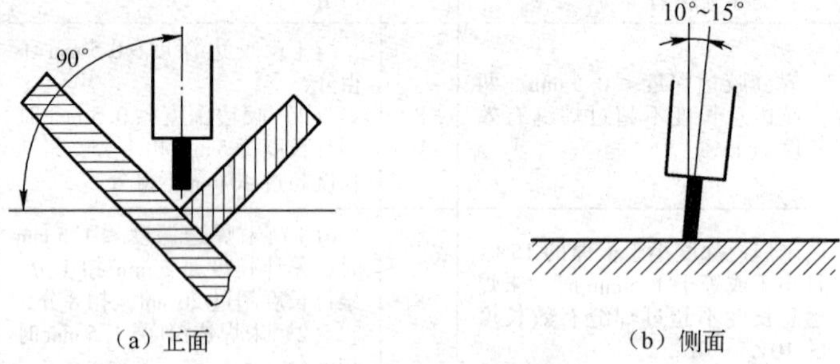

图2-1-28　船形焊时焊枪指向位置

2. 运丝方法

在施焊时，可采用锯齿形或月牙形运丝方法，焊枪的操作角度如图2-1-29。

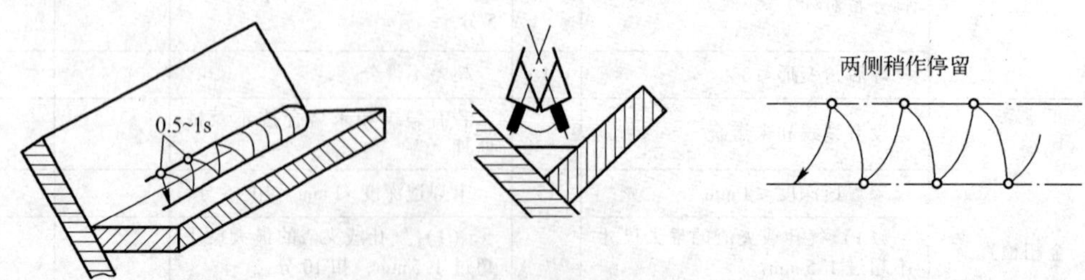

图2-1-29　船形焊焊枪运丝摆动方式

3. 船形焊产生的缺陷及原因

（1）焊瘤。引弧电压过低，焊接速度过慢，焊枪摆动不匀速，如图2-1-30所示。

（2）咬边。引弧电压过高，焊接速度过快，焊枪摆动至两侧停留时间过短，如图 2-1-31 所示。

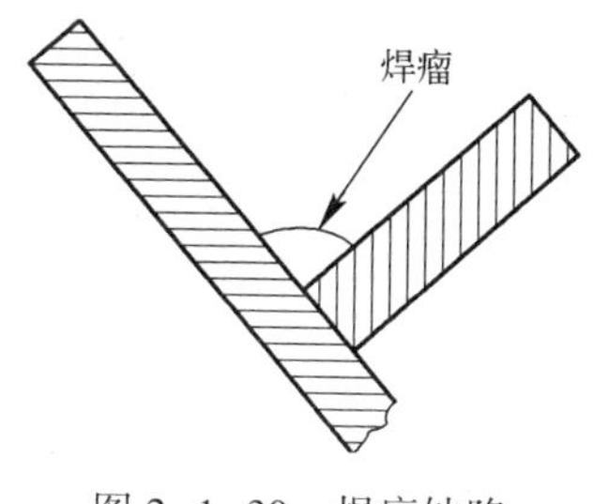

图 2-1-30　焊瘤缺陷

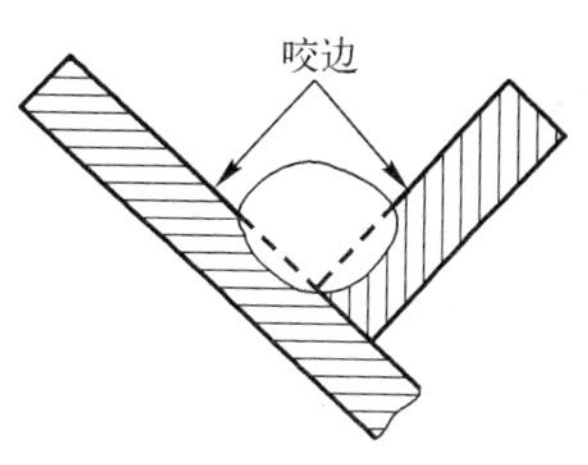

图 2-1-31　咬边缺陷

任务二　CO_2 气体保护 T 形接头立角焊

任务目标

1. 读懂图纸及技术要求。
2. 掌握 CO_2 气体保护焊立角焊的工件组对方法并选择正确的焊接工艺参数。
3. 在操作中能根据焊脚尺寸的要求，控制焊枪角度和运丝方法。
4. 学会 CO_2 气体保护焊立角焊的操作技术及要领。
5. 掌握 CO_2 气体保护焊立角焊，焊接缺陷产生的原因及防治措施。
6. 能简述操作任务的全过程和体会。

任务描述

1. 识图

（1）根据图纸要求：材料规格分别为 300 mm×150 mm×12 mm和 300 mm×100 mm×12 mm，如图 2-2-1 所示。

（2）技术要求：

① T 形接头立角焊。

② 根部间隙不大于 0.5 mm。

③ 可预留反变形量。

④ 焊脚高度 10 mm。

（3）焊接材料。

① 材料：Q235 低碳钢板材。

② 焊接材料：H08Mn2SiA 实芯焊丝，直径 1.2 mm。

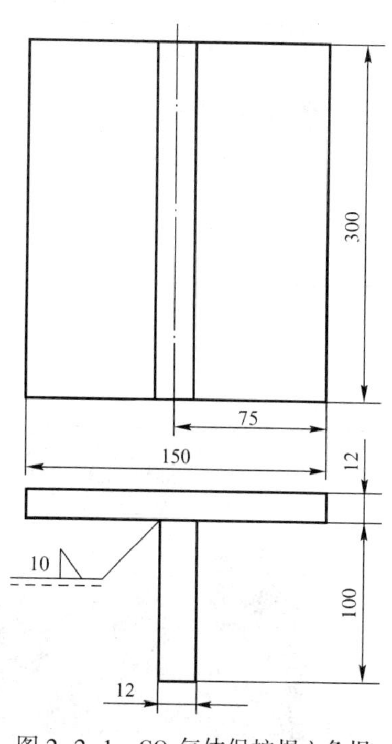

图 2-2-1　CO_2 气体保护焊立角焊

任务分析

CO_2 气体保护焊立角焊应根据焊脚高度要求，可分为单层焊和多层焊。立角焊工件的焊接位置可采用向下立焊和向上立焊法操作。可采用直线形、正三角形和反月牙形运丝法。按图纸要求的焊脚高度可分为二层二道焊的操作方法。

任务实施

一、实训准备

1. 前期准备

(1) 安全、环保及预防性措施。参照项目一的任务一进行准备。

(2) 设备、工具、材料

① 焊接设备：KRⅡ-350 型松下直流逆变式气体保护焊机。配有推丝式送丝机构、CO_2气瓶，气体调节器，CO_2气体纯度大于或等于 99.5%。

② 环保通风设备：混流风机 HL3-2A-4.5A、轴流风机 TN2-40

③ 工具：焊工防护面罩、角向磨光机、清渣锤、手锤、平锉刀、平錾、钢丝刷，扭力扳手、直角尺、平光防护眼镜。

④ 材料：板材厚度 $\delta=12$ mm，实芯焊丝选用 H08Mn2SiA，直径为 1.2 mm。

(3) 任务完成后，填写任务评价表。

2. 注意事项

注意事项参照项目一的任务一。

二、实训步骤

图 2-2-2　用锉刀锉削断面平直度

1. 焊件的清理

用角向磨光机将焊缝区域 20 mm 范围内的杂质、氧化皮清理干净，直至露出金属光泽。再用锉刀锉削断面平直度，如图 2-2-2 所示。使用角向磨光机打磨工件时应戴好防护眼镜，避免飞溅物伤人，锉刀手柄应装牢固，防止脱落。

2. 确定焊接工艺参数（见表 2-2-1）

表 2-2-1　焊接工艺参数

焊接层次	焊丝直径/mm	焊丝伸出长度/mm	焊接电流/A	电弧电压/V	焊接速度/(cm/min)	气体流量/(L/min)
打底层	1.2	10～15	120～130	19～21	35～40	10～15
盖面层			130～140	21～23		

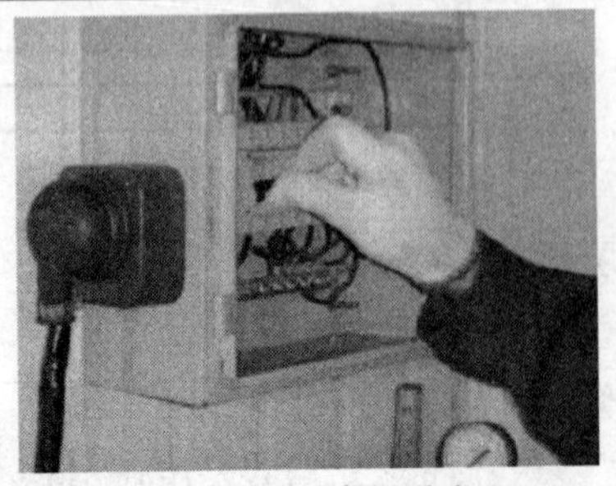

图 2-2-3　合闸送电

3. 合闸送电、操作姿势

首先检查线路有无破损，如发现问题及时报告专人进行检修。合闸送电推拉开关须侧身站立，如图 2-2-3 所示，防止电弧灼伤。

图 2-2-4　CO_2气体调节器流量调节示意

4. 气体流量计调节工作压力

气瓶开启后，需调节流量计（工作所需压力）仔细观察流量计显示数值的稳定性，上下浮动不能过大，如图 2-2-4 所示。随时查看气体流量计的预热器是否正常，如发现上面有水珠流淌应及时更换。

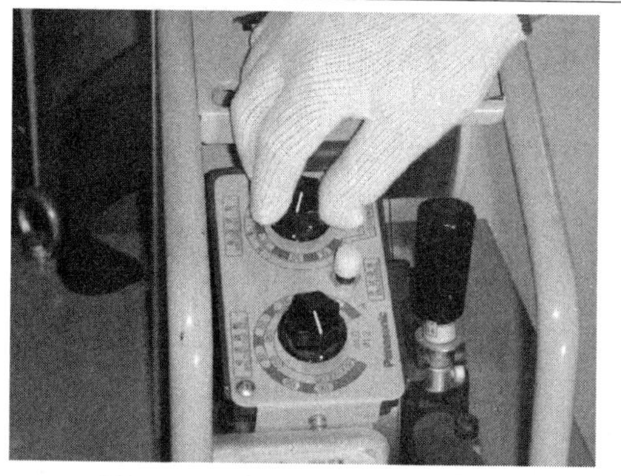

图 2-2-5　调节焊接电流、电压

5. 调节电压与电流

首先要根据工件板材的厚度选择焊丝直径，然后再根据焊丝直径选择正确的焊接电流和电压，如图 2-2-5 所示。检查压丝滚轮和压杆松紧度，压杆不宜旋得太紧，否则会加大送丝阻力。

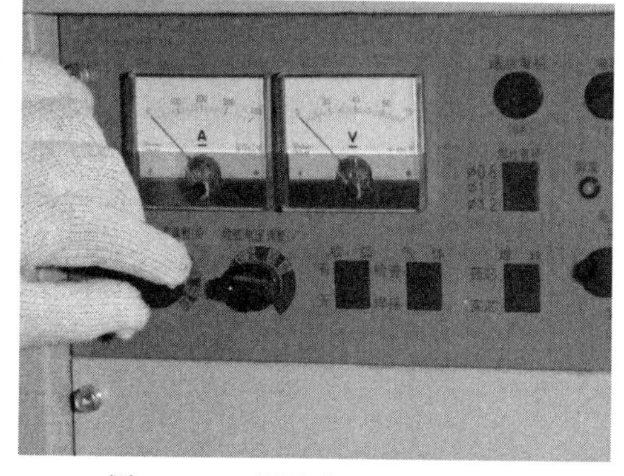

图 2-2-6　调整收弧电流和电压

6. 调整收弧电流及电压

收弧电流和电压若调整适当，收弧时会感到很柔和，否则收弧时就会出现快速穿丝顶枪或电压过大现象，如图 2-2-6 所示。根据焊接时的具体情况，慢慢调整到工作所需的最佳数值。

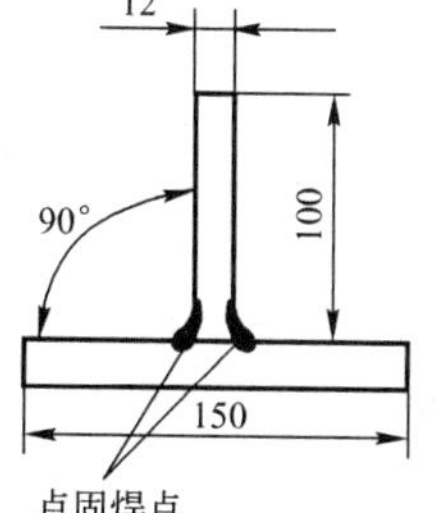

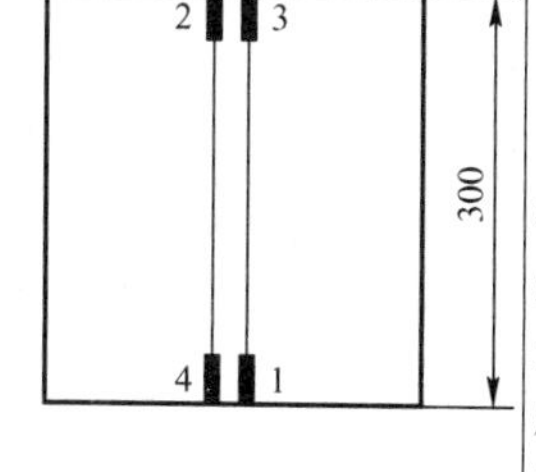

图 2-2-7　T 形接头立角焊装配定位顺序

7. 焊件的装配与定位

将清理好的焊件对齐找正。在装配过程中，应保证立板与水平板的垂直度（90°）。T 形接头可不留间隙，用正式焊接时所用的焊丝进行定位焊，定位焊缝位于焊件两面对称处，定位焊缝长度为 10～15 mm。装配结束后，应检查上立板的垂直度，如有偏差，应进行矫正。装配顺序如图 2-2-7 所示。焊件装配定位焊也可采用反变形法。

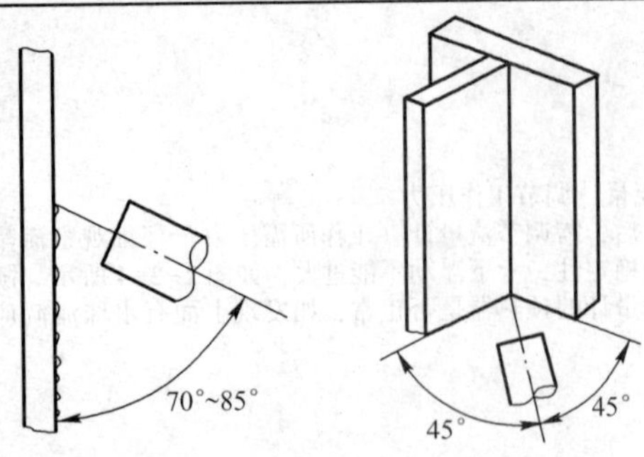

图 2-2-8　运丝时焊枪角度

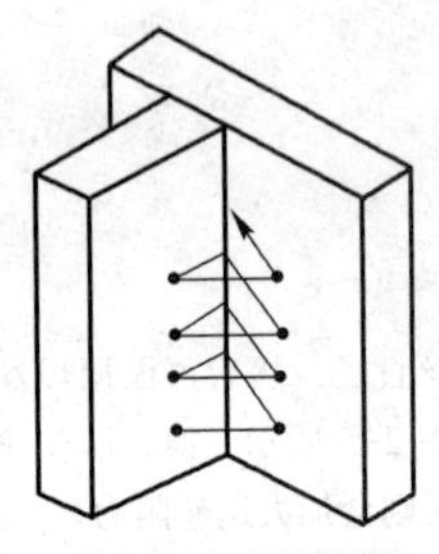

(a) 三角形运丝法

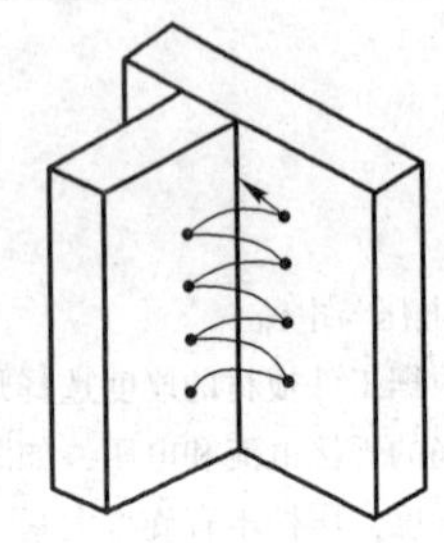

(b) 反月牙形运丝法

图 2-2-9　立角焊运丝方法

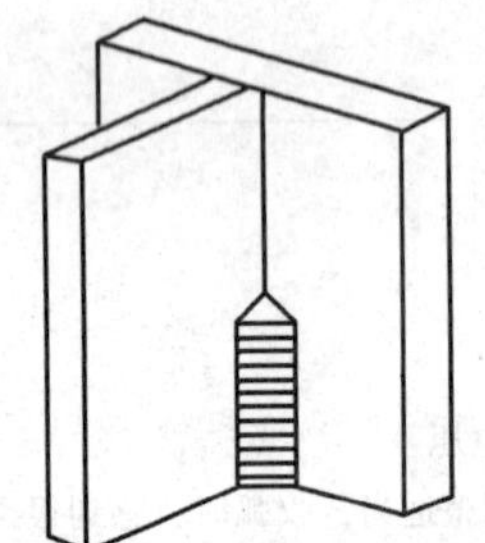

图 2-2-10　立角焊熔池形状

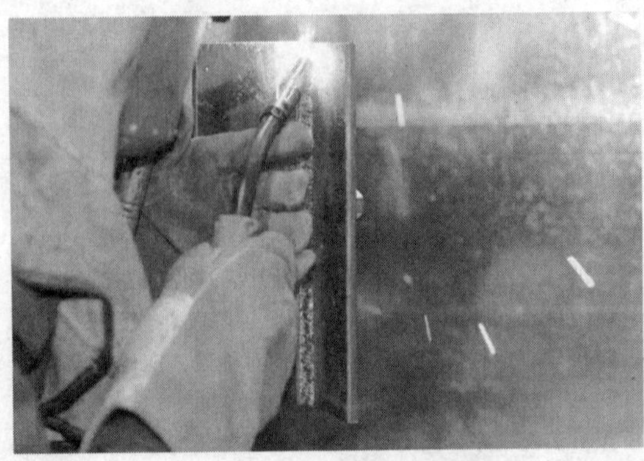

图 2-2-11　立角焊盖面层焊接

8. 操作方法

(1) 焊道分布为两层两道焊接。CO_2气体保护焊立角焊打底层的焊枪角度要始终保持70°~85°，如图 2-2-8 所示。打底层采用三角形运丝方法如图 2-2-9（a）所示。这样可保证顶角处获得较大的熔深。施焊前先在最下方根部处引弧，形成约 5 mm 熔池后摆动焊枪，摆动幅度不要太大，在焊道两侧稍作停留，中间运丝速度要快些，使熔池成平直状向上运动，才能避免顶角焊不透、两侧咬边、熔化金属下淌等缺陷。手持焊枪要稳，持枪角度正确。

(2) 操作要点

立角焊运丝至两侧和顶角要有停留时间，中间低而快是控制熔池的关键。焊接过程中要控制好熔池温度和焊缝成形，保持焊道平直不能凸出来，同时还要根据熔池形状和温度随时调整焊枪角度和焊接速度。熔池形状如图 2-2-10 所示。观察熔池铁水颜色，熔池温度不能过高。

(3) 盖面层焊接

完成盖面层焊接是关键。为防止咬边，盖面层焊枪采用反月牙形摆动，运丝方法如图 2-2-9（b）所示。焊枪摆动不能过快，并在一层焊道熔合线处稍作停留，使焊道两侧过渡圆滑，成形美观，确保焊缝质量。立角焊盖面层焊接如图 2-2-11 所示。

焊后将焊件上的飞溅物、杂质等清理干净，如发现存在焊接缺陷，不得补焊和修磨，要保持焊缝原始形状。尽量采用短弧焊接，可使飞溅小、焊道成形美观。清理焊道时要戴好防护眼镜。

一、CO_2气体保护焊的工艺特点

1. CO_2气体保护焊与焊条电弧焊相比有以下优点

(1) 焊接生产率高。在采用CO_2气体保护焊时，电弧热量集中，焊丝的熔化效率高，母材的熔透深度大，焊接速度高；焊接过程中不需清渣，特别是进行多层焊时，减少了清渣的时间，其生产率比普通的焊条电弧焊高2～4倍。

(2) 焊接变形小。CO_2气体保护焊电流密度大，电弧热量集中，加热区窄，CO_2气体又有冷却作用，所以焊后焊接变形小，特别是在薄板焊接时可减少矫正变形的工作量。

(3) 抗锈能力强。因CO_2气体在高温分解，具有很强的氧化性，对焊件的油、锈及其他赃物的敏感性较小，故对于焊前清理的要求不高，只要焊件没有明显的黄锈，一般不必清除。

(4) 焊缝含氢量低。保护气体在高温时氧化性强，与氢有很强的亲和能力，从而降低了焊缝的含氢量，并防止了氢气孔的产生，同时在焊接低合金高强钢时，出现冷裂纹的倾向也较小。

(5) 焊接成本低。CO_2气体来源广、价格低，电能和焊接材料消耗少，对焊前生产准备要求低，焊后清渣和校正所需的工时也少，焊接成本为焊条电弧焊的40%左右。

2. CO_2气体保护焊与焊条电弧焊相比有以下缺点

CO_2气体保护焊在使用大电流焊接时，飞溅比较大；弧光强，操作时需要加强防护；抗风能力弱，在室外进行CO_2气体保护焊作业时，应采取必要的防风措施；不能焊接不锈钢及易氧化的有色金属；CO_2气体保护焊焊机比弧焊机复杂，价格较高，设备维修的技术要求也较高。

3. CO_2气体保护焊的应用范围

CO_2气体保护焊具有很多优点，已广泛用于焊接低碳钢、低合金钢及低合金高强钢。目前，我国应用CO_2气体保护焊所占比例较大，尤其在造船及汽车工业中得到广泛的应用。

4. CO_2气体保护焊熔滴的过渡

CO_2气体保护焊是熔化极电弧焊，焊丝除了作为电弧电极外，其端部还不断受热熔化，形成熔滴并陆续脱离焊丝过渡到熔池中去。CO_2气体保护焊熔滴过渡形式主要有短路过渡和颗粒状过渡两种。

(1) 短路过渡。CO_2气体保护焊在采用细焊丝、小电流和低电弧电压焊接时，熔滴呈短路过渡。短路过渡时，弧长很短，焊丝端部熔化形成的熔滴与熔池表面接触而短路，此时熔滴上的作用力使熔滴金属很快地脱离焊丝端部过渡到熔池，随后电弧又重新引燃。这样周期性的短路—引燃交替进行。每一次短路—引燃的时间称为一个周期，每秒内的周期数称为短路频率。CO_2气体保护焊的短路频率每秒可达百余次。由于短路频率高，所以焊接过程稳定、飞溅小，焊缝成形好。另外，由于焊接电流小，而且电弧是断续燃烧的，所以电弧热量低，适合焊接薄板及全位置焊。

(2) 颗粒状过渡。CO_2气体保护焊在采用粗焊丝、大电流和高电弧电压焊接时，熔滴呈颗粒状过渡。当颗粒尺寸较大时，飞溅较大，电弧不稳定，焊缝成形恶化。因此，常用的是细颗粒状过渡。焊接电流增大时，颗粒状过渡的熔滴体积减小，颗粒细化，而且熔滴过渡频率增加。

二、CO_2气体保护焊的焊接材料

CO_2焊丝按采用的焊丝直径可分为细丝焊和粗丝焊两种。细丝焊采用的焊丝直径小于1.6 mm，适用于薄板焊接；粗丝焊采用的焊丝直径大于或等于1.6 mm，适用于中厚板焊接。

1. 常用 CO_2 焊丝的分类、型号和含义

CO_2 焊丝分为药芯焊丝和实芯焊丝两类。

（1）药芯焊丝

药芯焊丝是经过机械传动设备拉拔等工艺，如图 2-2-12 所示。将焊丝制成细小的管状，然后在管状内装入脱氧剂、稳弧剂、造渣剂及合金剂药粉等，以补充焊接时合金元素的烧损部分，同时还能解决焊接时的飞溅大等问题。

（2）实芯焊丝

实芯焊丝锰和硅的含量较高，如图 2-2-13 所示，在焊接时起到脱氧、补充烧损的锰和硅的化学成分的作用。

图 2-2-12　药芯焊丝

图 2-2-13　实芯焊丝

2. 常用 CO_2 焊丝的型号和含义（见表 2-2-2）

表 2-2-2　焊丝型号及含义

<table>
<tr><td colspan="2">实芯焊丝型号</td><td rowspan="2">药芯焊丝的型号</td></tr>
<tr><td>按焊丝化学成分分类</td><td>按熔敷金属力学性能分类</td></tr>
<tr><td>H08MnSi
H08Mn2Si
H08Mn2SiA
H10MnSi
H11MnSi
H11Mn2SiA</td><td>ER49-1
ER50-2
ER50-3
ER50-4
ER50-5
ER50-6</td><td>E500T-1/-1M
E501T-1/-1M
E500T-3
E500T-5/-5M
E501T-9/-M
E500T-GS</td></tr>
<tr><td>含义
以 H08Mn2SiA 为例：
H：焊丝
08：焊丝的平均碳的质量分数为 0.08%
Mn2Si：焊丝平均 Mn 的质量分数约为 2% Si 的质量分数小于 1.5%
A：高级优质钢
S、P 的质量分数不大于 0.03%</td><td>以 ER50-2 为例：
ER：实芯焊丝又可作填充焊丝
50：熔敷金属抗拉强度最低值为 500 MPa
2：焊丝化学成分分类代号</td><td>以 E500T-1/-1M 为例：
E：焊丝
50：熔敷金属抗拉强度最低值为 500MPa
0：表示适用于平、横焊（1 表示全位置焊）
T：药芯焊丝
I：焊丝的类别（共 15 个类别）
M：单道和多道焊（S 表示单道焊）</td></tr>
</table>

三、CO_2 气体保护焊的飞溅及防止

在施焊中飞溅是 CO_2 气体保护焊的最大缺点，滴状过渡的飞溅程度要比短路过渡时严重的多。严重时会影响焊接过程的正常进行。

产生飞溅的主要原因：

（1）由冶金反应引起的飞溅。这种飞溅主要由 CO 气体造成。在焊接过程中，熔滴和熔池中的碳氧化生成 CO，CO 在电弧高温作用下，体积急剧膨胀，压力迅速增大，使熔滴和熔池金属产生爆破，从而产生大量的飞溅。减少这种飞溅的方法是采用含有锰、硅元素的焊丝，并降低焊丝中的含碳量。

（2）熔滴短路过渡时引起的飞溅。这种飞溅发生在短路过渡过程中，焊接电源的动特性不好时显得更为严重。当熔滴与熔池接触时，若短路电流增长速度过快，或者短路电流太大时，会使缩颈处液态金属发生爆破，产生较多的细颗粒飞溅，如图 2-2-14（a）所示。如果短路电流增长速度过慢，则短路时电流不能及时增大到要求的数值，缩颈处就不能迅速断裂，使伸出导电嘴的焊丝在长时间的电阻加热下成段软化和断落，并伴随着较多的大颗粒飞溅，如图 2-2-14（b）所示。减少这种飞溅的方法，主要是通过改变焊接回路中电感数值，若串入回路的电感值合适时，会使飞溅减小，同时噪声较小，焊接过程会比较稳定。

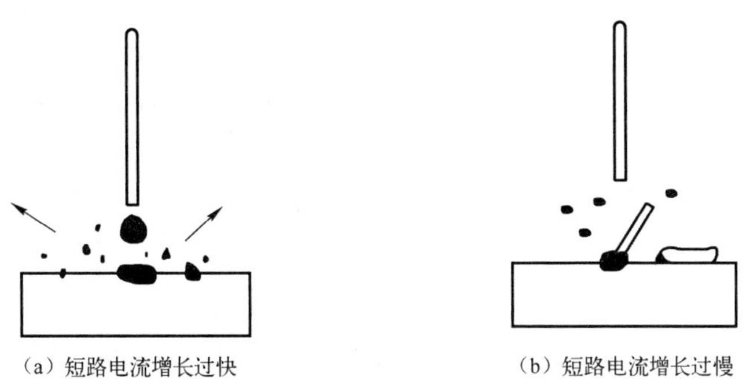

图 2-2-14 短路电流增长速度对飞溅的影响

（3）焊接工艺参数选择不当引起的飞溅与金属飞溅有直接关系的参数主要有：焊接电流、送丝速度、焊丝伸出长度及电弧电压。随着电弧电压的升高，飞溅金属要增多，这是因为电弧电压升高电弧长度变长，易引起焊丝末端的熔滴长大。在长弧焊（用大电流时），熔滴易在焊丝末端产生无规则的摆动，致使飞溅增大。因此，必须正确地选择焊接工艺参数，才能有效地减少这种飞溅的产生。

任务评价

序号	考核内容	考核要点	配分	评分标准	检测结果	扣分	得分
1	考前准备	劳保防护用品及工具准备齐全，焊接参数设置、设备调试正确，工件清理及工件组对、点固定位	10	工具及劳保防护用品不符合要求，焊接参数设置、设备调试不正确，工件组对及点固定位不正确，有一项扣 2 分			
2	焊接操作	试件空间位置符合要求	10	试件空间位置超出规定的范围该项不得分			
3	焊缝外观	焊缝表面不允许有焊瘤、裂纹、烧穿等缺陷	10	出现任何一项缺陷该项不得分			
		焊缝咬边深度≤0.5 mm，两侧咬边总长度不超过焊缝有效长度的 15%	8	（1）咬边深度>0.5 mm 不得分。 （2）咬边深度≤0.5 mm 时，累计长度每 5 mm 扣 1 分，累计长度超过 40 mm 不得分			
		未焊透深度小于板厚的 15%，且≤1.5 mm 时，未焊透总长度不超过焊缝有效长度的 10%	8	（1）未焊透深度≤1.5 mm 时，累计长度每 5 mm 扣 1 分，累计长度超过 26 mm，扣 8 分。 （2）未焊透深度>1.5 mm 时扣 8 分			
		焊缝的凹度或凸度应≤1.5 mm	10	凸凹度不符扣 4～10 分			
		焊脚高度为 13～14 mm，焊脚分布对称	10	焊脚尺寸不符合要求扣 3～5 分，焊脚分布不对称，扣 3～5 分			
		焊后角变形≤3°	4	超差不得分			

续表

序号	考核内容	考核要点	配分	评分标准	检测结果	扣分	得分
4	焊缝内部质量（截取金相试样）	没有裂纹和未熔合		若有裂纹和未熔合按不及格处理			
		未焊透深度≤1 mm	15	未焊透深度>1 mm，配分扣光			
		（1）气孔或夹渣的最大尺寸不超过 1.5 mm。 （2）当气孔或夹渣为 0.5～1.5 mm 时，其数量不多于一个。 （3）当气孔或夹渣≤0.5 mm 时，其数量不多于 3 个	10	（1）气孔或夹渣的最大尺寸超过 1.5 mm，配分扣光。 （2）气孔或夹渣为 0.5～1.5 mm 时扣 5 分。 （3）当气孔或夹渣≤0.5 mm 时，每个扣 2 分			
5	其他	安全文明生产	5	设备复位、工具摆放整齐、清理试件、打扫场地、拉闸关灯，有一处不符合要求扣 1 分			
6	工时定额	操作时间 30 min		每超过 1 min 从总分中扣 2 分			
		合计	100				

否定项：1. 焊缝表面出现裂纹、未熔合等缺陷。

2. 焊接时任意改变焊接空间位置。

3. 焊缝原始表面遭到破坏，有加工或补焊、返修焊等。

4. 操作时间超过定额的 50%。

任务扩展

T 形接头仰角焊的焊接空间位置在操作者上方，无论蹲姿或站姿，操作者始终在仰视的位置上进行施焊，如图 2-2-15 所示。T 形接头仰角焊增加了焊接难度，同时也加大了操作者的体能消耗。

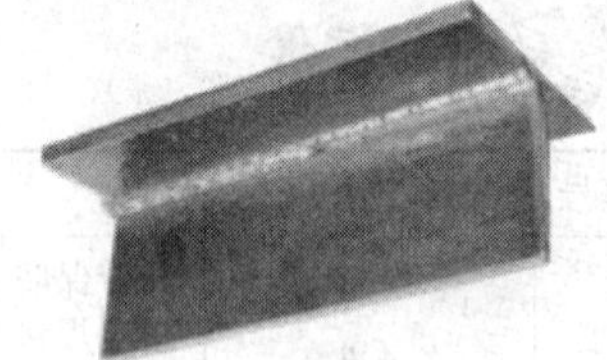

图 2-2-15　仰角焊成形工件

（1）仰角焊操作方法

仰焊应采用较细的焊丝，较小的焊接电流及短弧，以增加焊接过程的稳定性。CO_2气体流量要比平、立角焊时稍大一些。在进行薄板工件仰角角焊时，可采用小幅度的往复摆动。中、厚板仰角焊应作适当横向摆动，在母材两侧稍作停留，为防止焊道中间凸起及液态金属下淌。仰焊时焊枪的空间位置如图 2-2-16 所示。

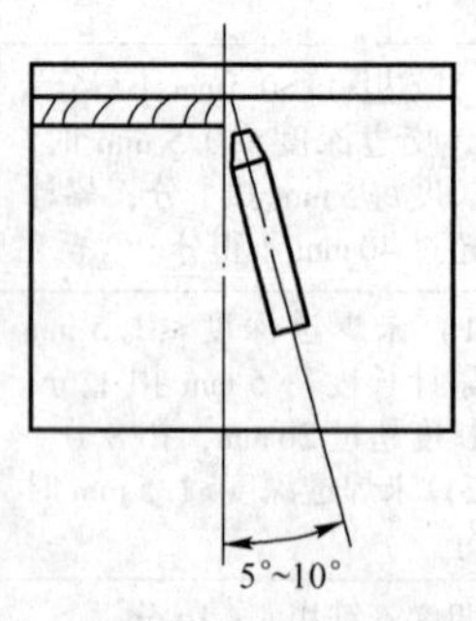

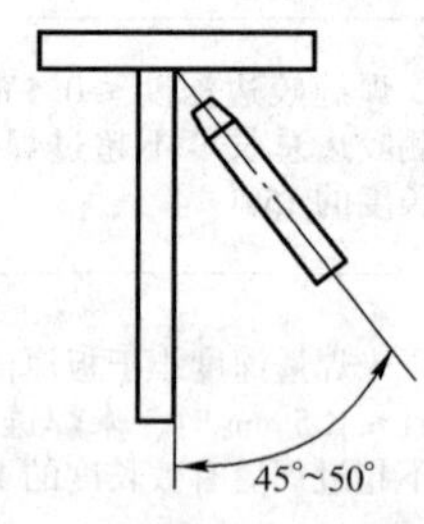

图 2-2-16　仰角焊时焊枪的空间位置

（2）仰角焊多层多道焊操作方法

当焊脚尺寸大于 6 mm 时，应采用多层多道焊接方法，多层焊接时第一层采用直线运丝，焊接电流可稍大些，焊道端面应避免凸起形成夹角，以利于第二层的焊接，第二层焊接可采用斜椭圆或斜三角形运丝方法，尽量采用短弧焊接避免咬边及熔化金属下淌。如要求焊脚尺寸超过 8 mm 时，可采用三层六道焊接方法。

任务三　CO_2 气体保护 V 形坡口板对接平位焊单面焊双面成形

任务目标

1. 能准确无误的读懂图纸及技术要求。
2. 掌握工件的组装及工艺流程。
3. 正确选择焊接工艺参数。
4. 在操作中能熟练的控制焊枪角度和运丝方法。
5. 学会 CO_2 气体保护焊平位焊的操作技术及要领。
6. 掌握 CO_2 气体保护焊，焊接缺陷产生的原因及防治措施。

任务描述

1. 识图

（1）根据图纸要求：材料规格为 300 mm×120 mm×12 mm 钢板两块，坡口角度为 60°，如图 2-3-1 所示。

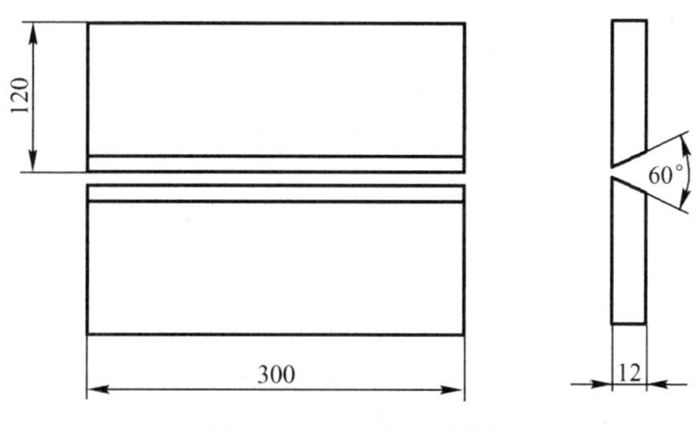

图 2-3-1　工件备料图

（2）工件材质：Q235 低碳钢板材。

（3）焊接材料：ER50-6 实芯焊丝，焊丝直径 1.2 mm。瓶装 CO_2 气体，气体纯度 99.5% 以上。

2. 技术要求

（1）要求单面焊双面成形。

（2）钝边厚度、装配间隙自定。

（3）装配定位后允许修磨定位处。

（4）定位后允许预留反变形量。

任务分析

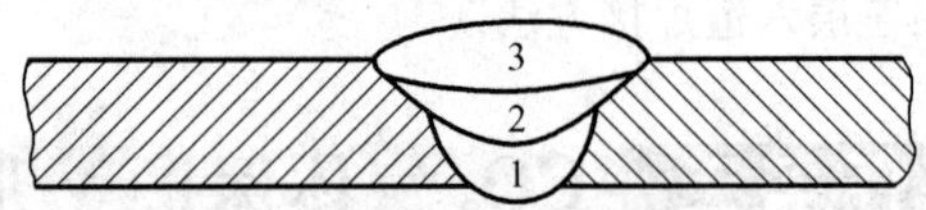

图 2-3-2　板对接焊道分布层次

CO_2气体保护焊平位焊、单面焊双面成形技术操作较难。根据图纸尺寸要求不难看出，焊接的层次需要三层三道焊，如图 2-3-2 所示。由打底层、填充层和盖面层焊接来完成工件的技术要求。打底层焊接需背面成形良好，填充层焊道应平整，给盖面层打下良好基础，最后盖面层焊道应表面平直、焊接波纹均匀无缺陷。

任务实施

一、实训准备

1. 前期准备

(1) 安全、环保及预防性措施。参照项目一的任务一进行准备。

(2) 设备、工具。

① 焊接设备：KRⅡ-350 型松下直流逆变式气体保护焊机。配有推丝式送丝机构、气体调节器。

② 环保通风设备：混流风机 HL3-2A-4. 5A、轴流风机 TN2-40。

③ 工具：焊工防护面罩、角向磨光机、清渣锤、手锤、平锉刀、平錾、钢丝刷，扭力扳手、直角尺、平光防护眼镜。

(3) 任务完成后，填写任务评价表。

2. 注意事项

注意事项参照项目一的任务一。

二、实训步骤

1. 确定焊接工艺参数（见表 2-3-1）

表 2-3-1　板对接平位焊的工艺参数

焊接层次	焊丝直径/mm	焊丝伸出长度/mm	焊接电流/A	电弧电压/V	气体流量/(L/min)
打底层	1. 2	10～15	110～130	18～20	10～15
填充层			130～150	22～24	
盖面层			130～140	22～24	

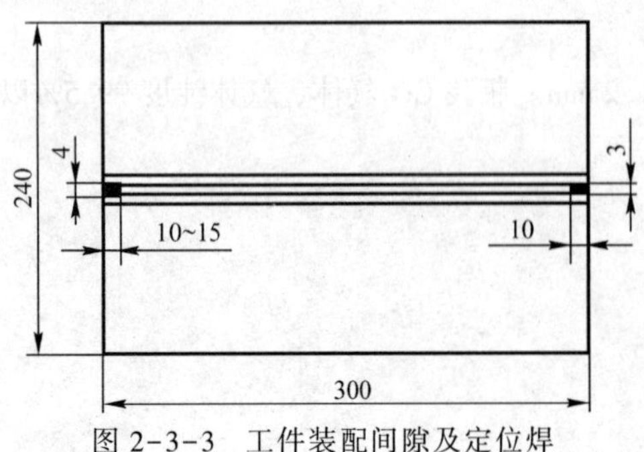

图 2-3-3　工件装配间隙及定位焊

2. 工件定位焊及反变形

① 工件装配定位焊。

在焊件两端进行定位焊，定位焊缝起焊端长度为 10 mm，终焊端长度为 10～15 mm，定位焊时使用的焊丝及技术参数与正式焊接时相同，为防止错边，定位焊点在坡口内进行，定位焊后可将焊缝两端用角向磨光机打磨成斜坡状，并将坡口内的飞溅物清理干净，如图 2-3-3 所示。

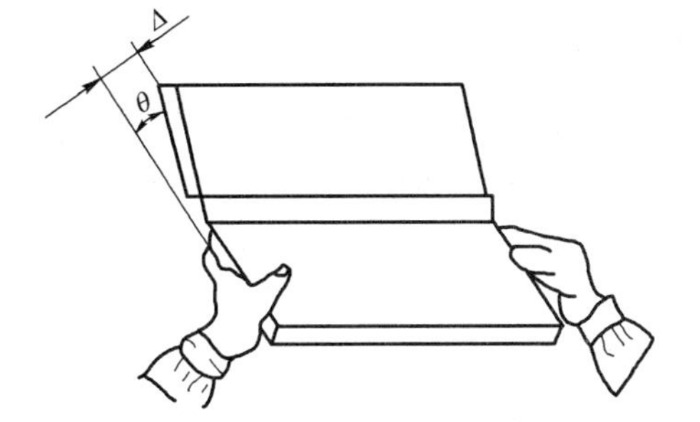

图 2-3-4　预留反变形量操作法

② 预留反变形。

为了保证焊后工件没有角变形，所以工件在装配完成后，焊前应预留反变形量，约为 3°～4°，用手锤轻轻敲击钢板或用双手握住工件在工作台上敲击，如图 2-3-4 所示。然后用焊缝检验尺或角度尺来保证反变形角度。为补偿焊接收缩，终端的根部间隙比始端大 0.5～1 mm，定位焊点应加固。

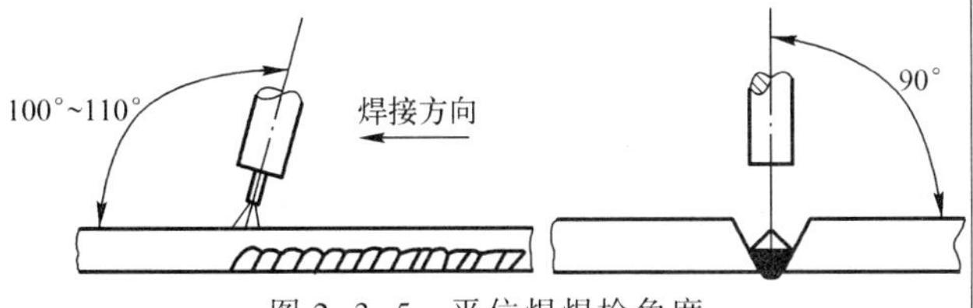

图 2-3-5　平位焊焊枪角度

3. 打底层焊枪角度

打底层采用左焊法，焊枪与工件两侧垂直，与焊接方向呈 100°～110° 夹角。与焊接反方向呈 70°～80° 夹角，如图 2-3-5 所示。焊枪喷嘴在使用过程中应涂防堵膏。

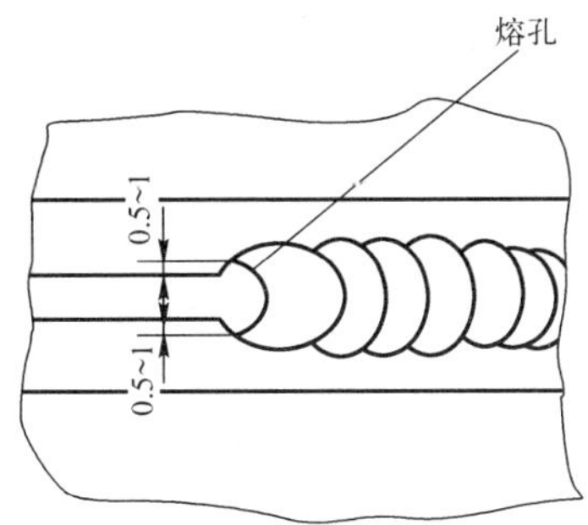

图 2-3-6　打底层焊道熔孔控制形状

4. 打底层施焊

将工件间隙小的一端放在起焊处，在工件定位焊缝上引燃电弧，起预热作用，待坡口根部钝边熔化形成熔孔后，开始向左焊，焊枪做横向小幅度摆动运丝，同时严格控制喷嘴高度，即不能遮挡操作者视线，又要保证气体保护效果。焊丝端部要始终在熔池前半部燃烧，不得脱离熔池，防止焊丝前移过大而通过间隙，出现穿丝现象。一定要控制电弧在坡口根部 2～3 mm 处燃烧，电弧在焊道中心移动要快，摆动到坡口两侧要稍作 0.5～1 s 的停留，以保证坡口两侧熔合良好，焊道表面平整，打底层焊道成形如图 2-3-6 所示。

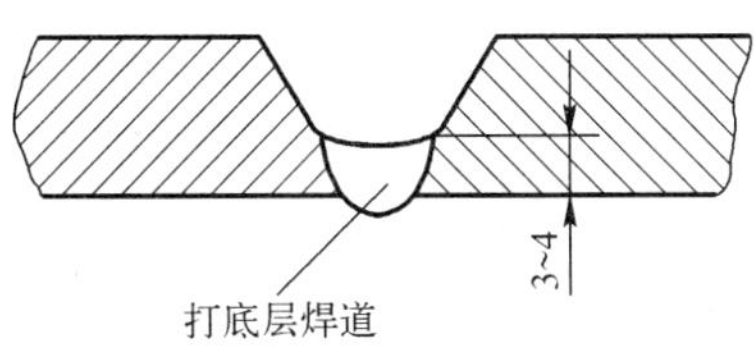

图 2-3-7　打底层焊道厚度

焊接过程中，要仔细观察熔孔，熔孔的大小决定背面焊道成形的宽度和高度，应始终控制熔孔比坡口间隙大 2 mm 左右。若熔孔太小，根部熔合不好或熔透不均匀；若熔孔太大，背面焊道变宽、变高，容易产生烧穿和焊瘤等缺陷。这就要求在焊接过程中，要根据间隙和熔孔的变化，以及焊件温度变化对熔孔的影响，随时调整焊枪的角度、摆动幅度和焊接速度，尽量维持熔孔的直径不变，以保证获得宽窄一致、高低均匀的背面焊缝。打底层焊道表面平整，最好是焊道中部稍向下凹，以免盖面焊时两侧夹渣，打底层焊道厚度不超过 4 mm，如图 2-3-7所示。

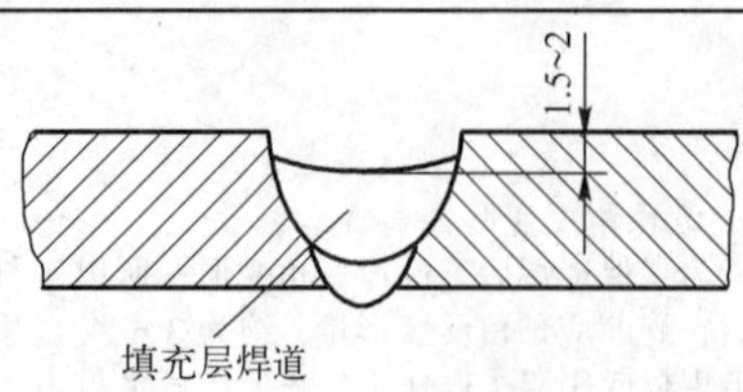

图 2-3-8 填充层至棱边预留距离

5. 填充层施焊

填充层焊接前，应将打底层焊道的焊渣和飞溅物清理干净，焊接电流按表 2-3-1 调整到合适的范围内。采用左焊法，焊枪角度与打底焊相同，焊枪横向摆动幅度稍大于打底焊，且摆到坡口两侧要稍加停顿，中间过渡要快，以保证焊道平整，同时又利于坡口两侧边缘充分熔化，不会产生夹渣缺陷。焊接过程中注意控制焊接速度，运丝可采用锯齿形和反月牙形方法向前匀速移动，保持合适的焊缝厚度并保持填充层和打底层金属熔合良好。填充层焊道完成后，焊道应低于母材表面 1.5～2 mm，且不能击伤和熔化坡口棱边，为盖面层焊接打好基础，如图 2-3-8 所示。

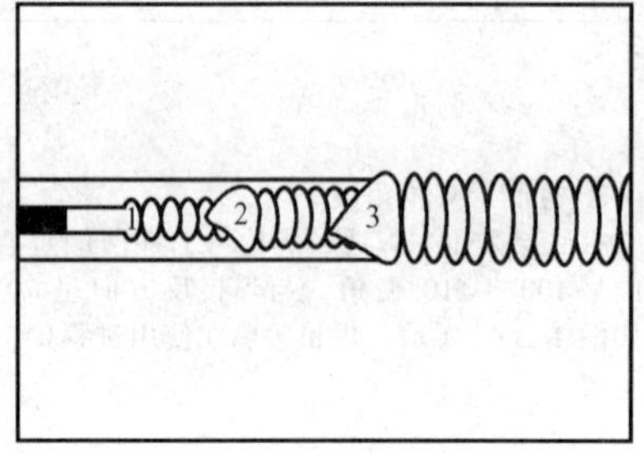

图 2-3-9 各层熔池形状分布

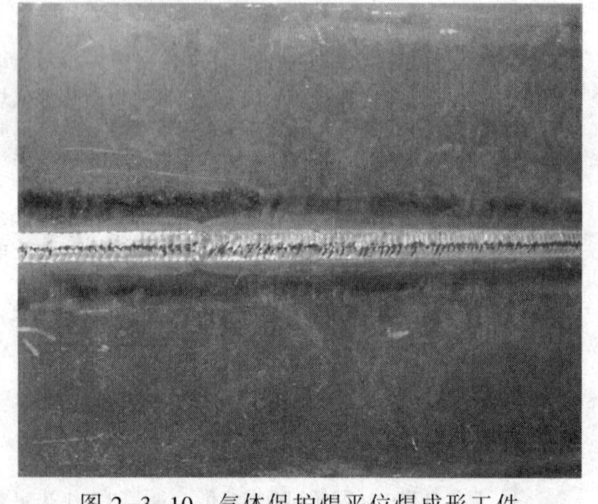
图 2-3-10 气体保护焊平位焊成形工件

6. 盖面层施焊

施焊盖面层前应将填充层焊缝表面清理干净，并将接头凸起处打磨平整，将导电嘴、喷嘴周围的飞溅物清理干净。盖面层焊接工艺参数、焊枪角度和运丝方法与填充焊时相同，在施焊时焊枪的摆动幅度比填充焊时要稍大些，且要均匀一致，注意坡口两侧边缘熔合 0.5～1 mm为宜。焊枪在坡口两侧摆动要稍作停留，中间过渡要快一些，以防止产生咬边。焊接过程中要保持电弧高度一致，特别要注意随时控制熔池温度，用运丝法控制熔池所需要的形状，达到理想的盖面焊道成形，各层熔池形状如图 2-3-9 所示，成形工件效果如图 2-3-10 所示。

相关知识

一、CO_2气体保护焊焊接工艺参数的选择

CO_2气体保护焊的焊接参数主要包括焊丝直径、焊接电流、电弧电压、焊接速度、焊丝伸出长度、气体流量、电源极性、焊枪倾角、回路电感和喷嘴高度等。合理地选择焊接工艺参数是保证焊接质量、提高效率的重要条件。

1. 焊丝直径

焊丝直径可根据焊件厚度、焊缝空间位置、接头形式及生产率的要求等条件来选择。当焊接薄

板或中厚板的立焊、横焊、仰焊时，多采用直径为 0.8 mm、1.2 mm、1.6 mm 的焊丝；在平焊位置焊接中厚板时，可以采用直径大于 1.6 mm 的焊丝。焊丝的选择见表 2-3-2。

表 2-3-2　CO_2 气体保护焊焊丝直径的选择

焊丝直径/mm	焊件厚度/mm	焊接位置
0.8	1～3	各种位置
1.0	1.5～6	
1.2	2～12	
≥1.6	>6	平焊、平角焊

2. 焊接电流

焊接电流对熔深与焊丝熔化速度及生产率影响很大。焊接电流应根据焊件的厚度、焊丝直径、焊缝位置及熔滴过渡的形式来选择。当焊接电流逐渐增大时，熔深、熔宽和余高都相应增加。通常用直径为 0.8 ～ 1.6 mm 的焊丝，当短路过渡时，焊接电流在 50 ～ 230 A 内选择；熔滴颗粒状过渡时，焊接电流可在 250 ～ 500 A 内选择，焊丝直径与焊接电流的关系见表 2-3-3。

表 2-3-3　焊丝直径与焊接电流的关系

焊丝直径/mm	焊接电流范围/A	板厚/mm
0.6	40～100	0.6～1.6
0.8	50～150	0.8～2.3
1.0	90～250	2.0～6.0
1.2	120～350	2.0～6.0
1.6	≥300	≥6.0

选择焊接电流时应注意：当焊接电流过大时，容易引起烧穿、焊漏和产生裂纹等缺陷，且焊件的变形大，焊接过程中飞溅很大。当焊接电流过小时，容易产生未焊透、未熔合、夹渣和焊缝成形不良等缺陷。在保证焊透、成形良好的条件下，尽可能地采用大电流，以提高生产率。

3. 电弧电压

CO_2气体保护焊的电弧电压一般是根据焊丝直径、焊接电流等来选择的。随着焊接电流的增加，电弧电压相应地增加。对于短路过渡的 CO_2气体保护焊来说，电弧电压是最重要的焊接参数，因为，它直接决定了熔滴过渡的稳定性及飞溅物的大小，进而影响焊缝成形及焊接接头质量。一般情况下，短路过渡时电弧电压为 16 ～ 24 V，颗粒状过渡时，电弧电压为 25 ～ 40 V。过高的电弧电压是产生气孔和飞溅的主要因素，过低的电弧电压会造成焊缝的成形不良。如果提高电弧电压，可以显著地增大焊缝宽度，减小焊缝的熔深和余高。

4. 焊接速度

焊接速度对熔深和焊缝的形状影响最大，对焊缝的力学性能和缺陷也有影响，如裂纹和气孔的产生。在一定的焊丝直径、焊接电流和电弧电压的条件下，焊接速度增大，熔宽降低、熔深和余高有一定程度的减小。若焊接速度过快，气体保护受到破坏，焊缝的冷却速度加快，会使焊缝成形不好，降低焊缝的塑性，并易产生气孔、咬边、未熔合、未焊透等缺陷。若焊接速度过慢，则使焊接生产率降低，焊接接头晶粒粗大，焊接变形增大，焊缝成形差。

5. 焊丝伸出长度

焊丝伸出长度取决于焊丝的直径，一般情况下，其伸出长度以焊丝直径的 10 ～ 15 倍为宜。伸出长度过大，焊丝会成段地被熔断、飞溅严重、气体保护效果不好。焊丝伸出长度过小，不但容易造成飞溅物堵塞喷嘴，影响保护效果，而且影响操作者视线。

6. 气体流量

CO_2气体流量的大小应该根据焊接电流、电弧电压、焊接速度和接头形式来选择。气体流量太大时，气体冲击熔池，冷却作用加强，并且保护气流紊乱而破坏了保护作用，容易使焊缝产生气孔。同时使氧化性增加、飞溅增加、焊缝表面也不光泽。气体流量太小时，会降低对熔池的保护作用，而且容易产生气孔等缺陷。通常，细丝焊接时气体流量为 6 ～ 18 L/min；粗丝焊接时气体流量为 10 ～28 L/min。

7. 电源极性

CO_2气体保护焊一般采用直流反接。直流反接具有电弧稳定性好、飞溅小、熔深大等特点。但在堆焊及铸铁补焊时应采用直流正接，因为正接时焊丝为阴极，阴极产热大、焊丝熔化速度快、熔深浅、生产率高。

8. 焊枪倾角

当焊枪倾角小于 10°时，不论是前倾还是后倾，对焊接过程及焊缝成形都没有明显的影响；但倾角过大时，将增加熔宽并减小熔深，还会增加飞溅。

9. 回路电感

焊接回路的电感值应根据焊丝直径和电弧电压来选择，不同直径的焊丝，适合的电感值也不同。回路电感主要控制短路电流的上升速度及短路电流峰值。焊丝越细，熔化速度越大，短路过渡频率越大，要求的短路电流上升速度就大。通常电感值随焊丝的直径增大而增加，并可通过试焊的方法来判断。

10. 喷嘴高度

喷嘴高度是根据焊接电流来选择的，一般当焊接电流小于 200 A 时，喷嘴高度为 10 ～ 15 mm。

总之，选择焊接工艺参数时，应首先根据板厚、接头形式和焊缝的空间位置等选定焊丝的直径和焊接电流，同时考虑熔滴过渡形式。这些参数确定之后，再选择和确定其他参数，如电弧电压、焊接速度、焊丝伸出长度、气体流量和回路电感值等，可通过试焊来选择合适的焊接工艺参数。

序号	考核内容	考核要点	配分	评分标准	检测结果	扣分	得分
1	考前准备	劳保防护用品及工具准备齐全，焊接参数设置、设备调试正确，工件清理及工件组对、点固定位	5	工具及劳保防护用品不符合要求，焊接参数设置、设备调试不正确，工件组对及点固定位不正确，有一项扣 2 分			
2	焊接操作	试件空间位置符合要求	10	试件空间位置超出规定的范围扣 8 分			

续表

序号	考核内容	考核要点	配分	评分标准	检测结果	扣分	得分
3	焊缝外观	焊缝表面不允许有焊瘤、气孔、烧穿等缺陷	10	出现任何一项缺陷该项不得分			
		焊缝咬边深度≤0.5 mm，两侧咬边总长度不超过焊缝有效长度的15%	8	（1）咬边深度≤0.5 mm时，累计长度每5 mm扣1分，累计长度超过40 mm不得分。 （2）咬边深度>0.5 mm不得分			
		未焊透深度小于板厚的15%，且小于或等于1.5 mm时，未焊透总长度不超过焊缝有效长度的10%	8	（1）未焊透深度≤1.5 mm时，累计长度每5 mm扣1分，累计长度超过26 mm，扣8分。 （2）未焊透深度>1.5 mm时扣8分			
		背面凹坑深度≤2 mm，凹坑总长度不超过焊缝有效长度的10%	4	（1）背面凹坑深度≤2 mm时，累计长度每5 mm扣1分，扣光此项分为止。 （2）凹坑深度>2 mm时扣4分			
		双面焊缝余高0～3 mm，焊缝宽度比坡口每侧增宽0.5～2.5 mm，宽度差≤3 mm	10	每种尺寸超差一处扣2分，扣满10分为止			
		错边量不大于1 mm	5	超差不得分			
		焊后角变形≤3°	5	超差不得分			
4	内部质量	X射线探伤检验	30	Ⅰ级片30分，Ⅱ级片20分，Ⅲ级片10分，Ⅲ级片以下不得分			
5	其他	安全文明生产	5	设备复位、工具摆放整齐、清理试件、打扫场地、拉闸关灯，有一处不符合要求扣1分			
6	工时定额	操作时间45 min		每超过1 min从总分中扣2分			
合计			100				

否定项：1. 焊缝表面出现裂纹、未熔合等缺陷。

2. 焊接时任意改变焊接空间位置。

3. 焊缝原始表面遭到破坏，有加工或补焊、返修焊等。

4. 操作时间超过定额的50%。

任务扩展

1. CO_2气体保护焊板材对接平位搭接焊（薄板）

CO_2气体保护焊搭接焊是焊接中最常见的一种焊接方法。搭接焊是由上下两块钢板叠加而形成的角焊缝，其焊接空间位置是由焊接工艺技术要求确定的，如图2-3-11所示。

CO_2气体保护焊搭接焊与对接焊的操作方法不同，搭接焊是将两块板件在搭接结合处边缘熔化金属进行焊接的方法。首先应确保焊缝金属熔敷量，同时还需控制液态金属的流向，如果操作不当易产生咬边、未焊透、焊缝下垂等缺陷。为了避免这些缺陷出现，施焊时必须选择合适的焊接角度和运丝方法。在实际操作中薄板搭接焊缝不能连续进行焊接，钢板连续受热会产生应力变形，所以应控制熔池温度，分步骤按顺序进行施焊操作，防止焊后变形，严重影响焊接质量。

2. 操作方法

(1) 定位焊

为防止工件上翘变形，应从中间向两端进行，定位焊焊缝长为 5 ～ 10 mm，定位焊的焊缝质量同正式焊接相同，然后将定位焊缝两端用角向磨光机打磨成斜坡状。定位焊点如图 2-3-12 所示。

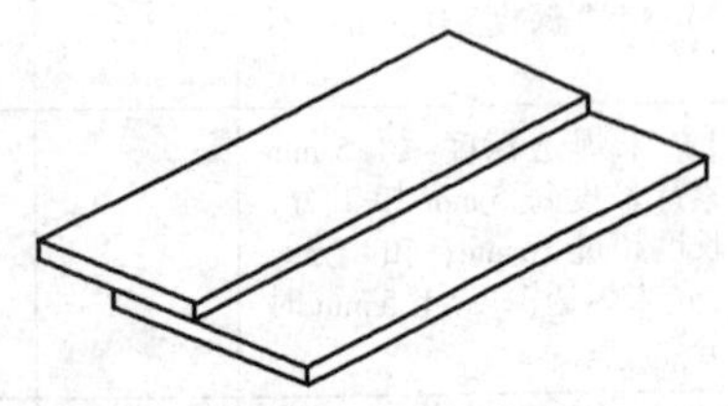

图 2-3-11 板材搭接工件示意图

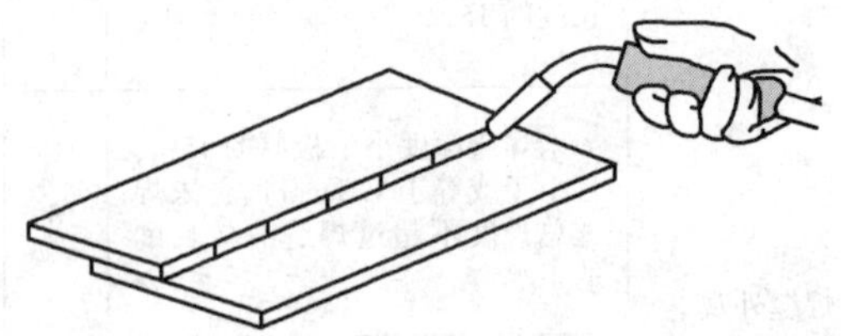

图 2-3-12 工件定位焊点示意图

① 定位焊点必须按照焊接工艺规定的要求焊接定位焊缝，如采用同牌号焊丝、用相同的焊接工艺参数。定位焊缝必须保证熔合良好，焊道余高不能超标，焊缝的起头和收尾处应圆滑过渡，防止接头时两端焊不透。

② 工件反变形。反变形角度是一个经验参数，不同的材料反变形角度也不同。薄板气体保护焊焊接后还会出现角变形和波浪变形，需随时控制好熔池温度。

③ 施焊。板材搭接焊采用左焊法，有上、下两条焊缝，焊枪与试件夹角为 45°，运丝方法：采用直线形或直线往复形运丝方法。平焊时，容易在上板边缘产生咬边，操作不当时下板产生熔化铁水沉积，造成上边焊道熔池铁水过少，焊道成形不均匀。施焊时要正确调节焊接工艺参数，防止电流过大或过小，电流过大或过小时都会造成焊道的凸凹不平。合格焊缝如图 2-3-13 所示。不合格焊缝如图 2-3-14 所示。施焊时尽量采用短弧操作，即缩短焊枪与工件的距离，薄板搭接平角焊采用直线形运丝方法，运丝速度要均匀，为确保焊缝平直，可两手同时握住焊枪进行施焊操作。

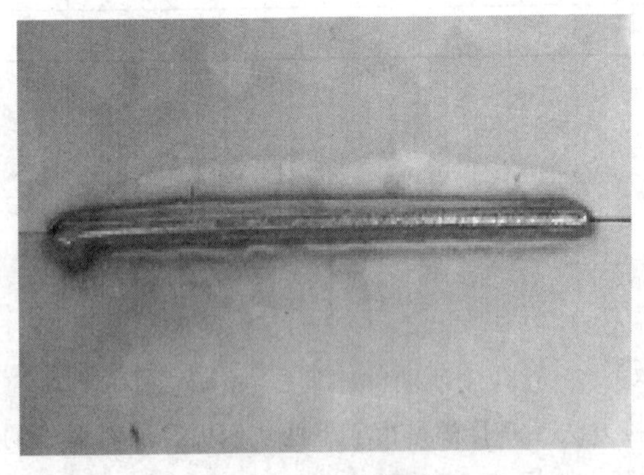

图 2-3-13 合格焊缝

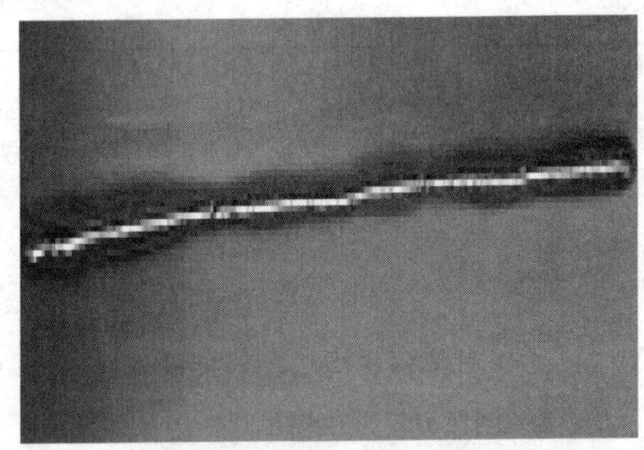

图 2-3-14 不合格焊缝

在操作中为了防止金属板材弯曲变形，焊接时最好采用分段焊接，让某一段区域自然冷却后，然后再进行下一区域的焊接，如图 2-3-15 所示。如果采用连续施焊就会使工件产生严重的变形，如图 2-3-16 所示。

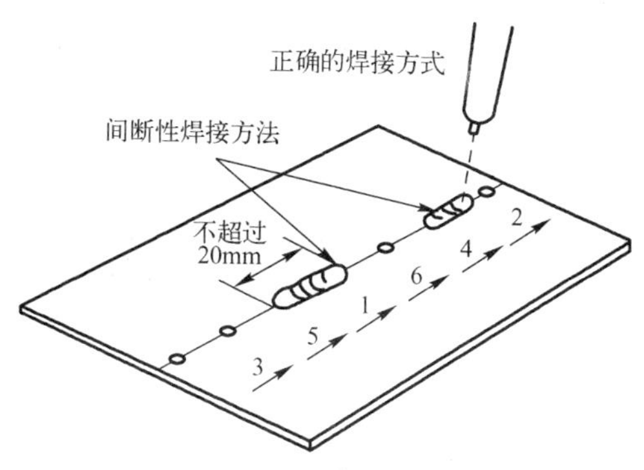

图 2-3-15　防止工件变形施焊法

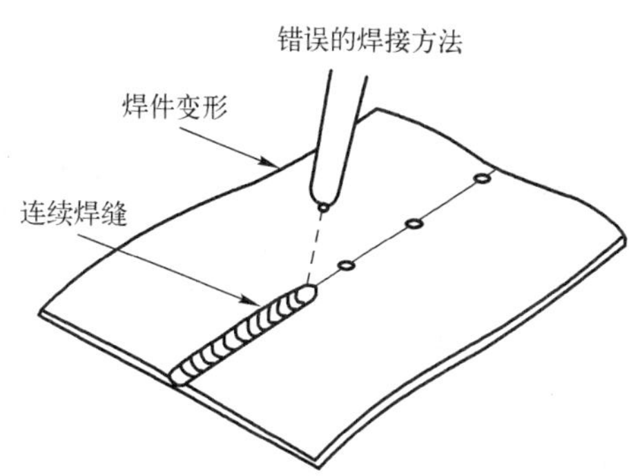

图 2-3-16　错误施焊工件变形

任务四　V 形坡口板对接立位单面焊双面成形

任务目标

1. 能正确简述 CO_2气体保护焊立位焊的工装技术及工艺流程。
2. 熟练掌握 CO_2气体保护焊对接向下、向上立焊的运丝方法。
3. 掌握 V 形坡口板对接立焊打底焊、填充焊和盖面焊的操作技术。
4. 能正确的选择焊接工艺参数。
5. 熟悉 CO_2气体保护焊焊接材料的种类。
6. 遵守操作规程，文明生产，安全第一。
7. 任务完成后能简单叙述操作过程及焊接缺陷产生的原因。

任务描述

1. 识图

根据图纸要求：板材规格为 300 mm×125 mm×12 mm，坡口角度为 60°，每组两件，工件尺寸如图 2-4-1 所示。

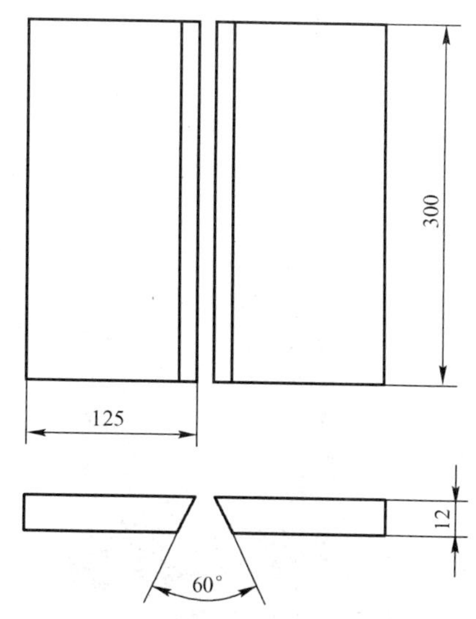

图 2-4-1　板对接立位焊工件尺寸

2. 焊材

① 工件材质为 Q235 低碳钢板。

② 焊接材料为 ER50-6 实芯焊丝，焊丝直径 1.2 mm。瓶装 CO_2气体，气体纯度 99.5% 以上。

3. 技术要求

① 要求单面焊双面成形。

② 钝边厚度、装配间隙自定。

③ 装配定位后允许修磨定位处。

④ 定位后允许预留反变形量。

CO_2气体保护焊有向上立焊和向下立焊两种焊接方法。一般板厚在6mm以下的薄板可采用向下立焊，中厚板对接立焊为向上立焊。立焊单面焊双面成形技术操作较难，因熔化金属自重而下坠，会造成焊道产生焊瘤、两侧咬边或背面成形出现凸凹不平等缺陷，焊道为三层三道焊。

一、实训准备

1. 前期准备

（1）安全、环保及预防性措施。参照项目一的任务一进行准备。

（2）设备、工具、材料

① 焊接设备：KRⅡ-350型松下直流逆变式气体保护焊机。配有推丝式送丝机构、气体调节器。

② 环保通风设备：混流风机HL3-2A-4. 5A、轴流风机TN2-40。

③ 工具：焊工防护面罩、角向磨光机、清渣锤、手锤、平锉刀、平錾、钢丝刷，扭力扳手、直角尺、平光防护眼镜。

（3）任务完成后，填写任务评价表。

2. 注意事项

注意事项参照项目一的任务一。

二、实训步骤

1. 确定焊接工艺参数（见表2-4-1）

表2-4-1 板对接立位焊的工艺参数

焊接层次	焊接电流/A	电弧电压/V	焊丝伸出长度/mm	气体流量/(L/min)	焊丝直径/mm	焊接方式
打底层	90～100	18～20	10～15	12～15	1. 2	向上立焊
填充层	130～140	20～22				
盖面层	130～140	20～22				

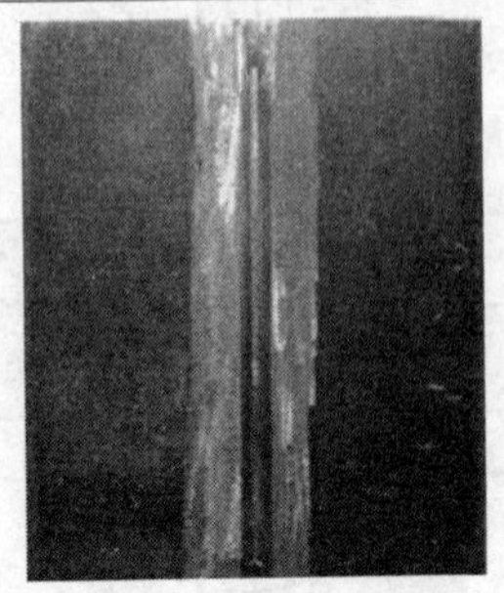

图2-4-2 工件装配间隙及定位焊

2. 工件定位焊及反变形

① 工件装配定位焊。

在焊件两端进行定位焊，定位焊缝起焊端长度为10 mm，终焊端长度为10～15 mm，定位焊时使用的焊丝及技术参数与正式焊接时相同，为防止错边，定位焊点在坡口内进行，定位焊后可将焊缝两端用角向磨光机打磨成斜坡状，并将坡口内的飞溅物清理干净，如图2-4-2所示。

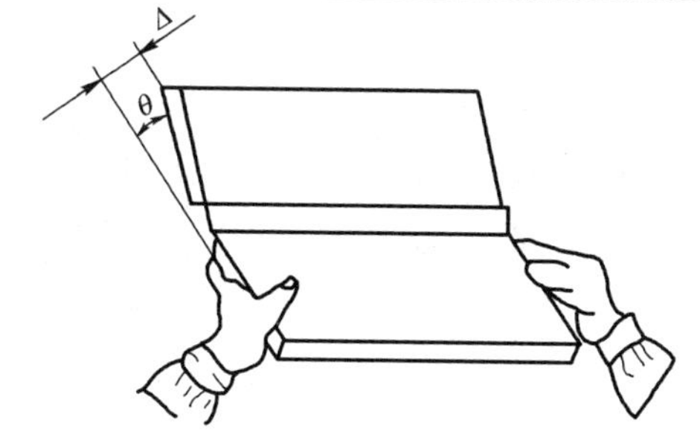

图 2-4-3 预留反变形量操作法

② 预留反变形量。

为了保证焊后工件没有角变形，所以工件在装配完成后，焊前应预留反变形量为 3°～4°，用手锤轻轻敲击钢板或用双手握住工件在工作台上敲击，然后用焊缝检验尺或角度尺来保证反变形角度，如图 2-4-3 所示。为补偿焊接收缩，终端的根部间隙比始端大 0.5～1 mm，定位焊点要牢固。

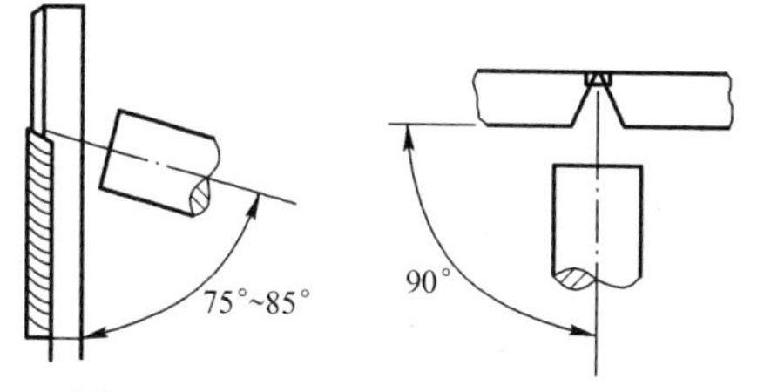

图 2-4-4 向上立焊时的焊枪角度

3. 施焊

将待焊工件垂直固定在焊接支架上，根部间隙小的一端放在下面，采用向上立焊，焊枪与焊件之间的角度，如图 2-4-4 所示。焊接前应清理导电嘴及喷嘴，并涂抹防堵膏。

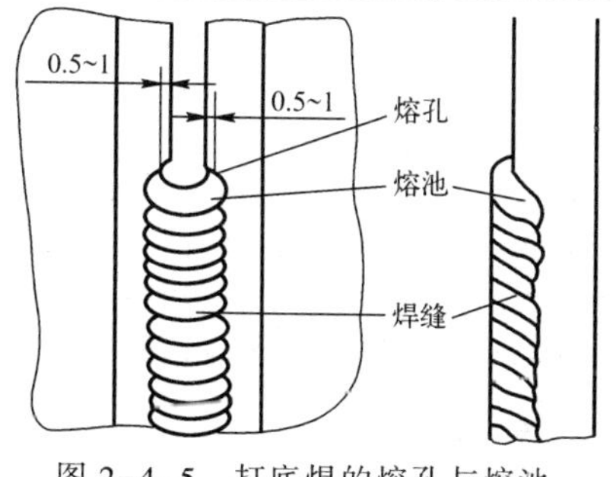

图 2-4-5 打底焊的熔孔与熔池

4. 打底焊

打底焊时在试件最低处定位焊缝上进行引弧，待定位焊缝开始熔化，并形成熔池和熔孔后开始正常向上立焊，焊枪横向摆动，在坡口两侧稍作停顿，保证两侧熔合，焊枪向上移动速度要适中，控制好熔池的形状，背面不能有焊瘤，正面熔池要平整。

打底层焊接时应注意以下几点：

（1）注意保持均匀一致的熔孔，熔孔大小以坡口两侧各熔化 0.5 ～ 1 mm 为宜，如图 2-4-5 所示。

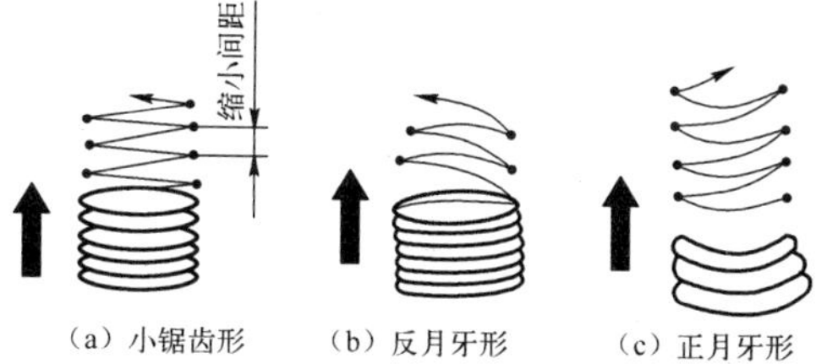

图 2-4-6 板对接立焊送丝摆动方法

（2）焊枪做横向摆动，注意保持焊丝始终处于熔池的上边缘，其摆动方法可以是小锯齿形、反月牙形或正月牙形，防止金属液下淌，送丝摆动方法如图 2-4-6 所示。

（3）焊丝摆动间距要小，且均匀一致，要注意防止焊丝穿出焊缝背面。

（4）焊接时接头间隙有一定的收缩，若熔孔直径稍有缩小，试件温度也有变化，则要及时调整焊枪角度和焊接速度，尽可能地控制熔孔的直径不变。

（5）焊到焊件最上端收弧时，应待电弧熄灭，熔池完全凝固后，再移开焊枪，以防收弧区因保护不良产生气孔。

（6）如果在焊接过程中断弧，再进行接头时，需将接头处打磨成斜坡面如图 2-4-7 所示。

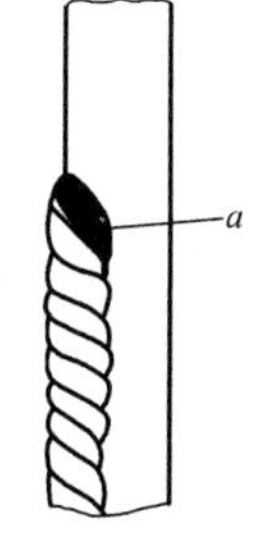

图 2-4-7 打磨成斜坡状

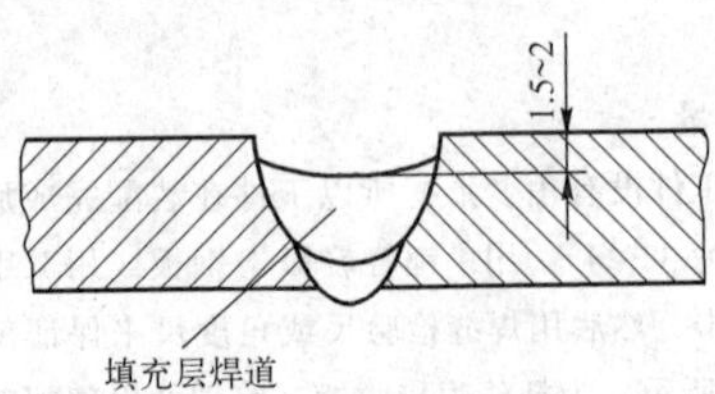

图 2-4-8　填充层至棱边预留距离

5. 填充焊

填充层焊接前，将打底层焊道的焊渣和飞溅物清理干净，并将焊接电流电压调整到合适的范围内。焊枪横向摆动幅度稍大于打底焊，且摆到坡口两侧要稍加停顿，中间过渡要快，以保证焊道平整，同时又利于坡口两侧边缘充分熔化，不会产生夹渣缺陷。填充层焊道完成后，焊道应低于母材表面 1.5～2 mm，且不能熔化坡口棱边，如图 2-4-8 所示。

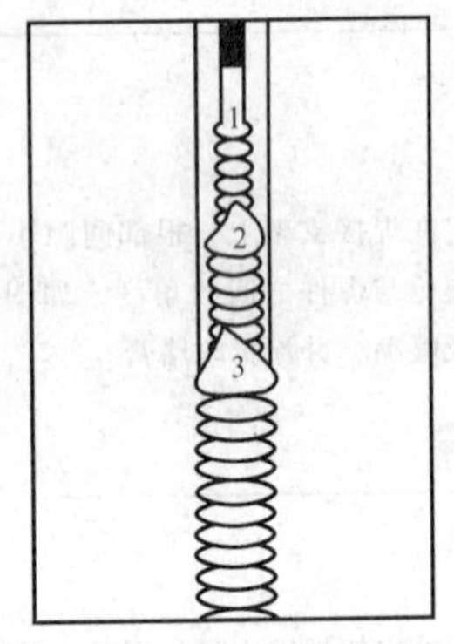

图 2-4-9　各层熔池形状

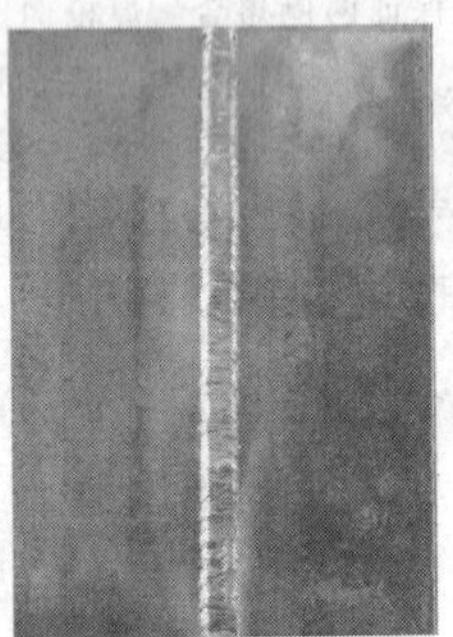
图 2-4-10　成形工件

6. 盖面层施焊

施焊盖面层前应将填充层焊缝表面清理干净，并将接头凸起处打磨平整，导电嘴、喷嘴周围的飞溅物清理干净。盖面层焊接工艺参数、焊枪角度和运丝方法与填充焊时相同，在施焊时焊枪的摆动幅度比填充焊时要稍大些，且要均匀一致，注意坡口两侧边缘熔合 0.5～1 mm 为宜。焊枪在坡口两侧摆动要稍作停留，中间过渡要快一些，以防止产生咬边。焊接过程中要保持电弧高度一致，特别要注意随时控制熔池温度，用运丝法控制熔池所需要的形状，使盖面焊道成形为理想的形状，各层熔池形状、盖面成形工件如图 2-4-9、2-4-10 所示。

1. CO_2气体保护半自动焊常见焊缝缺陷的产生原因及防止方法

(1) 烧穿

产生原因：

① 组对工件，坡口根部间隙过大或钝边尺寸过小。

② 焊接电流过大，焊接速度慢。

③ 单面焊双面成形打底焊时，焊枪角度与摆动不符合要求。

④ 操作者技术不熟练。

防止方法：

① 选择合适的组对间隙与钝边尺寸。

② 正确调整合适的电流与焊接速度。

③ 打底焊时宜采用左焊法，焊枪摆动幅度适宜。
④ 加强操作者的培训与技能训练。
(2) 未熔合
产生原因：
①焊接电流过小，焊接速度过快。
② 焊丝伸出太长（喷嘴与被焊工件距离太大）。
③ 组对间隙小，钝边厚。
④焊枪摆动不均匀，熔化铁水超前。
防止方法：
① 选择合适焊接工艺参数，正确调整焊接电流与电弧电压。
② 坡口角度、钝边与间隙要合适。
③ 调整送丝机构并清理喷嘴和导电嘴。
④ 强化操作者的技能训练。
(3) 夹渣
产生原因：
① 焊缝熔渣未清理干净。
② 电流过小，速度慢熔敷金属过多。
③ 采用左焊法操作时，熔渣流到熔池前面。
防止方法：
① 认真清理每层焊道熔渣（清理要干净）。
② 正确调整焊接电流与焊接速度。
③ 调整焊枪角度，控制铁水至前。
(4) 气孔
产生原因：
① 工件、焊丝表面有铁锈、杂质、油、水等污物。
② CO_2气体保护效果差。
③ 有外来气体侵入。
④ 气体纯度不够。
防止办法：
① 焊前应认真清理被焊工件及焊丝。
② 正确调整 CO_2气体流量，认真清理喷嘴及导电嘴。
③ 备好外部防风设施。
④ 必须保证 CO_2气体纯度大于 99.5%。
(5) 咬边
产生原因：
① 焊接工艺参数选择不当。
② 焊枪摆动过快，焊至工件焊道两侧停留时间不够。
③ 操作技术不熟练。
防止方法：
① 正确调整焊接工艺参数。
② 控制焊枪摆动速度，焊枪运至焊道两侧时稍作停顿。

③ 提高操作技术。

(6) 裂纹

产生原因:

① 工件与焊丝清理不干净。

② 多层焊时第一层焊道过小。

③ 焊接顺序不对，工件内部存在很大的应力。

④ CO_2气体含水量过大。

防止方法:

① 焊前仔细清除工件、焊丝表面的铁锈、油、水等污物。

② 提高打底焊焊缝质量。

③ 合理选择焊接顺序及焊后热处理工艺。

④ 对CO_2气体进行干燥处理，确保气体流量计预热器的正常使用。

(7) 飞溅大

产生原因:

① 短路过渡时，电感流量过大或过小，焊接电流与电弧电压不匹配。

② 电弧在焊接过程中摆动不稳定。

③ 工件、焊丝表面有油污及氧化物。

防止方法:

① 调整合适的电感量，正确选择焊接电流及电弧电压等工艺参数。

② 及时清理导电嘴及喷嘴内的飞溅物，磨损严重的要及时更换。

③ 认真仔细清理工件及焊接材料。

(8) 电弧不稳定

产生原因:

① 导电嘴型号不匹配。

② 导电嘴磨损严重。

③ 送丝轮槽道与焊丝直径不匹配，送丝不匀速。

④ 送丝轮加压杆松动。

⑤ 送丝软管曲率半径过小。

防止方法:

① 重新配置与焊丝相匹配的导电嘴。

② 更换导电嘴。

③ 调换送丝轮。

④ 手动加压旋紧压杆。

⑤ 理顺焊枪电缆，加大软管曲率半径。

2. CO_2气体保护焊设备易损件

(1) 焊枪导丝管

CO_2焊枪拖带的软管是一个复合管，它即为焊枪输送气体，同时还输送焊丝和焊接电流。其中的导丝管，如图 2-4-11 所示。它在焊接过程中会和焊丝不断的产生摩擦，使焊枪内径逐渐增大，其形状也变得越来越不规则，从而影响送丝的稳定性并缩短导电嘴的使用寿命，在实际焊接操作中要及时发现和更换已磨损的导丝管，确保焊接质量。

（2）焊枪导电嘴

CO_2焊枪中的导电嘴，是用紫铜和铬青铜制造的，它是导电、输送焊丝的重要零件，也是极易磨损的消耗零件，如图 2-4-12 所示。

图 2-4-11　CO_2焊枪导丝管

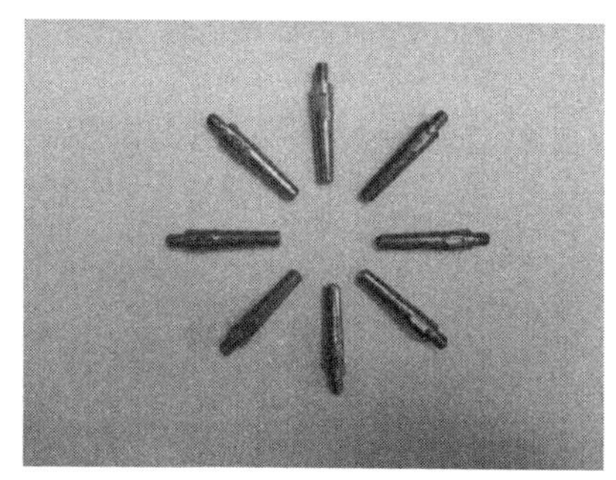

图 2-4-12　CO_2焊枪导电嘴

（3）CO_2焊枪保护嘴（喷嘴）

CO_2焊枪最前端的保护嘴一般用黄铜制作，它不但要承受高温电弧的灼伤，还要会受到焊接产生的飞溅颗粒黏附，如操作不当，会使使用寿命较短，如图 2-4-13 所示。

（4）CO_2焊枪分流器（分流环）

保护气体从导气管进入焊枪后首先进入气室，这时气流处于紊流状态。为了使气体变成流动方向和速度趋于一致的层流，在气室接近出口处装有分流器，分流器上分布有密集的小孔，保护气通过分流器经喷嘴流出时，就能够得到具有一定挺度的保护气流，如图 2-4-14 所示。

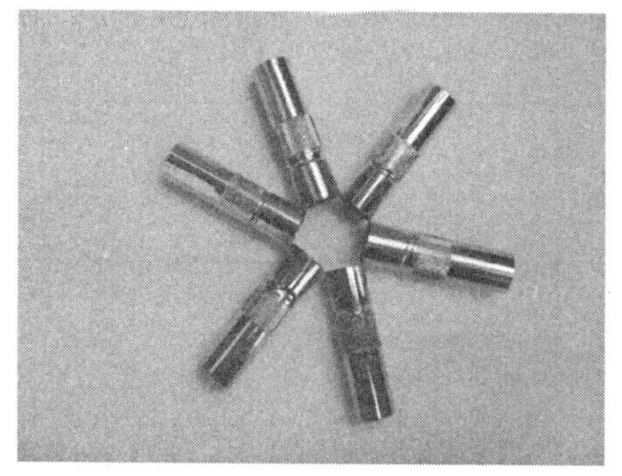

图 2-4-13　CO_2焊枪保护嘴

图 2-4-14　CO_2焊枪分流器

任务评价

序号	考核内容	考核要点	配分	评分标准	检测结果	扣分	得分
1	考前准备	劳保防护用品及工具准备齐全，焊接参数设置、设备调试正确，工件清理及工件组对、点固定位	5	工具及劳保防护用品不符合要求，焊接参数设置、设备调试不正确，工件组对及点固定位不正确，有一项扣 2 分			
2	焊接操作	试件空间位置符合要求	10	试件空间位置超出规定的范围扣 10 分			

（续）

序号	考核内容	考核要点	配分	评分标准	检测结果	扣分	得分
3	焊缝外观	（1）焊缝外形尺寸：焊缝余高0～4 mm，余高差≤3 mm。焊缝宽度比坡口每侧增宽0.5～2.5 mm，宽度差≤3 mm。	15	（1）焊缝外形尺寸有1项不符合本考核要求扣3分，直至扣光。			
		（2）焊缝咬边深度≤0.5 mm；焊缝两侧咬边累计总长度不超过焊缝有效长度的40 mm。	10	（2）焊缝两侧咬边累计长度5 mm扣1分。咬边深度>0.5 mm或累计长度>40 mm，此项不得分。			
		（3）未焊透深度≤1.5 mm时，总长度不超过焊缝有效长度的26 mm。	10	（3）未焊透累计长度每5 mm扣2分。未焊透深度>1.5 mm或累计长度>26mm此工件按不及格论。			
		（4）背面凹坑≤2 mm时，累计长度不超过焊缝有效长度的26 mm	10	（4）背面凹坑累计长度每5 mm扣2分。背面凹坑深度>2 mm或累计长度>26 mm此项不得分			
4	焊后变形	工件焊后变形角度$\theta \leq 3°$，工件的错边量≤1.2 mm	5	焊后变形角度>3°扣3分；错边量>1.2 mm扣2分			
5	焊缝内部质量	焊件经X射线探伤后，焊缝的质量达到标准中的Ⅲ级	30	Ⅰ级片30分；Ⅱ级片25分；Ⅲ级片18分。Ⅳ级片以下的不及格			
6	其他	安全文明生产	5	设备复位、工具摆放整齐、清理试件、打扫场地、拉闸关灯，有一处不符合要求扣1分			
7	工时定额	操作时间45 min		每超过1 min从总分中扣2分			
	合计		100				

否定项：1. 焊缝表面出现裂纹、未熔合等缺陷。

2. 焊接时任意改变焊接空间位置。

3. 焊缝原始表面遭到破坏，有加工或补焊、返修焊等。

4. 操作时间超过定额的50%。

任务扩展

1. CO_2气体保护焊V形坡口板对接横位焊单面焊双面成形

CO_2气体保护焊对接横焊，焊接速度快，熔化金属因自重而下坠，焊缝正、反面上侧易造成咬边，下侧焊道易下坠。因此，横焊应采用多层多道焊，以通过多条窄焊道的堆积，尽量减少熔池的体积，从而调整焊道外表面的形状，最后获得较对称的成形焊缝。在焊接过程中，要通过焊枪角度、运弧方法和电弧吹力及焊接速度控制焊缝的成形。施焊时，焊枪做上下小幅度的摆动，采用左焊法自右向左焊接。横焊时，焊件会产生角变形，除了与焊接工艺参数有关外，还与焊道层数及操作间歇时间有关，层间温度越高角变形越大，所以应有效的控制熔池温度。

（1）焊接板材及工件图样。Q235钢板2块，规格为300 mm×100 mm×12 mm，工件备料按照图2-4-15所示的规格，坡口角度α为60°，钝边p为0.5～1 mm。

（2）焊接材料：焊丝选用 H08Mn2SiA，直径为 1.2 mm。

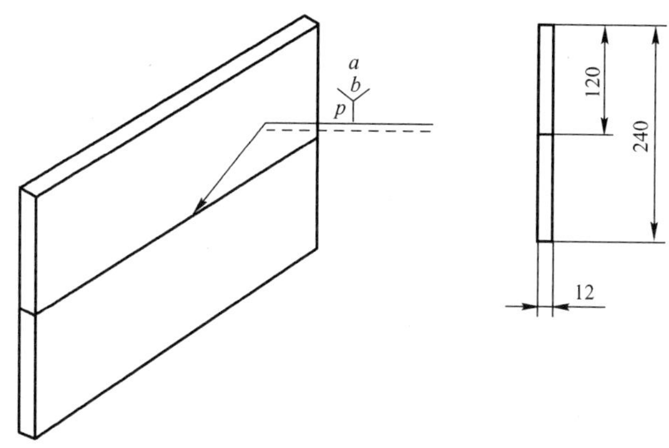

图 2-4-15　板对接横焊工件

2. 确定焊接工艺参数（见表 2-4-2）

表 2-4-2　焊接工艺参数

焊接层次	焊丝直径/mm	焊丝伸出长度/mm	焊接电流/A	电弧电压/V	气体流量/(L/min)
打底层	1.2	10～15	100～120	19～22	10～15
填充层			120～160	22～24	
盖面层			120～160	22～24	

3. 操作步骤

（1）焊前用锉刀或角向磨光机修磨钝边，要求坡口平直。

（2）将两块钢板装配成 V 形坡口的对接接头，预留一定的根部间隙，终焊端的根部间隙应大于始焊端（始焊端为 3 mm，终焊端为 4 mm），放大终焊端的间隙是考虑到焊接过程中的横向收缩量，以保证熔透坡口根部所需要的间隙。

（3）在试件两端进行定位焊，定位焊缝长度为 10 ～ 15 mm，定位焊时使用的焊丝及焊接参数与正式焊接时相同。终焊端应多焊一些，以防止在焊接过程中由于收缩造成的未焊段坡口间隙变小而影响打底层焊接，错边量≤0.5 mm。

（4）预留反变形量为 5°～ 6°，获得反变形量的方法与焊条电弧焊中获得反变形量的方法相同

4. 焊接方法

将组对好的试件按横焊位的要求和适当的高度固定在操作架上，焊缝处于水平位置，间隙小的一端应放在右侧，焊接前为防止飞溅物堵塞喷嘴，应在喷嘴内外涂上防堵剂。焊道分布为三层六道，按 1 ～ 6 顺序焊接，如图 2-4-16 所示。

（1）打底焊。

焊前首先调试好焊接参数，然后在试件右端定位焊缝距端头 15 ～ 20 mm 处引弧，快速将电弧移至右侧端头起焊点，当电弧通过定位焊缝末端焊透形成熔孔后，开始向左进行正常焊接，打底层焊接的焊枪角度如图 2-4-17 所示。焊枪与前进方向的后倾角为 80°～ 90°，焊枪的下倾角为 70°～ 85°。以锯齿形小幅度摆动，电弧在上棱边稍慢，下棱边稍快，应注意焊丝摆动间距要小且均匀一致。当预焊点左侧形成熔孔后，保持熔孔边缘超过坡口上、下棱边 0.5 ～ 1 mm。在焊接过程中要仔

细观察熔池和熔孔，根据间隙调整焊接速度和焊枪的摆动幅度，并尽可能地维持熔孔直径不变，以保证焊缝宽度和余高不超标，焊至左端收弧。

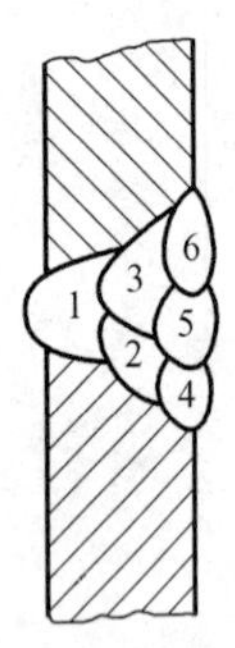

图 2-4-16　焊道分布

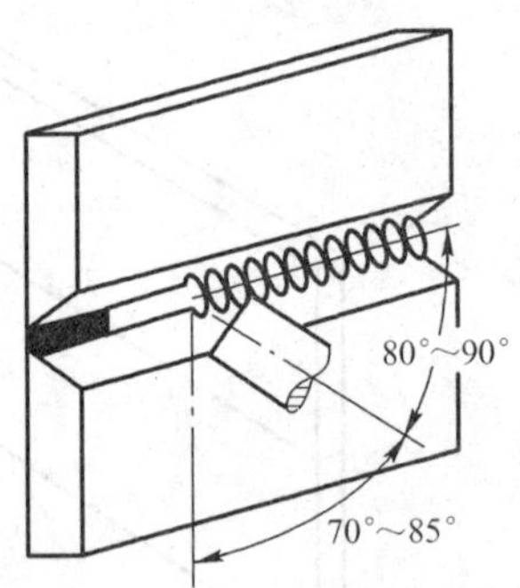

图 2-4-17　打底层焊接的焊枪角度

（2）填充焊。

填充层焊接前应清理打底层焊接产生的焊渣和飞溅物。填充焊的第一道，焊枪指向打底层焊道的下侧，下倾角为90°左右，焊枪前进方向的后倾角为80°～90°，电弧以打底焊道的下边缘为中心做横向摆动，以保证下坡口熔合好。填充焊的第二道，焊枪指向打底层焊道的上侧，焊枪的下倾角为80°～85°，电弧以打底焊道上边缘为中心，在填充焊的第一道和坡口上表面间摆动，保证焊道与坡口面的良好熔合，如图 2-4-18 所示。并注意调整好填充焊道，使其整体平整。

图 2-4-18　横焊操作示意图

（3）盖面焊。

盖面层焊接前，先将填充层焊道的焊渣及飞溅物清理干净，盖面层共三道，依次由下往上焊接。焊接盖面层的第一道时，焊丝适当偏向于填充焊道下边缘，熔池边缘熔化坡口棱边 0.5～1 mm，焊枪摆动要均匀平稳，焊道一定要平直。焊接第二道时，电弧深入到前一条焊道的上边缘，保持覆盖前一条焊道 1/2～2/3。焊接第三道焊接时，应注意坡口上棱边的熔化情况，控制熔化上坡口边缘 0.5～2 mm，并防止出现咬边及未熔合缺陷。盖面焊焊枪角度如图 2-4-19 所示。

（4）焊后清理焊件表面的焊渣和飞溅物，但不能补焊和修磨，应保持焊缝的原始形状，各层焊道熔池形状如图 2-4-20 所示。

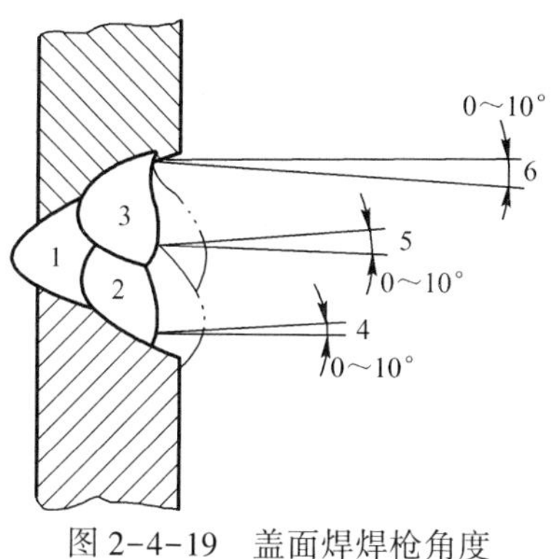

图 2-4-19　盖面焊焊枪角度

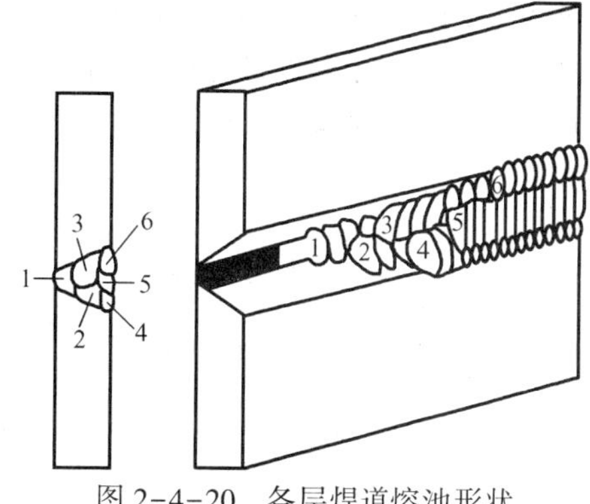

图 2-4-20　各层焊道熔池形状

任务五　V 形坡口板对接单面焊双面成形仰位焊

任务目标

1. 学会正确使用 CO_2 气体保护焊设备及保养维护方法。
2. 熟练掌握 CO_2 气体保护焊仰位焊的工装技术及工艺流程。
3. 正确选择焊接工艺参数。
4. 学会 CO_2 气体保护焊仰位焊的操作技术及要领。
5. 掌握 CO_2 气体保护焊仰位焊，焊接缺陷产生的原因及防治措施。
6. 文明生产、安全第一。

任务描述

1. 识图

根据图纸要求：工件材料为 Q235 钢板，规格为 300 mm×125 mm×12 mm，坡口角度为 60°，每组两件，工件尺寸如图 2-5-1 所示。

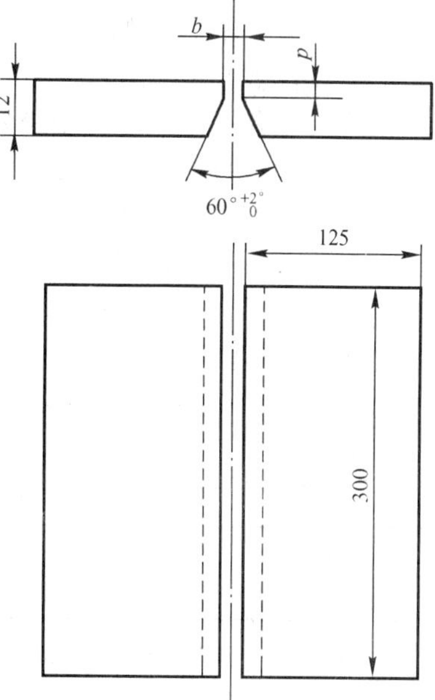

图 2-5-1　仰位焊工件图样

2. 焊材

（1）工件材质：Q235 低碳钢板材。

（2）焊接材料 ER50-6 实芯焊丝，焊丝直径 1.2 mm。瓶装 CO_2 气体，气体纯度 99.5% 以上。

3. 技术要求

① 板对接仰位单面焊双面成形。

② 钝边厚度、预留间隙自定。

③ 可预留反变形量。

④ 装配定位后允许修磨定位处。

任务分析

CO_2 气体保护焊仰位焊是最难的一种焊接方法，因为熔池倒悬在工件下面，处于悬空状态，焊缝成形难度大，如图 2-5-2 所示。由横断面 A—A 可见，熔池上小下大，焊接时熔化金属和熔池受重力的作用，容易下坠，主要靠电弧吹力和液态金属表面张力的向上分力维持平衡，操作时稍不注意就会使焊缝正面形成焊瘤、夹渣、未焊透、背面焊缝形成凹陷等缺陷。

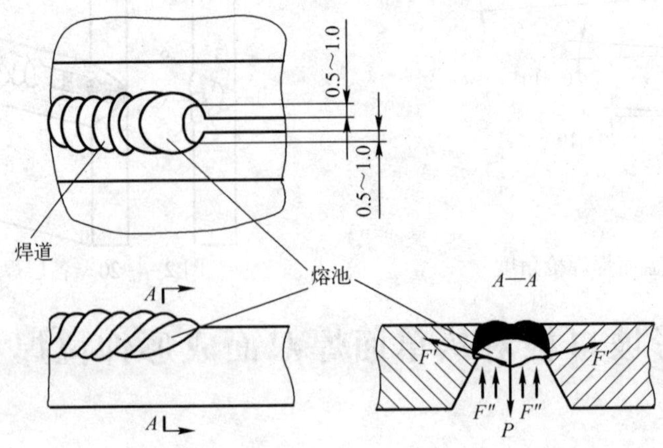

图 2-5-2　板对接仰焊熔池形状

P—熔池金属重力；*F′*—表面张力；*F″*—电弧吹力

一、实训准备

1. 前期准备

(1) 安全、环保及预防性措施。参照项目一的任务一进行准备。

(2) 设备、工具。

① 焊接设备：KR$_{Ⅱ}$-350 型松下直流逆变式气体保护焊机。配有推丝式送丝机构、CO_2气瓶。

② 环保通风设备：混流风机 HL3-2A-4. 5A、轴流风机 TN2-40。

③ 工具：焊工防护面罩、角向磨光机、清渣锤、手锤、平锉刀、平錾、钢丝刷、扭力扳手、直角尺、焊缝量规、平光防护眼镜、喷嘴防堵膏。

(3) 任务完成后，要认真填写任务评价表。

2. 注意事项

注意事项参照项目一的任务一。

二、实训步骤

1. 确定焊接工艺参数见表 2-5-1。

表 2-5-1　焊接工艺参数

焊接层次	焊丝直径/mm	焊丝伸出长度/mm	焊接电流/A	电弧电压/V	气体流量/(L/min)	焊接速度/(m/h)
打底层	1. 2	10～15	90～110	18～20	10～15	20～25
填充层			130～140	20～22		
盖面层			120～130	20～22		

图 2-5-3 工件定位焊

2. 工件装配与定位焊

定位焊缝间隙首焊端 3.2 mm；终焊端为 4.0 mm；定位焊缝长度 10～15 mm；用角向磨光机修磨定位焊点，修磨成斜坡状，以便接头熔合良好。工件固定在焊接支架时，一定要旋紧螺栓，如图 2-5-3 所示。

注意事项：定位焊点在坡口内进行。

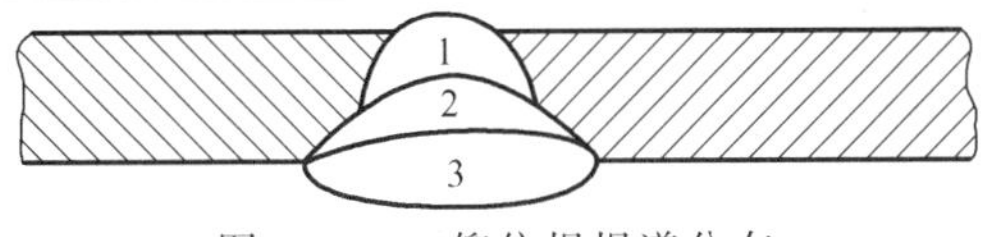

图 2-5-4 仰位焊焊道分布

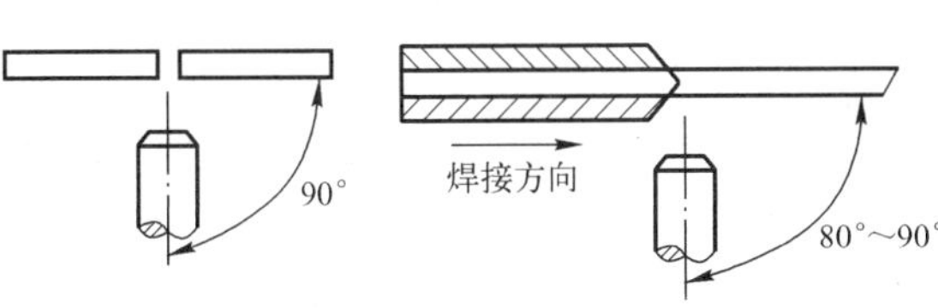

图 2-5-5 仰位焊焊枪指向位置与角度

3. 操作要领及步骤

采用右焊法，三层三道焊，如图 2-5-4 所示。焊枪角度与电弧对中位置如图 2-5-5 所示。

将工件放在焊接支架上，调整好支架高度，能保证焊工的蹲姿与单腿跪姿操作高度，并有充分的焊枪摆动空间，操作时活动自由即可。可采用双手持枪施焊。

图 2-5-6 打底层焊接焊枪角度

4. 打底层焊接

调试好焊接工艺参数，然后在试件坡口内始端 15～20 mm 处引燃电弧，要严格控制喷嘴的高度，电弧必须在离坡口底部 2～3 mm处燃烧。待坡口根部熔化，将电弧运至定位焊末端形成熔孔后，转入正常向前连续焊接。

打底焊的关键是保证背面焊透、成形好、要求背面焊缝稍微凸起。因此，要求焊枪做小幅度锯齿形或反月牙形横向摆动。需注意的是防止两边出现夹角，焊枪在两边稍作停留，随时调整焊枪角度和焊接速度，控制好熔池温度，利用电弧吹力托住熔化金属，防止铁水下垂。接头时，焊丝伸出长度的顶端应对准缓坡的最高点，然后引弧，以小间距锯齿形摆动焊枪，将焊道缓坡覆盖。当电弧到达缓坡最低处时，稍微压低电弧，听到击穿声音后即可转成正常焊接，确保打底层坡口根部熔合良好，如图 2-5-6 所示。

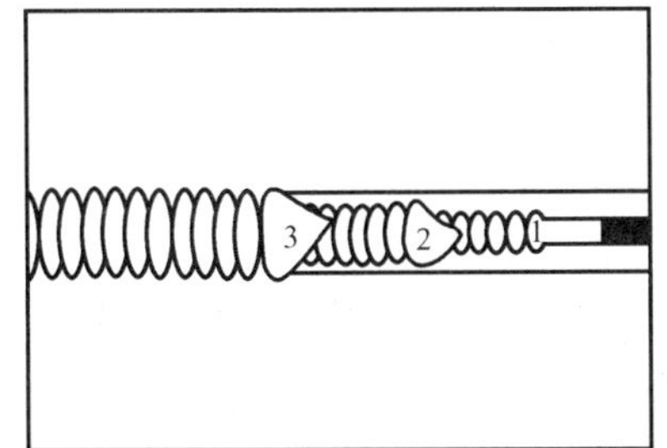

图 2-5-7 各层焊道熔池形状

5. 填充层焊接

填充层施焊前应将打底层焊道表面清理干净，局部凸出部分应打磨平整，调试好焊接参数。填充焊时，引弧和运弧及焊枪角度与前面相同，运弧的方法采用反月牙形或锯齿形，电弧沿着打底焊道中心作横向摆动，摆动幅度比打底焊时稍大。填充焊时应注意以下几点：

① 必须掌握好电弧在坡口两侧的停留时间，电弧往返两侧中间过渡要快，即保证焊道两侧熔合良好，又不会使焊道中间下坠而出现夹角。各层焊道的熔池形状如图 2-5-7 所示。

② 掌握好填充层的厚度，并保持填充层焊道距离坡口棱边 1～2 mm，不能熔化坡口的棱边，一旦破坏了棱边界限，盖面焊时则不能保证焊道表面的平直度。

图 2-5-8　成形工件

6. 盖面层焊接

施焊前将填充层焊道表面进行清理，清除飞溅和熔渣，将焊道局部凸出部分打磨平整。调试好焊接参数，控制焊枪的摆动幅度，盖面层焊道宽度增加，所以摆动幅度要比填充焊时大一些，摆动速度要均匀。注意观察坡口两侧的熔合情况，避免咬边，保证熔池的边缘超过坡口两侧的棱边小于 2 mm。焊枪摆动至坡口两侧稍作停留，中间过渡要快一些，防止熔池金属因重力下垂产生焊瘤，保证焊道平直均匀。最后焊至终端时，要控制收弧时间，待填满弧坑后熄灭电弧，待熔池凝固后移开焊枪，避免出现弧坑裂纹和产生气孔，如图 2-5-8 所示。

相关知识

CO_2气体保护焊安全技术

CO_2气体保护焊与焊条电弧焊一样，是用电弧作焊接热源，焊接过程中存在着触电的危险；电弧产生的弧光强烈，辐射危害大；飞溅可能引起灼伤、火灾或爆炸；排放出的有害气体和烟尘，会损害操作者的身体健康。因此，除了要遵守焊条电弧焊的安全技术规定外，还要针对 CO_2气体保护焊的特点采取以下安全保护措施。

1. 保证工作场地有良好的通风设施

由于 CO_2气体保护焊是以 CO_2作为保护气体，在高温下有大量的 CO_2气体将发生分解，生成 CO 以及产生大量的烟尘。CO 极易和人体血液中的血红蛋白结合，造成人体缺氧。当空气中只有很少量的 CO 时，会使人感到身体不适、头痛，而当 CO 的含量超过一定范围会造成人呼吸困难、昏迷等，严重时甚至引起死亡。如果空气中 CO_2气体浓度超过一定的范围也会引起上述反应。这就要求焊接工作环境应有良好的通风条件，在狭小空间作业时必须进行通风除尘。

2. 预防弧光危害

CO_2气体保护焊产生的弧光要比焊条电弧焊强烈得多，危害性极大。预防弧光辐射主要是预防紫外线、红外线、可见光的危害，其中强烈的紫外线照射皮肤后会引起皮炎，出现红斑和小水泡。紫外线照射会引起电光性眼炎，造成眼红、流泪、刺痛。红外线主要是对组织的热作用，眼睛受强烈的红外线辐射时，会造成强烈的灼伤，甚至灼伤视网膜。焊接电弧的可见光比肉眼能够承受的正常光强度约大一万倍，被电弧可见光近距离照射后看不见周围东西，产生通常所说的“晃眼”现象。为预防弧光危害，要采取一些措施。

（1）焊工在操作时，工装要穿戴整齐，切勿将皮肤裸露在外。

（2）焊工在密集场地施工时，应设置保护遮光屏障。

3. 预防灼伤和火灾

CO_2气体保护焊的飞溅情况比焊条电弧焊更加严重，在操作时既要保护自己不被灼伤，同时又要防止火灾发生。为预防灼伤和火灾发生，要采取一定措施。

（1）焊前应仔细检查焊接场地周围是否有易燃、易爆物品存在。

（2）工装配备整齐。

（3）作业结束后，关掉电源开关，要仔细检查作业场地及周围是否有火灾隐患存在，确认无事后，方可离开。

（4）焊接场地应设有消火栓、干砂、灭火器等消防器材。

4. 安全使用 CO_2 气瓶

（1）CO_2 气瓶必须经过有关部门年检后，方可使用。

（2）CO_2 气瓶在运输时要有保护措施，不能受到强烈的撞击。

（3）CO_2 气瓶在使用时应有护栏，防止气瓶倒下伤人。

（4）CO_2 气瓶不能放在阳光下暴晒，要有遮阳设施。

（5）CO_2 气瓶内气体不能用尽，剩余气压应不低于 0.5 ～ 1 MPa。

序号	考核内容	考核要点	配分	评分标准	检测结果	扣分	得分
1	考前准备	劳保防护用品及工具准备齐全，焊接参数设置、设备调试正确，工件清理及工件组对、点固定位	5	工具及劳保防护用品不符合要求，焊接参数设置、设备调试不正确，工件组对及点固定位不正确，有一项扣 2 分			
2	焊接操作	试件空间位置符合要求	10	试件空间位置超出规定的范围此项不得分			
3	焊缝外观质量	焊缝外形尺寸：焊缝余高 0～4 mm，余高差≤3 mm。焊缝宽度比坡口每侧增宽 0.5～2.5 mm，宽度差≤3 mm。	10	焊缝外形尺寸有 1 项不符合考核要求扣 3 分，直至扣光配分。			
		焊缝咬边深度≤0.5 mm，两侧咬边总长度不超过焊缝有效长度范围内的 40 mm。	8	焊缝两侧咬边累计总长度 5 mm 扣 1 分。 咬边深度>0.5 mm 或累计长度>40 mm，此项配分扣光。			
		未焊透深度≤1.5 mm，未焊透总长度不超过焊缝有效长度范围内的 26 mm。	8	未焊透累计总长度每 5 mm 扣 2 分；未焊透深度>1.5 mm 或累计长度>26 mm，此焊件按不及格论。			
		背面的凹度≤2 mm	10	背面凹坑深度>2 mm，此项配分扣光			
4	焊后变形	焊后角变形 θ≤3°，焊件的错边量≤1 mm	5	焊后变形角度>3° 扣 3 分；错边量>1 mm 扣 2 分			
5	焊缝内部质量 焊缝的抗弯曲性能	焊件经 X 射线探伤后，焊缝的质量达到国家标准中的Ⅱ级。	30	Ⅰ级片 30 分；Ⅱ级片 25 分；Ⅲ级片以下为不及格。			
		将试样冷弯至 50°后，其拉伸面上不得有任何一个横向（沿试样宽度方向）裂纹或缺陷长度不得大于 1.5 mm，也不得有任何纵向（沿试样长度方向）裂纹，或缺陷长度不得大于 3 mm	10	面弯经补样后才合格扣 8 分，背弯经补样后才合格扣 12 分，两个试样均不合格，此项配分扣光			
5	其他	安全文明生产	4	设备复位、工具摆放整齐、清理试件、打扫场地、拉闸关灯，有一处不符合要求扣 1 分			
6	工时定额	操作时间 30 min		每超过 1 min 从总分中扣 2 分			
合计			100				

否定项：1. 焊缝表面出现裂纹、未熔合等缺陷。

2. 焊接时任意改变焊接空间位置。

3. 焊缝原始表面遭到破坏，有加工或补焊、返修焊等。

4. 操作时间超过定额的 50%。

任务扩展

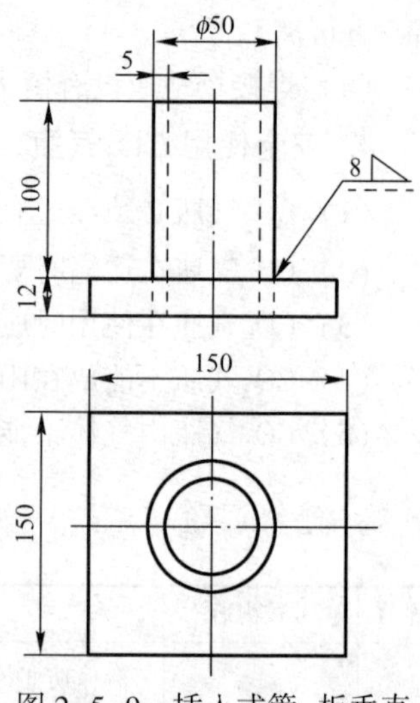

图 2-5-9 插入式管-板垂直俯位焊

1. CO_2气体保护焊插入式管-板垂直俯位焊（药芯焊丝）。

管板焊接的结构形式较多，插入式管板垂直俯位CO_2气体保护焊最大难点是操作人员必须根据焊接处管圆周曲率的变化及时连续地转动手腕，并要不断地调整焊枪的倾斜角度和电弧对中的位置，才能保证焊出合格的焊脚尺寸。药芯焊丝是采用气-渣联合保护的一种焊接方法。由于药芯焊丝只是外皮导电而药芯却是绝缘的，需要电流密度较大，从而加大了焊丝熔敷系数，提高了生产率。在使用药芯焊丝施焊时，要正确运用焊枪角度、运丝方法、电弧吹力及焊接速度控制焊道成形。

（1）焊接板材及工件图样。

Q235 钢板 1 块，规格为 150 mm×150 mm×12 mm；管材为 20 钢，尺寸为 ϕ50 mm×5 mm，长度为 100 mm，1 件。工件应按照图 2-5-9 所示的规格备料。

（2）焊接材料：药芯焊丝 CHT711，直径为 1.2 mm。焊接设备：KRⅡ-350 焊机。

（3）工具：量具、夹具、清渣工具等。

2. 确定焊接工艺参数

焊接工艺参数见表 2-5-2。

表 2-5-2 焊接工艺参数

焊接层次	焊接电流/A	电弧电压/V	焊丝伸出长度/mm	气体流量/L. min^{-1}	焊丝直径/mm	焊接速度/(m/h)
打底层	90～100	18～20	10～15	12～15	1.2	23～25
盖面层	130～140	20～22				

3. 操作步骤

（1）定位焊点分为三等分定位，将工件于水平位置放在工作台上待焊，其装配方式如图 2-5-10 所示。

（2）采用左焊法，二层三道焊，从左向右沿管壁外圆进行焊接，焊枪运丝角度如图 2-5-11 所示。

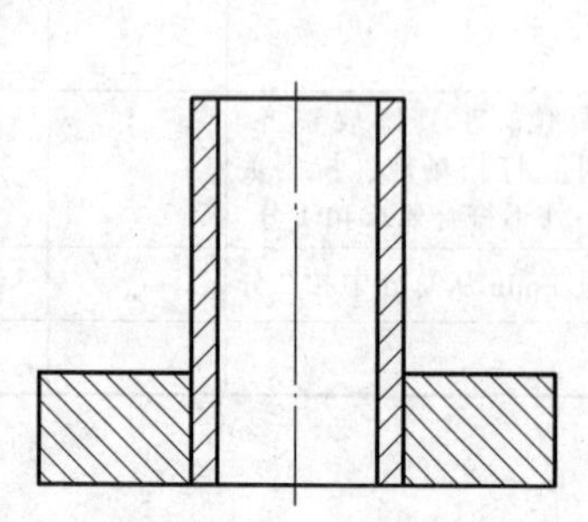
图 2-5-10 插入式管板装配示意图

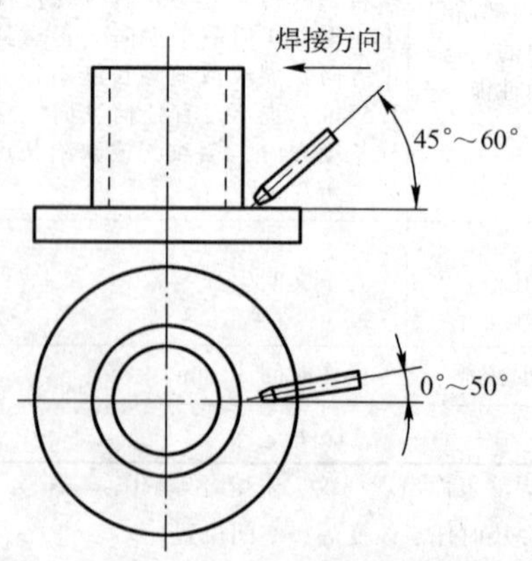

图 2-5-11 CO_2气体保护焊焊枪角度

（3）运丝方法。一层焊采用斜锯齿形运丝方法，焊枪摆动要协调自然，随工件的外圆曲率变化及时连续地转动手腕，要不断地调整焊枪的倾斜角度，尽量采用短弧焊接。当焊至定位焊缝约为 20 mm 处收弧，用角向磨光机磨平定位焊缝，并将起弧处和收弧处磨成斜坡，以便于焊缝连接。然后在前收弧处引弧，继续施焊。在操作中一定要注意观察熔池变化情况，因为管壁较薄，所以在管壁处停留时间要适度，否则容易造成咬边或烧穿。同时在孔板一侧停留时间不能过长，以免孔板熔化金属过多的堆积而造成焊缝超高或下坠现象，最后收弧时一定要填满弧坑，注意接头处不要超高。二层一道和二道焊接时要注意，二层二道施焊时，应最少压在前道焊缝的三分之二处，运丝方法可采用直线或直线往复形。

4. 插入式管板焊接容易出现的焊接缺陷及防止方法

插入式管板通常管壁较薄，板材厚度较大，CO_2气体保护焊时，因为喷嘴直径较大，电弧的可达性比焊条电弧焊差，尤其是靠近管子外圆一侧，容易出现未焊透和咬边等缺陷，应采取以下相应的措施防止焊接缺陷的产生。

（1）选用外径较小的喷嘴，焊接工艺参数选择准确，尽量采用短弧焊接。

（2）电弧对中位置要准确，焊枪摆动到板材处停留时间要比到管子处稍长。

任务六　CO_2 气体保护焊 V 形坡口管对接水平固定焊

任务目标

1. 熟练掌握管对接 V 形坡口水平固定焊的工艺流程。
2. 掌握药芯焊丝的熔滴过渡特点。
3. 能正确选择焊接工艺参数。
4. 学会 CO_2气体保护焊管对接水平固定焊的操作技术及要领。
5. 掌握焊接缺陷产生的原因及防治措施。
6. 遵守焊工操作规程，文明生产，安全第一。

1. 识图

根据图纸要求工件尺寸：直径为 133 mm；厚度为 10 mm，长度为 100 mm，共两节，如图 2-6-1 所示。

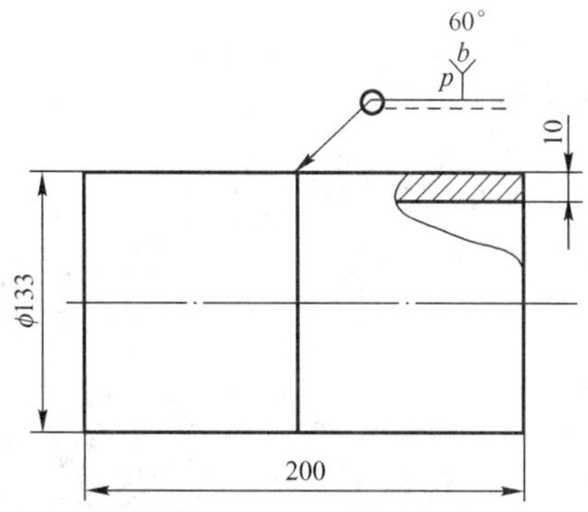

图 2-6-1　管对接水平固定焊备料图

2. 焊材

① 工件材质：20 无缝钢管

② 焊接材料：CHT711 药芯焊丝，直径 1.2 mm

3. 技术要求

① 管对接水平固定焊，单面焊双面成形。

② 钝边大于 0.5 mm。

③ 组对间隙 2.5 ～ 3 mm。

④ 装配定位后可以修磨定位处。

任务分析

管对接水平固定焊的施焊位置操作较难。它包括仰位焊、仰爬焊、立位焊、上爬和平位焊几种位置的焊接。焊接时管的施焊位置沿环形焊缝连续不断地发生变化。焊接过程中，焊枪角度、运丝速度、熔池状态都随着焊接的位置变化而变化。由于管对接水平固定焊采用单面焊双面成形技术焊接，尤其是全位置焊接操作难度较大，焊缝中经常会出现各种缺陷：如在仰位焊位置出现未焊透、夹渣和焊瘤等，仰爬位置也容易出现焊瘤，上爬位置如掌握不当会出现熔透深度过大，背面余高过高等缺陷。因此对操作者控制熔池温度和熔池形状及连续改变焊枪角度的变化能力有较高的技术要求。

任务实施

一、实训准备

1. 前期准备

（1）安全、环保及预防性措施。参照项目一的任务一进行准备。

（2）设备、工具。

① 焊接设备：KR_{II}-350 型松下直流逆变式气体保护焊机。配有推丝式送丝机构、CO_2气瓶，气体调节器，CO_2气体纯度大于或等于 99.5%。

② 环保通风设备：混流风机 HL3-2 A-4.5 A、轴流风机 TN2-40。

③ 工具：焊工防护面罩、角向磨光机、直磨机、清渣锤、手锤、平锉刀、平錾、钢丝刷，扭力扳手、直角尺、平光防护眼镜，焊嘴防堵膏。

（3）任务完成后，要认真填写任务评价表。

2. 注意事项

注意事项参照项目一的任务一。

二、实训步骤

1. 管件打磨清理

管件外圆打磨清理污物时，角向磨光机应随着管件圆弧轻轻移动，打磨内圆时注意直磨机的前倾角度，如图 2-6-2、图 2-6-3 所示。

图 2-6-2　角磨机打磨管外圆

图 2-6-3　直磨机打磨管内圆

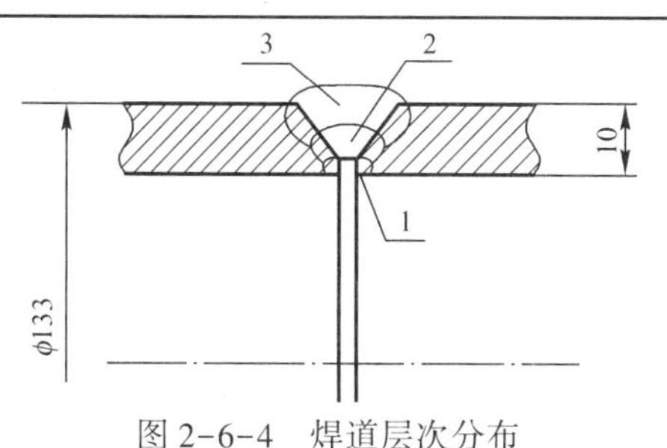

图 2-6-4　焊道层次分布

2. 确定焊道层次

① 焊道层次为三层三道焊接。

② 一层为打底层、二层为填充层、三层为盖面层焊接，如图 2-6-4 所示。

操作姿势：管对接水平固定焊随着工件空间位置的变化而改变焊接姿势。

3. 确定焊接工艺参数（见表 2-6-1）

表 2-6-1　焊接工艺参数

焊接层次	焊丝直径/mm	焊丝伸出长度/mm	焊接电流/A	电弧电压/V	气体流量（L/min）	焊接速度/（m/h）
打底层	φ1.2	10～15	100～120	19～21	10～15	20～25
填充层			120～130	21～24		
盖面层			100～110	20～22		

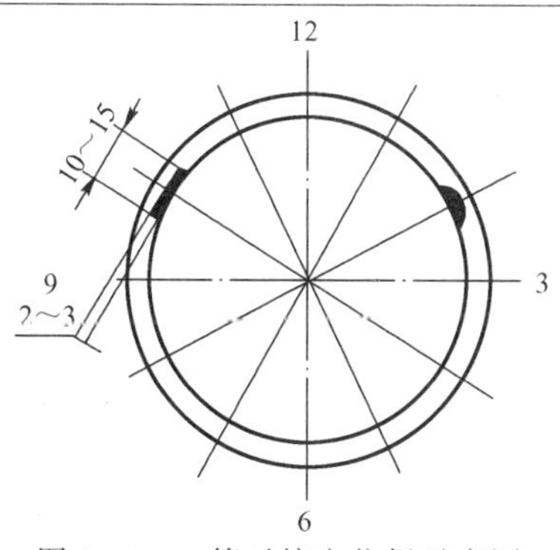

图 2-6-5　管对接定位焊示意图

4. 工件组装及定位焊

① 分别用角向磨光机和直磨机清除两节工件内外铁锈及污物。装配间隙：上部（时钟 12 点位置）3.0 mm；下部（时钟 6 点位置）2.5 mm。错边量≤0.5 mm

② 定位焊：在时钟 10 点和 2 点位置定位焊，焊缝长度约 10 mm，焊点两端修磨成斜坡状，如图 2-6-5 所示。

图 2-6-6　仰焊位置引弧处

5. 打底层施焊

① 采用两个半圆自下而上进行焊接。在仰焊位置稍过中心点，位于时钟 5 点或 7 点处引弧施焊，如图 2-6-6 所示。先在一侧坡口根部将电弧引燃，熔化至形成熔池，然后移动电弧至另一侧坡口以同样的方法进行焊接，将两点连接成功，由于引弧施焊后工件温度较低，采用连弧焊的方法，运用小锯齿运丝，电弧压在熔池的 1/3 处快速移动，中间稍快，两侧略作停留，焊接过程中应仔细观察根部熔合情况，同时注意和焊丝保持伸出长度 10 ～ 15 mm，伸出过长飞溅严重，气体保护效果差，太短易造成飞溅物堵塞喷嘴，影响保护效果，同时也影响操作者的视线。

连弧焊接到立焊位置时温度逐渐升高，为防止产生焊瘤，开始采用断弧施焊法，焊接过程中焊丝端头不要向前移动过快，防止出现穿丝现象。平焊位置处熔孔要控制得小一些，防止出现焊瘤，超过时钟 12 点 5 ～ 10 mm 时收弧，收弧时焊枪向坡口两侧送丝的速度应稍慢一些，使收弧处的熔合金属体积增大，防止缩孔现象。与定位焊接头时要注意，与定位焊道相距 2～3 mm 时采用连弧施焊，保证接头焊缝打底结

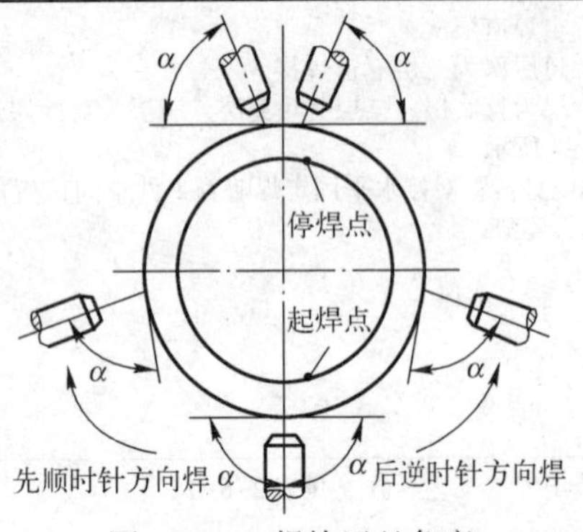

图 2-6-7 焊枪运丝角度

束后，应仔细清理飞溅物及熔渣，在焊接另一侧时，在事先打磨出的斜坡上起弧，其操作方法与前一侧相同。操作时的焊枪角度在起焊点时钟 5 点～7 点为 α = 85°～90°、时钟 7 点～8 点为 α = 90°～105°、时钟 9 点～10 点为 α = 90°、时钟 10 点～11 点为 α = 90°～105°、时钟 12 点为 a = 90°～100°，如图 2-6-7 所示。

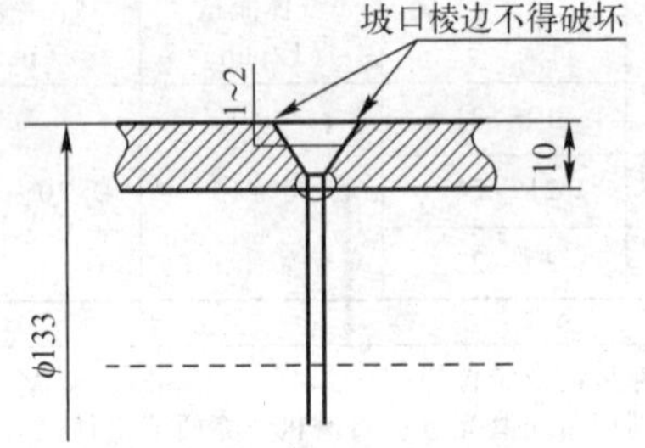

图 2-6-8 填充层预留尺寸

6. 填充层施焊

焊接填充层时先用角向磨光机将焊接接头处打磨平整，并将打底层焊道表面飞溅物、熔渣等清理干净。填充时采用小锯齿运枪法进行连弧焊接。操作时在坡口两侧稍作停留，中间过渡要快防止产生夹角，焊道表面应尽量平整，要注意不要破坏坡口棱边，预留 1～2 mm 的距离，给盖面层打下良好的基础，如图 2-6-8 所示。

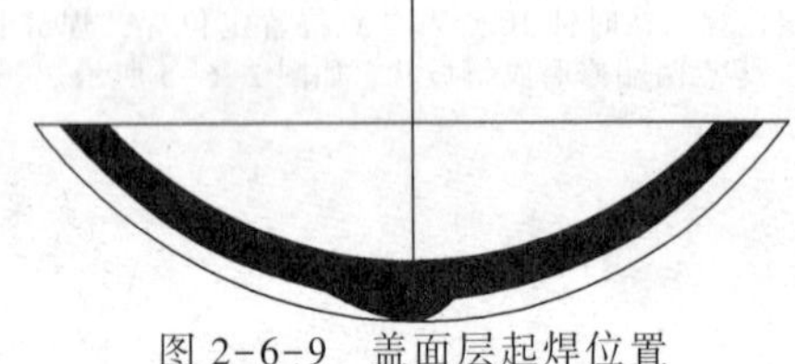

图 2-6-9 盖面层起焊位置

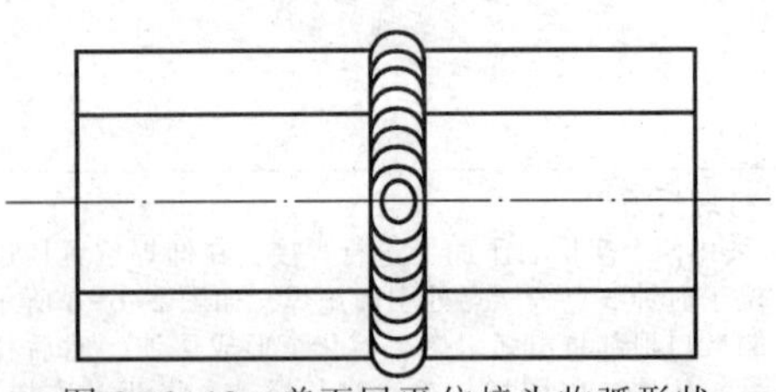

图 2-6-10 盖面层平位接头收弧形状

图 2-6-11 管对接水平固定焊成形工件

7. 盖面层施焊

盖面层起头部位在仰焊位置稍过中心点处的下坡起焊并使两侧坡口棱边熔化，最后达到焊缝要求宽度，进入正常焊接。起头部位留出待接头的良好区域，如图 2-6-9 所示。盖面焊方法采用连弧焊或断弧施焊方法均可，按照上表的焊接工艺参数调整好焊接电流，焊枪的摆动方法可采用反月牙形或锯齿形作横向摆动，两侧稍作停留中间过渡稍快，待形成熔池后进行正常焊接，继而重复这一动作，同时向焊道前方运枪送丝，注意两侧熔合情况，并观察层间熔合情况，前半部分的收弧时焊至平焊中心位置将电弧熄灭。焊接后半部分时，在管子仰焊部位的接头方法是，引弧后将电弧拉至接头待焊处，建立熔池，将接头接好后进入正常焊接操作方法，另一侧相同。平焊接头是焊接到平焊位置的待焊区域时，使熔池逐渐缩小，直到填满弧坑后再收弧。此时应注意控制熔池宽度防止焊缝在平焊位置超宽。平焊接头形状如图 2-6-10 所示，成形工件如图 2-6-11 所示。

一、焊接检验

非破坏性检验方法如下：

1. 外形尺寸的检验

外形尺寸的检验方法一是用尺测量，二是用标模检验。对于单件生产，各个方向需要检验的部位较多，且长度不同时，用标准的金属直尺测量；对于批量生产，且在一个零件上需要检验的尺寸较少时，宜特制一个标准的检验模具（简称标模），这个标模应标出最大和最小允许偏差。检验时，只要用标模与工件的相应尺寸比对，即可看出是否合格，检验方便快捷。

2. 焊缝形状的检验

（1）对接接头

① 余高。为了保证焊接接头的强度，对接接头的焊缝表面应比母材适当高出一些，但又不宜高出太多。焊缝的余高一般要求高出工件表面 0 ～ 3 mm 为宜。

② 宽度。焊缝的宽度与工件厚度、焊接方法、焊接参数、坡口形式等很多因素有关。对于焊条电弧焊来说，焊缝宽度一般为板厚的 1.5 ～ 2 倍。

③ 表面纹理。焊缝的表面成形要求一是表面纹理细腻，二是高低均匀、宽窄均匀。在焊接过程中，由于操作人员的操作技术不同，会使表面成形差异很大。其检验只能用肉眼观察来确定。

④ 焊缝两侧圆滑过渡。在保证上述尺寸的前提下，焊缝两侧与母材间应圆滑过渡，以减小应力集中。

（2）T 形接头

① 焊缝的形状及表面。焊缝表面的花纹要细腻平整，这与平对接焊缝的要求是一样的。但焊缝的形状最好是中间下凹，尤其是重要焊缝对形状要求更为严格。

② 焊接尺寸对称及适当。对于角焊缝来说，焊脚尺寸随板厚的增大而增大，这样才能保证接头的强度。

二、气密性检验

1. 沉水试验

沉水试验的步骤如下：

① 将水槽注水至 2/3。

② 向容器内充气，气压 10^4Pa 以内即可，然后关闭阀门。

③ 将容器放在水槽内向下压，然后不断缓慢转动，观察容器上是否有气泡。

2. 肥皂水检验

肥皂水检验的步骤如下：

① 用肥皂水加适量的水，制成皂液，用小毛刷搅拌至起泡待用。

② 向容器内充气，气压 10^4Pa 以内即可，然后关闭阀门。

③ 用毛刷蘸上已调好的皂液，依次向焊缝涂抹，全部未出现气泡则为合格。如出现气泡则做出标记。

三、水压试验

1. 试验设备安装

① 装排气阀。

② 装排水阀。

③ 装加压管线。

④ 装管线与压力表。

⑤ 装阀门。

⑥ 装高压水泵。

2. 充水

将水充满，排净空气。

3. 加压

当水充满后，此时空气完全排净，关闭注水阀门，再用高压水泵对容器分级加压，直至达到试验压力，一般为工作压力的 1.25 ～ 1.5 倍。

4. 检验

检验焊缝有无水珠，如果有则说明有渗漏；检验保压情况，停止加压后，保压 5 ～ 10 mim，压力应无明显下降。

5. 泄压

泄压时轻轻开起容器上面的排气阀，有少量的水喷出，压力表读数迅速下降至 0 位。

6. 排水

打开下面的排水阀排水，直至容器完全排空。水压试验至此全部完成。

四、气压试验

1. 气压试验的设备安装

设备由高压气泵、阀门、缓冲罐、安全阀、两个同量程并经矫正的压力表等组成。

2. 加压试验

采用逐级升压，每升一级保持一定时间。

3. 检查

一是用皂液检查是否有渗漏，二是检查保压情况。

五、煤油试验

① 在焊缝便于观察及焊补的一侧的焊缝和热影响区表面上涂刷石灰水溶液，并晾干。

② 在焊缝的另一侧涂刷煤油，一般刷 2 ～ 3 次，持续 15 min ～ 3 h。同时注意观察是否有油斑出现。

③ 在涂石灰水溶液一侧注意观察，若有穿透性缺陷，则煤油会渗透缝隙使涂有石灰水溶液的面上呈现黑色斑痕。在规定时间内未发现油斑痕即为合格。

六、射线检测

① 清理试件。

② 将装有底片的暗袋贴在工件底面上。

③ 将工件上面贴上像质计，并放在拍照工作台上。

④ 将射线机调好，并调整好焦距，之后所有人员离开。

⑤ 开机拍照。

⑥ 关闭 X 射线机，取下暗袋，在暗室中冲洗。

⑦ 将冲洗好的底片吹干。

⑧ 将底片放在底片观察灯箱上观察，分析各种缺陷影像。

七、超声波检测

（1）清理试件。

（2）分别对两试件进行直探头检测：

① 探伤机接通电源。

② 用直探头在工件上探测，调整上下表面的脉冲位置。

③ 探头在焊缝横向移动，观察上、下表面的脉冲变化，并注意在上下脉冲中间是否有脉冲出现。如果出现了缺陷脉冲，则探测脉冲的区域和深度。

④ 尝试用直探头对侧面进行探测。

（3）用斜探头检测。用斜探头将直探头环形进行检测，在老师的指导下观察各种反射脉冲，学习识别缺陷脉冲。

八、焊缝磁粉检测

（1）清理试件。

（2）配制磁悬液。

① 配方。变压器油 500 mL、煤油 500 mL、磁粉 15 ～ 30 g。

② 配制。将变压器油 500 mL、煤油 500 mL、磁粉 15 ～ 30 g 放在容器中，连续充分搅拌不少于 5 min。

③ 检查。取样 100 mL 放入沉淀瓶，待瓶中沉淀 30 min，读取沉淀体积数，计算磁悬液的浓度。

（3）对试件进行检测。

① 探伤机接通电源。

② 将磁化夹头置于试件上。

③ 将控制箱上的磁化开关旋至磁化位置对试件进行磁化。

④ 向试件喷洒磁悬液。

⑤ 观察并记录试件表面缺陷的表示情况。

（4）试件退磁。

应先对工件进行剩磁的检测，然后将工件放在退磁机上退磁。退磁后再对工件进行剩磁检测，以验证退磁效果。

九、渗透试验

① 用丙酮或清洗液清理试件表面，并用吹风机吹干。

② 在试件表面喷洒渗透液，10 ～ 15 min 内喷洒几次，使试件表面保持不干状态，以利于充分渗透。

③ 在试件表面喷洒清洗液，除去多余的渗透液，之后用吹风机吹干。

④ 在试件表面喷洒显像剂，喷洒之前要将显像剂摇晃均匀，并在距试件表面 300 mm 处喷洒，涂层要薄而均匀。

⑤ 15 ～ 20 min 后，观察焊缝表面痕迹。

⑥ 清除试件上的显像剂。

十、涡流检测

① 将涡流检测仪电源接通，并稳定 10 min。

② 接上点式探头，观察显示屏上的图像；再使探头接近试件的母材位置测试感应信号，同时观察显示屏上信号图像的变化。

③ 手持探头对准焊趾位置，按一定速度沿焊缝方向移动，观察缺陷部位显示屏上图像的变化，并做好记录。

④ 如果检测仪有自动移动工作台，再将工件置于工作台上自动移动，探头位置保持不变，并打开仪器的自动记录功能进行检测。检测结束后，再回放已记录文件，根据自动记录的信息在工件上找出对应的缺陷部位。

序号	考核内容	考核要点	配分	评分标准	检测结果	扣分	得分
1	考前准备	劳保防护用品及工具准备齐全，焊接参数设置、设备调试正确，工件清理及工件组对、点固定位	5	工具及劳保防护用品不符合要求，焊接参数设置、设备调试不正确，工件组对及点固定位不正确，有一项扣 2 分			
2	焊缝外观	① 焊缝余高>4 mm。 ② 焊缝余高差>2 mm。 ③ 焊缝宽度差>3 mm。 ④ 背面余高>3 mm。 ⑤ 焊缝直线度>2 mm。 ⑥ 咬边深度≤0.5 mm，累计长度>34 mm。 ⑦ 背面凹坑深度≤1.6 mm，累计长度>34mm。 ⑧ 错边量>0.8 mm	60	① 扣 8 分。 ② 扣 8 分。 ③ 扣 8 分。 ④ 扣 8 分。 ⑤ 扣 8 分。 ⑥ 扣 12 分 ⑦ 扣 12 分。 ⑧ 扣 6 分			
3	焊缝内部质量	焊件经 X 射线探伤后，焊缝的质量达到标准中的Ⅲ级	30	Ⅰ级片 30 分；Ⅱ级片 25 分；Ⅲ级片 18 分。Ⅳ级片以下的不及格			
4	其他	安全文明生产	5	设备复位、工具摆放整齐、清理试件、打扫场地、拉闸关灯，有一处不符合要求扣 1 分			
5	工时定额	操作时间 45 min		每超过 1 min 从总分中扣 2 分			
		合计	100				

否定项：1. 焊缝表面出现裂纹、未熔合等缺陷。

2. 焊接时任意改变焊接空间位置。

3. 焊缝原始表面遭到破坏，有加工或补焊、返修焊等。

4. 操作时间超过定额的 50%。

1. CO_2 气体保护焊中径管 V 形坡口对接垂直固定焊

CO_2 气体保护焊垂直固定焊的焊接位置实际上是钢管的横向环焊缝，其类似于板材的对接横位焊。因有弧度，焊接时焊枪应随着弧度转动，施焊时操作人员要不断地随着管子的弧度转动身体进行焊接，所以给操作增加了一定的难度。管对接垂直固定焊时，熔池在管壁横向环缝的立面上进行焊接，熔化金属因重力下垂，造成焊缝上部容易咬边，中间焊缝不平。因此，焊工在操作时要随时调整姿势及焊枪角度、运丝方法和焊接速度并注意盖面焊时的上下焊道的搭接量，保证盖面焊道均匀对称，表面成形美观焊缝质量好。

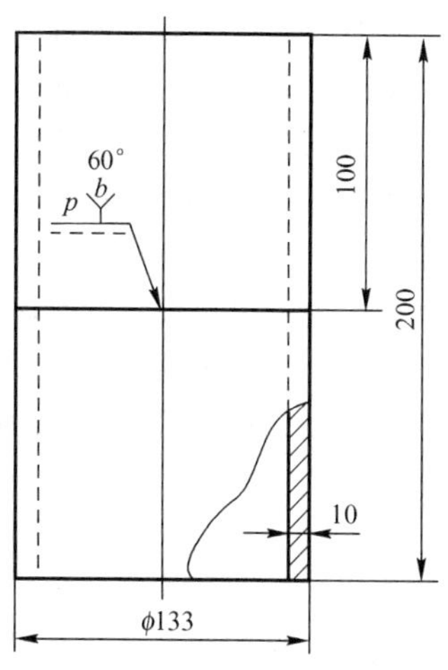

图 2-6-12　管对接工件图样

(1) 焊接材质及工件图样。

管材为 20 钢，尺寸为 ϕ133 mm×10 mm，长度为 100 mm，共 2 件。工件备料按照图 2-6-12 所示的规格，

(2) 焊接材料。

焊丝选用 H08Mn2SiA，直径为 1.2 mm。

焊接设备：KR Ⅱ -350 气体保护焊机。

(3) 工具：量具、夹具等。

2. 确定焊接工艺参数

焊接工艺参数见表 2-6-2。

表 2-6-2　焊接工艺参数

焊接层次	焊丝直径/mm	焊丝伸出长度/mm	焊接电流/A	电弧电压/V	气体流量/(L/min)	焊接速度/(m/h)
打底层	ϕ1.2	10～15	100～110	18～21	10～15	20～25
填充层			110～120	20～22		
盖面层			120～130	20～22		
盖面层			120～130	20～22		

3. 操作实施

(1) 焊道分布层次：采用左向焊法，三层四道焊接，焊道分布如图 2-6-13 所示。

(2) 工件位置：调整好焊接支架高度，将管子垂直放在支架上，保证操作者能方便地摆动和水平移动焊枪。

(3) 打底层焊接：在试件右侧定位焊焊缝上引弧，向左做小幅度的锯齿形横向摆动，待起焊处形成熔孔后，转入正常焊接。打底层焊接时焊枪角度如图 2-6-14 所示。

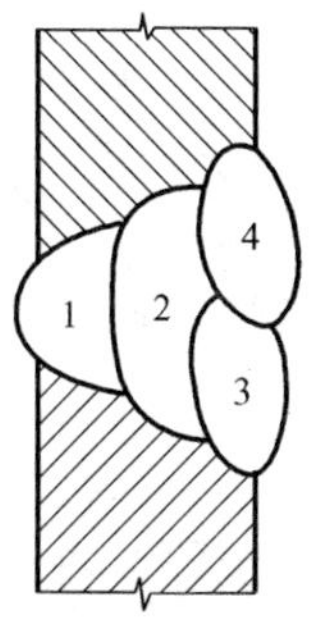

图 2-6-13　焊道分布层次

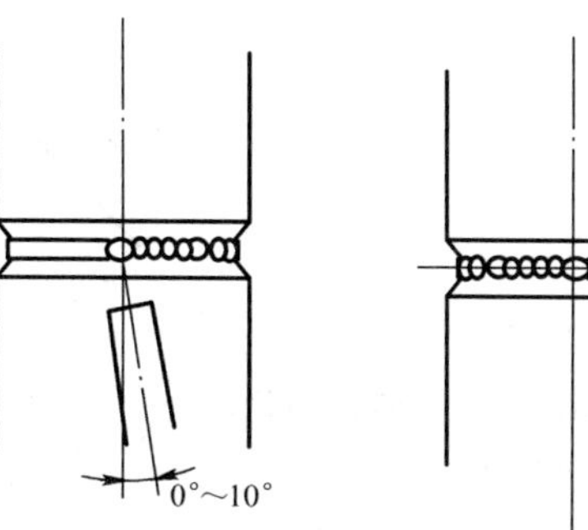

图 2-6-14　中径管打底层时的焊枪角度

打底层焊道主要是保证背面焊缝的成形。施焊时应保证熔孔直径比间隙大 0.5 ～ 1 mm，一定要两边对称才能确保焊缝背面熔合良好。

打底层施焊操作时应注意定位焊缝的接头处，首先用角向磨光机把接头处磨成斜坡状，确保接头能熔合好。在正常焊接时，焊枪做上下均匀摆动并向前移动，焊接时注意手腕不断变化，以调整焊枪角度。焊枪在摆动过程中，在坡口两边稍作停顿，在中间摆动速度要稍快一些，尤其在坡口上侧的停留时间要比坡口下侧停留时间稍长。焊丝始终处于熔池前端 1/3 处。

（4）收弧。施焊时随着试件空间位置的变化，操作姿势也需要做相应的变化，身体会随着试件曲率而转动，这时需要暂时的收弧（熄弧），收弧时焊枪离开熔池的速度应稍慢一些，防止产生焊接缺陷。

（5）填充焊。将试件焊缝表面及上下坡口处的熔渣及飞溅物清理干净，用角向磨光机将凸起部分打磨平整。调节焊接参数，错过接头 8 ～ 10 mm 处引弧自右向左开始正常施焊，适当加大焊枪的横向摆动，保证坡口两侧熔合良好。特别要注意的是填充焊时不得熔化试件的坡口棱边，并使焊道高度低于母材棱边 1.5 ～ 2.0 mm。

（6）盖面焊。根据填充焊道的具体情况调节焊接参数。为了保证焊道余高对称，盖面层焊道分为两道，焊枪角度如图 2-6-15所示。第一道焊缝施焊时，采用直线运枪，焊丝对准坡口下边缘，熔池的下边缘超出试件坡口棱边 2 mm 左右，第二道焊缝施焊时，应控制熔池温度，防止熔池液态金属下坠，操作时焊枪在上侧坡口棱边处稍作停顿，防止咬边现象发生。

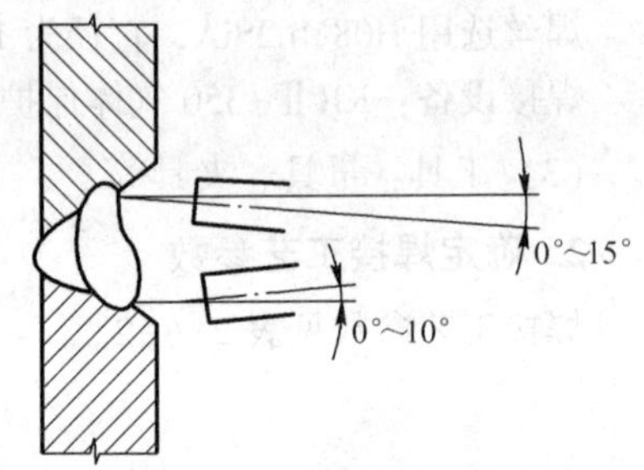

图 2-6-15　盖面焊时焊枪角度

任务七　CO_2 气体保护焊 V 形坡口管对接 45°倾斜固定焊

任务目标

1. 学会管对接 45°倾斜固定焊的工装技术与工艺流程。
2. 能够正确选择焊接工艺参数。
3. 学会中径管对接斜 45°倾斜固定焊的操作技术及要领。
4. 学会在焊接过程中利用长短弧控制熔池的温度变化。
5. 相互取长补短，文明生产、安全第一。

任务描述

1. 识图

根据图纸要求：管子规格直径为 133 mm，厚度为 10 mm，长度为 110 mm，坡口角度为 60°，每组两件，工件尺寸如图 2-7-1 所示。

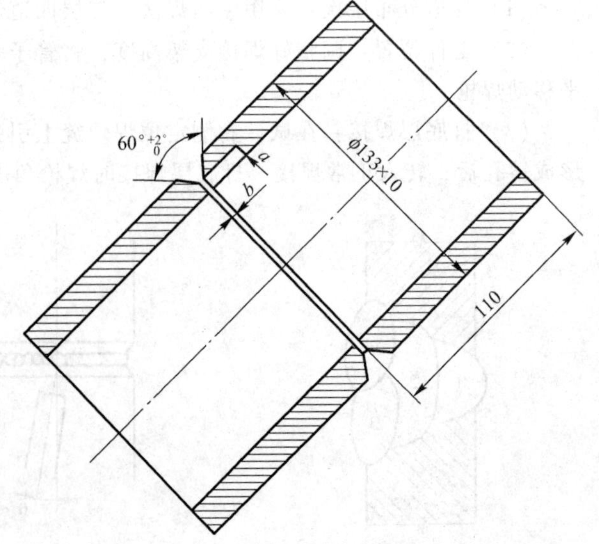

图 2-7-1　管对接 45°倾斜焊工件

2. 焊材

（1）工件材质：20 无缝钢管。

（2）焊接材料：ER50-6 实芯焊丝，焊丝直径 1.2 mm。瓶装 CO_2 气体，气体纯度 99.5% 以上。

3. 技术要求

（1）管对接 V 形坡口 45°斜位单面焊双面成形。

（2）钝边厚度、预留间隙自定。

（3）装配定位后允许修磨定位处。

（4）全位置焊接。

任务分析

CO_2 气体保护焊管对接 45°倾斜固定焊是最难操作的一种焊接方法，它介于水平固定与垂直固定之间的一个空间位置，它与焊条电弧焊操作方法有相似之处，又有不同之处，因为 CO_2 气体保护焊焊枪较沉重，焊枪喷嘴妨碍视线，因此操作存在一定难度。管对接 45°倾斜固定焊也分成两个半圈进行，每半圈都包括斜仰焊、斜立焊和斜平焊三种位置，如图 2-7-2 所示。

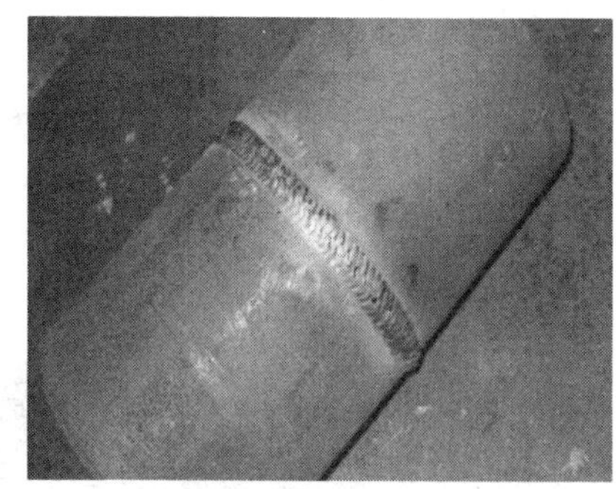

图 2-7-2　管对接斜 45°成形工件

任务实施

一、实训准备

1. 前期准备

（1）安全、环保及预防性措施。参照项目一的任务一进行准备。

（2）设备、工具

① 焊接设备：KRⅡ-350 型松下直流逆变式气体保护焊机。配有推丝式送丝机构、CO_2 气瓶。

② 环保通风设备：混流风机 HL3-2A-4.5A、轴流风机 TN2-40。

③ 工具：焊工防护面罩、角向磨光机、清渣锤、手锤、平锉刀、平錾、钢丝刷、扭力扳手、直角尺、焊缝量规、平光防护眼镜、喷嘴防堵膏。

（3）任务完成后，要认真填写任务评价表。

2. 注意事项

注意事项参照项目一的任务一。

二、实训步骤

1. 确定焊接工艺参数见表 2-7-1。

表 2-7-1　焊接工艺参数

焊接层次	焊丝直径/mm	电流/A	电压/V	CO_2 纯度	气体流量/(L/min)	焊丝伸出长度/mm
1	1.2	110～120	18～20	>99.5%	15	15
2	1.2	130～150	20～22	>99.5%	15	15
3	1.2	130～140	20～21	>99.5%	15	15

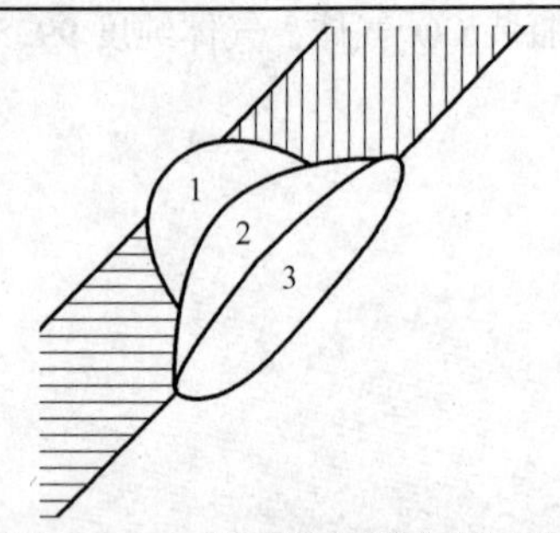

图 2-7-3　管对接焊道分布层次

2. 确定焊道层次

三层三道焊，如图 2-7-3 所示。

将工件放在焊接支架上，调整好支架高度，留有充分的焊枪摆动空间，操作时感到活动自如即可。可采用双手持枪施焊。

图 2-7-4　工件定位图片

3. 工件装配与定位焊

确定钝边 $P=0\sim0.5$ mm，间隙 $b=2.5\sim3$ mm，错边量≤0.5 mm。点固焊时在试件两端坡口内侧点固，焊点长度 10 mm 左右，高度 2～3 mm，如图 2-7-4 所示。用角向磨光机修磨定位焊点，修磨成斜坡状，以便接头熔合良好。定位焊电流与电弧电压和正式焊接打底焊相同

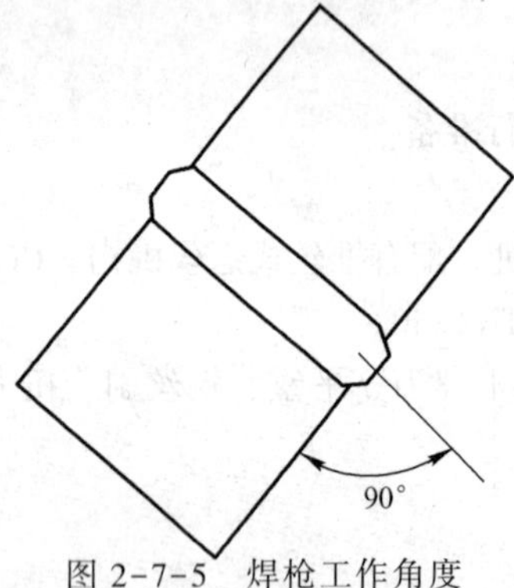

图 2-7-5　焊枪工作角度

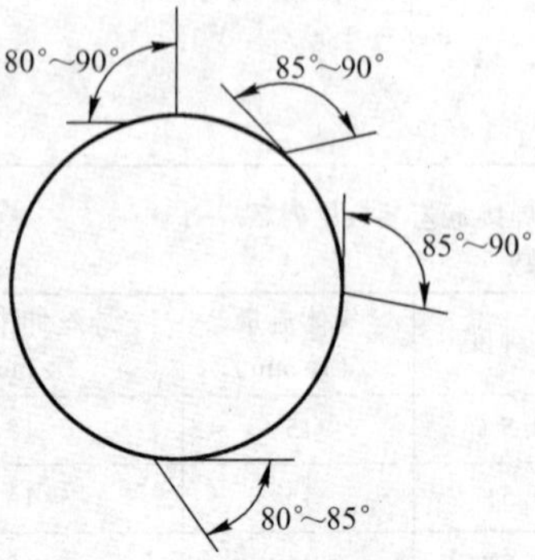

80°～90°　85°～90°　85°～90°　80°～85°

图 2-7-6　焊枪运丝前进角度

4. 操作实施

① 打底层焊接管对接。

45°焊打底焊分左右两个半圈先后完成。先焊接右半圈，从 6 点半位置开始焊接，11 点半位置收弧。焊枪角度随焊接位置的变化而变化。焊丝接触工件 6 点半位置坡口处，引燃电弧后拉至点焊位置，此时，焊枪工作角度为 90°，如图 2-7-5所示。前进角度为 80°～85°，如图 2-7-6 所示。电弧长度约 2 mm，待电弧击穿熔孔形成熔池后开始焊接，电弧在坡口两侧适当停顿，保持焊道平整、熔合良好。随着焊缝位置的变化逐渐调整体位，并相应调整焊枪角度，到达立位时，焊枪前进角度为 85°～90°，到达平位时，焊枪前进角度为 85°～90°，越过 12 点位置时改变电弧指向，以控制铁水下淌。到达 11 点半位置时开始收弧，焊接过程注意控制电弧长短，随焊接位置，仰位、立位、平位变化，焊枪角度也随着变化。焊接左半圈时，焊工身体位置调换。由 6 点半附近位置起弧缓慢移动到右半圈起焊处，待电弧击穿熔孔形成熔池后，电弧小锯齿摆动向 7 点移动，焊接方法与右半圈相同，注意焊接过程中始终保持熔池的水平状态。收尾时要向前多焊一些，并填满弧坑，保证接头处熔合良好，防止产生焊接缺陷。

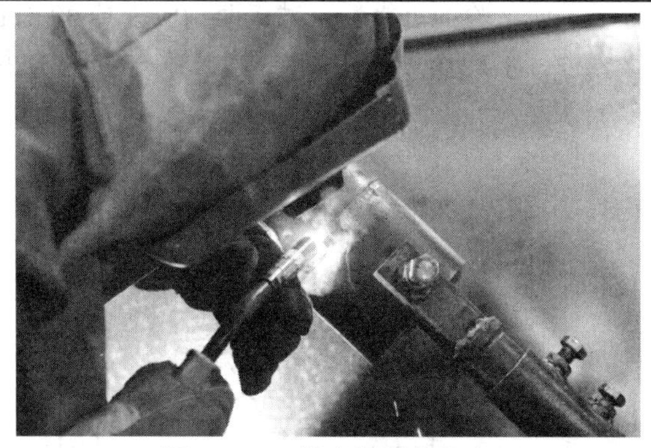
图 2-7-7 填充层焊枪角度

② 填充焊。用钢丝刷清理去除底层焊缝氧化皮，清理喷嘴内污物。在打底焊引燃电弧，调整电弧长度并稍作停顿，待形成熔池后锯齿形摆动电弧，焊枪角度、焊丝角度与打底层基本相同，如图 2-7-7 所示。电弧比打底层摆动幅度稍大，摆动速度稍慢些，坡口两侧稍作停顿，电弧前移速度大小，以焊缝厚度为准，观察熔池成形情况，距棱边高 1～1.5 mm 为宜，为盖面层留作参考基准，收尾时注意填满弧坑。焊接过程中注意始终保持熔池的水平状态。

图 2-7-8 盖面焊操作中

③ 盖面焊。

盖面焊与填充焊相同，电弧在坡口两侧停顿时间稍长，电弧熔入棱边 1～1.5 mm，焊缝要饱满，避免咬边缺陷，收尾要填满弧坑，焊缝余高约 2 mm。焊接过程中注意始终保持熔池的水平状态。

盖面焊斜仰位置接头：在右半周焊道起头处的上坡口开始焊接，向右带至下坡口，斜锯齿形摆动，起头处呈上尖角斜坡形状，左半周焊缝从尖角下部开始焊接，由短到长按斜锯齿形摆动向上焊接。

盖面焊斜平位置接头：焊到上部时，要使焊缝呈三角形，并焊过前焊缝 10～15 mm，左半周焊缝与右半周焊缝收弧处应呈尖角形。

注意事项：焊接 45°管时无论打底焊、填充焊还是盖面焊都要保证金属熔池始终处于水平状态，盖面焊操作如图 2-7-8 所示。

相关知识

焊接检验，破坏性检验方法如下：

一、拉伸试验

1. 拉伸试样的截取

如图 2-7-9 所示为力学性能试验的试板，试板长度为 400 ～ 500 mm，按实际焊接时的参数进行

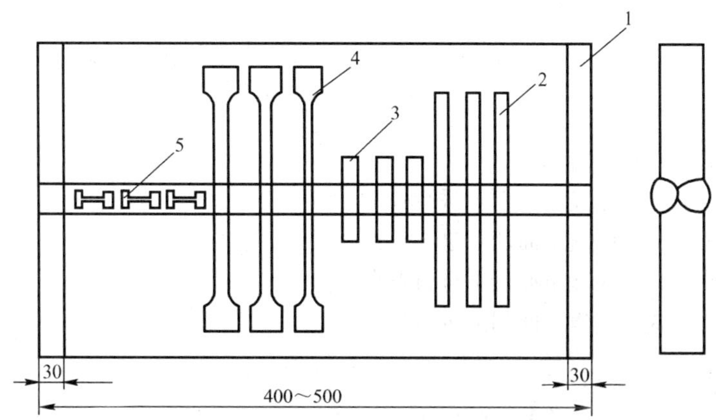

图 2-7-9 力学性能试验的试板及取样位置

1—废弃；2—冷弯试样；3—冲击试样；4—拉伸试样；5—焊缝金属抗拉试样

焊接，焊后待试板完全冷却再从试板上截取试样。为了保证试验的可靠性，试板两端应去掉 30 mm，这部分由于是焊接过程的起头和收尾，其质量没有代表性，不能作为试样。取样时，除焊缝金属抗拉试样在焊缝中纵向截取外，其他均横向截取。

2. 拉伸试样的制作

焊缝金属抗拉试样的形状和尺寸如图 2-7-10 所示。

焊接接头板状试样的形状和尺寸如图 2-7-11 所示。

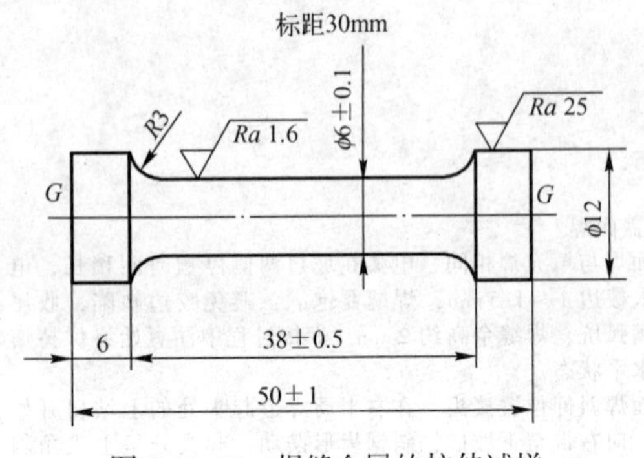

图 2-7-10　焊缝金属的拉伸试样

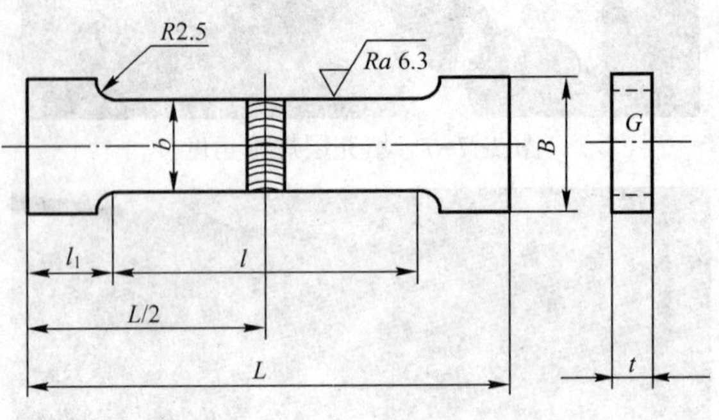

图 2-7-11　焊接接头板状试样

3. 拉伸试验

焊接接头的抗拉试验和焊缝金属的抗拉试验要在拉伸试验机上进行。

二、弯曲试验

此试验要做四次，即横向正弯一次，横向背弯一次，纵向正弯一次，纵向背弯一次，但试验步骤相同。其步骤如下：

① 将两块纵向弯曲的试件和横向弯曲的试件均截成宽度为 80 mm 的两块，如图 2-7-12 所示。

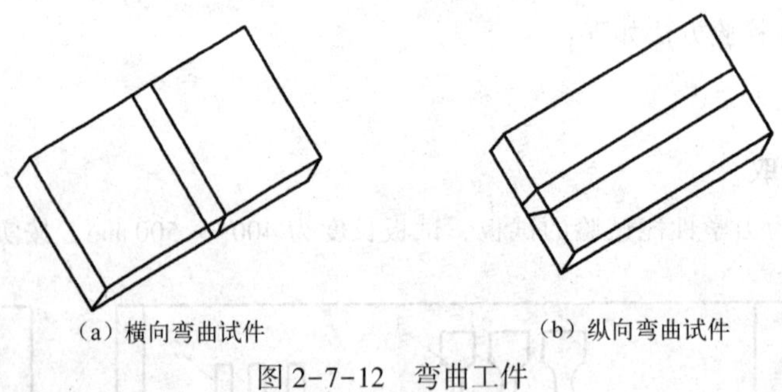

（a）横向弯曲试件　（b）纵向弯曲试件

图 2-7-12　弯曲工件

② 弯曲方向如图 2-7-13 所示。

纵向背弯：将纵向试件焊缝正面朝上进行弯曲。

纵向正弯：将纵向试件焊缝正面朝下进行弯曲。

横向正弯：将横向试件焊缝正面朝下进行弯曲。

横向背弯：将横向试件焊缝正面朝上进行弯曲。

三、冲击试验

冲击试验应在焊件上先截取试件，再开出缺口，最后在冲击试验机上试验，具体步骤如下：

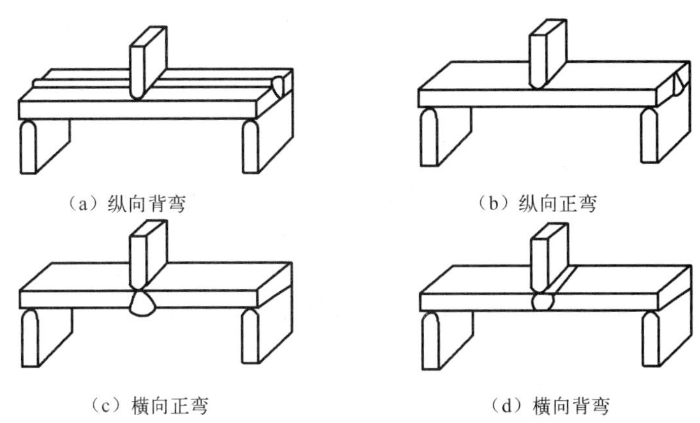

图 2-7-13 弯曲方向

① 在焊接试板上取一个宽度略大于 10 mm 的冲击试件，用锉刀锉平，如图 2-7-14（a）所示。

② 在适当的位置开 V 形缺口，如图 2-7-14（b）、（c）所示，缺口深度为 2 mm。

③ 在冲击试验机上将工件冲断。

④ 读取冲击值。

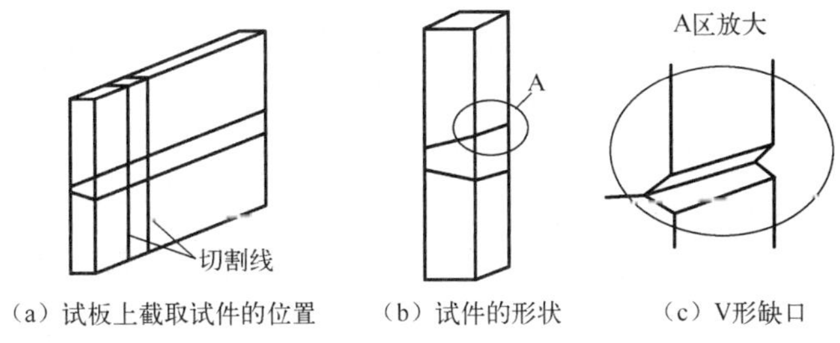

图 2-7-14 冲击试件的制作

四、硬度试验

① 将焊好的试样垂直于焊缝截取一定厚度的试片。

② 将试件检测面磨平磨光，以便于检测压痕。然后按图 2-7-15（a）、（b）所示的位置测量各检测点的硬度，并做好记录，以便于对焊接接头各部位的性能进行分析。

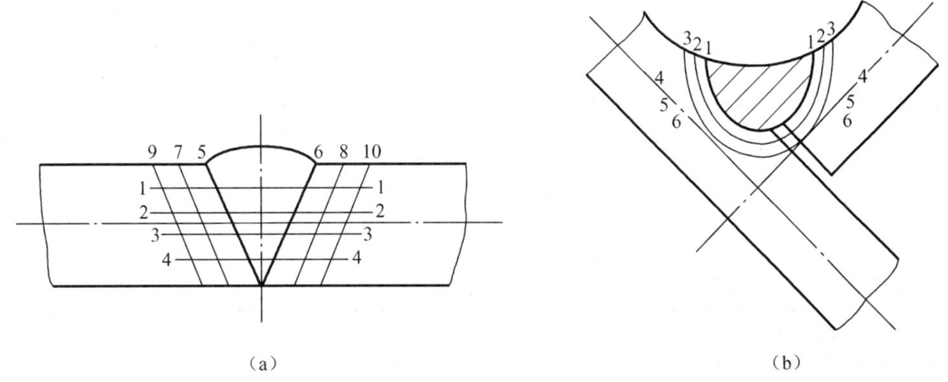

图 2-7-15 硬度试验的检测位置

五、金相检验

① 首先在焊接试板上截取试样，厚度一般在 10 mm 左右。在截取试样时切忌使焊件过热，以防组织发生变化。最后采用锯割，也可用铣削的方法来截取。

② 将试样两面锉平，如果试样较大，也可刨削。

③ 用细砂纸打磨，去除锉削的加工痕迹，然后在抛光机上抛光，使试样表面达到镜面的粗糙度。

④ 用 4% 的硝酸酒精腐蚀试块表面，待表面发乌后用清水冲洗，然后用电吹风吹干，放在金相显微镜下观察。必要时可以把典型的金相组织通过照相制成金相照片。

姓名			班级		得分		
检查项目		标准分数	焊缝等级				实际得分
			Ⅰ	Ⅱ	Ⅲ	Ⅳ	
正面	焊缝余高	标准/mm	0～1	>1，≤1.6	>1.5，≤2	>2	
		分数	5	3	1	0	
	焊缝高低差	标准/mm	≤1	>1，≤1.5	>1.5，≤2	>2	
		分数	5	3	1	0	
	焊缝宽度	标准/mm	≥10	>10.5，≤11	>11.5，≤12	>12，，10	
		分数	5	3	1	0	
	焊缝宽窄差	标准/mm	≤1.5	>1.5，≤2	>2，≤3	>3	
		分数	5	3	1	0	
	咬边	标准/mm	0	深度≤0.5 长度≤10	深度≤0.5 长度≤20	深度>0.5 长度>30	
		分数	10	7	5	0	
	气孔	标准/mm	无气孔	气孔≤0.5 数目：1	气孔≤0.5 数目：2	气孔>0.5 数目：>2	
		分数	10	6	2	0	
	焊缝外表成形	标准/mm	优	良	一般	差	
			成形美观	成形较好	成形尚可	焊缝弯曲	
		分数	10	7	4	0	
反面	焊缝高度	0～2 mm　5 分		>2 mm 或<0　0 分			
	咬边	无咬边　5 分		有咬边　0 分			
	气孔	无气孔　5 分		有气孔　0 分			
	未焊透	无未焊透　10 分		有未焊透　0 分			
	凹陷	无内凹 10 分　内凹深度≤0.5 mm，每 4 mm 长扣一分（最多扣 10 分）深度>0.5 mm，0 分					
	焊瘤	无焊瘤　10 分　有焊瘤 0 分					
	焊缝外表成形	标准/mm	优	良	一般	差	
			成形美观	成形较好	成形尚可	焊缝弯曲	
		分数	5	3	2	0	

否定项：1. 焊缝表面出现裂纹。

2. 焊接时任意改变焊接空间位置。

3. 焊缝原始表面遭到破坏，有加工或补焊、返修焊等。

4. 操作时间超过定额的 50%

任务扩展

1. 骑坐式板–管 T 形接头垂直固定仰位焊

CO_2气体保护焊骑坐式板–管垂直固定仰位焊操作有一定难度，既要保证单面焊双面成形，又要保证焊脚对称，还要保证焊缝外表成形美观。在操作时要控制好熔池的热量分布，因管壁薄，孔板厚，坡口两侧受热情况不均，给操作者增加了难度，在施焊时要掌握好焊枪角度、焊枪摆动形式及送丝速度等。

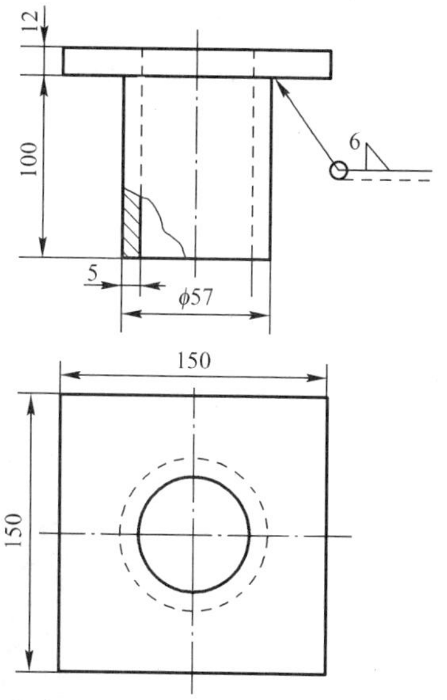

图 2-7-16　板—管垂直固定仰位焊图样

2. 实训步骤

（1）读懂图纸，如图 2-7-16 所示。

（2）检查原料尺寸：孔板规格为 150 mm×150 mm×12 mm，管件尺寸为 ϕ57 mm×5 mm，长度为 100 mm，开 50°坡口，各一件。

（3）清理工件。

（4）工件装配定位焊。

（5）确定工艺参数见表 2-7-2。

表 2-7-2　板–管垂直固定仰位焊的焊接工艺参数

焊接层次	焊丝直径/mm	焊丝伸出长度 /mm	焊接电流/A	焊接电压/V	气体流量/（L/min）
打底层	1.2	15～20	90～110	18～20	12～15
盖面层			110～120	20～22	

（6）开机施焊

打底层焊接：采用右向焊法，调整好焊接电流，在固定焊点斜坡上引燃电弧，从左向右沿着管子外圆摆动向前移动焊枪运丝，焊完管子圆周 1/4 后断弧调整体位。然后将工件焊缝的收弧处打磨成斜坡面，继续施焊完成打底层的焊接。打底层焊道施焊时应注意的是：要保证根部全焊透，操作时要仔细观察熔池变化情况，根据熔池温度及时调整焊枪角度、摆动幅度和焊接速度，防止烧穿或未焊透。

盖面焊：清理焊道飞溅物，将打底层焊道上的局部凸起处打磨平整待焊。盖面层为两道焊缝，先焊下面的焊道，后焊上面的焊道。仰位盖面焊的焊枪角度如图 2-7-17 所示。

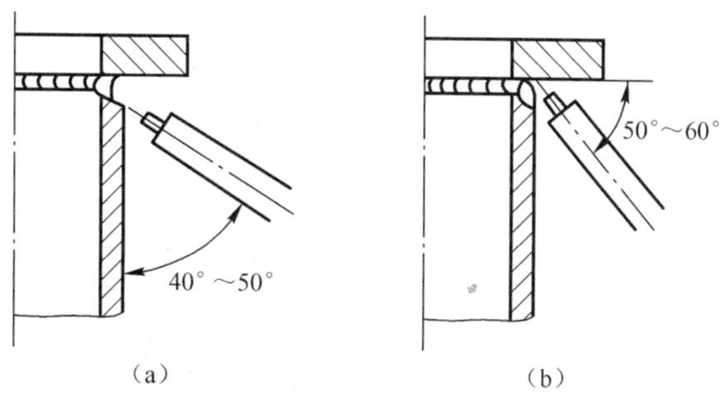

图 2-7-17　板–管仰位焊焊枪角度

焊下面焊道时，电弧应对准打底层焊道下沿，焊枪做小幅度锯齿形摆动，熔池下沿超过管子坡口棱边 1 ～ 1.5 mm，熔池的上沿在打底焊道 1/2 ～ 2/3 处。焊接上面焊道时，电弧以打底焊道上沿为中心，焊枪做小幅度摆动，使熔池将孔板和下面的盖面焊道圆滑过渡连接在一起，如图 2-7-18 所示。

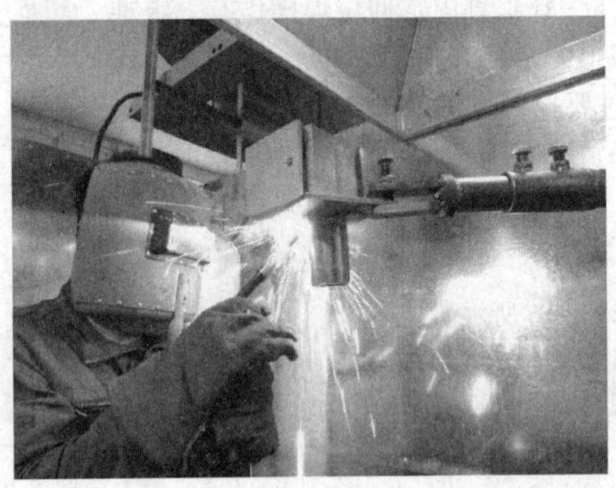

图 2-7-18　管板仰位焊接操作

3. 板-管仰位焊容易产生的焊接缺陷

（1）打底层未焊透、夹渣、背面有焊瘤等缺陷。

（2）盖面成形脱节、焊道下坠 、接头有焊瘤。

4. 防止产生缺陷的方法

（1）正确调整焊接电流与电弧电压，观察熔池温度，用长短弧和断弧法控制熔池温度。

（2）熟练掌握焊枪的送丝角度、摆动幅度及行进速度。

项目三

气焊与气割

气焊是利用可燃气体与助燃气体混合后燃烧产生的火焰作为热源，将接头部位的母材和填充金属熔化，达到连接目的的一种熔化焊方法，较常见的为氧-乙炔气焊。薄板平敷焊是气焊中的基本操作技能，本项目将学习焊炬摆动方法和送丝方法。薄板对接是气焊操作技术里最常见的焊接方法之一，根据工件所处位置不同，有平位、立位、横位、仰位焊。小径管V形坡口对接焊的练习分为水平转动焊、水平固定焊和垂直固定焊。管对接水平转动焊时，由于管子可以自由转动，焊缝熔池始终可以控制在方便的位置施焊，操作比较简单。但在不适宜采用水平转动焊时，选择水平固定焊，管对接水平固定气焊的操作难度较大，其原因在操作时，除了横位焊外包括了所有的焊接位置，操作时应将钢管分成两个半圈进行施焊。

气割是利用气体火焰（氧-乙炔）将金属预热到燃点，然后利用高速切割氧气气流使金属剧烈燃烧，生成氧化物，并利用高速切割氧的吹力作用将金属氧化物吹掉，并随着割枪的移动形成焊缝。在学习气割时先练习手工气割，然后学习CG1-30型半自动火焰气割机的使用。

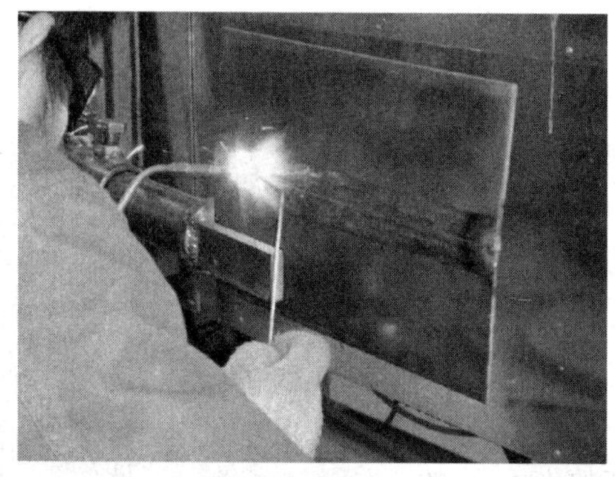

板对接横位焊

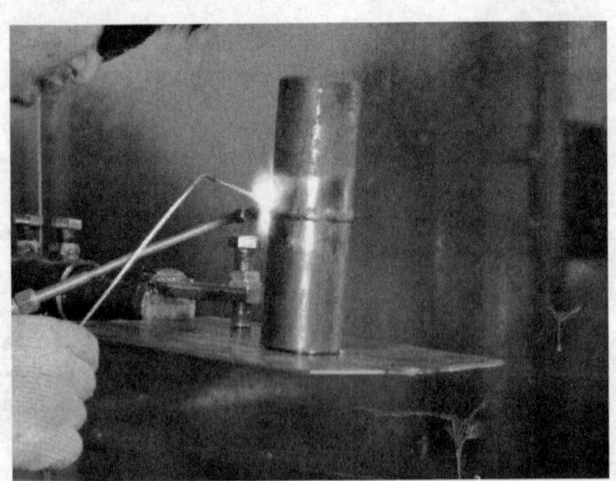

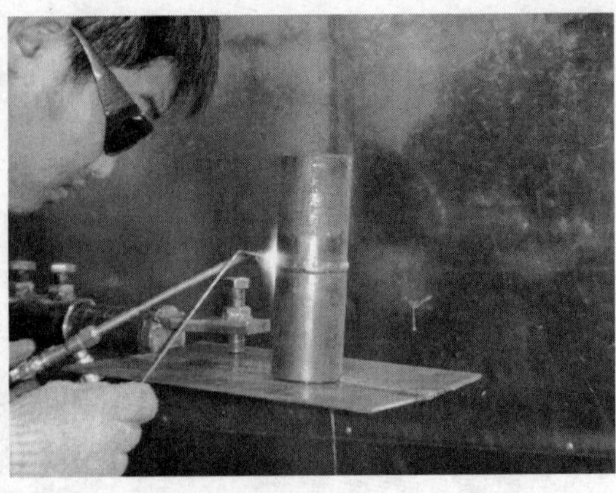

管对接垂直固定焊（横位焊）

气焊与气割设备

任务一　薄板平敷气焊

任务目标

1. 掌握气焊的工作原理、特点及应用。
2. 学会气焊设备和辅助器具的安装方法。
3. 正确选择焊接工艺参数。
4. 熟悉气焊火焰的种类及各型火焰的特点与用途。
5. 熟练掌握气焊焊炬倾斜角与焊件厚度的关系。
6. 掌握气焊施焊时的焊道起头、接头、收尾的操作方法。

任务描述

1. 识图

根据图纸要求准备一块宽度 200 mm×200 mm；板厚度 4 mm 的板材，如图 3-1-1 所示。

图 3-1-1　平敷焊件备料

2. 焊材

（1）焊件材质：Q235 低碳钢板材。

（2）焊接材料：焊丝牌号 H08MnA。

3. 技术要求

（1）保证平敷焊道的直线度，确保焊道宽窄一致。

（2）波纹均匀整齐。

任务分析

薄板平敷焊是气焊中的基本操作技能。首先需掌握气焊的火焰性质、种类及其应用。在施焊中由于熔池的情况不断发生变化，所以焊炬和焊丝的相互倾角必须做出相应的调整，同时还必须掌握气焊平敷焊的焊炬摆动方法和送丝方法。在整个的焊接过程中必须保证火焰为中性焰，在施焊中控制好熔池的温度及形状。

任务实施

一、实训准备

1. 前期准备

（1）安全、环保及预防性措施。参照项目一的任务一进行准备。

（2）设备、工具。

① 焊接设备：氧气瓶，如图 3-1-2 所示。乙炔瓶，如图 3-1-3 所示。不同型号焊炬如图 3-1-4 所示。氧气及乙炔减压器，如图 3-1-5、图 3-1-6 所示。橡胶导管，如图 3-1-7 所示。

图 3-1-2　氧气瓶

图 3-1-3　乙炔瓶

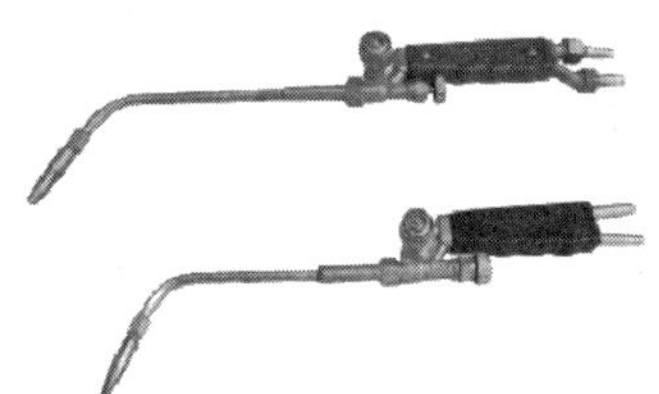

图 3-1-4　不同型号焊炬

图 3-1-5　氧气减压器

图 3-1-6　乙炔减压器

图 3-1-7　橡胶导管

② 辅助器具、角向磨光机，如图 3-1-8 所示。活扳手，如图 3-1-9 所示。手锤，如图 3-1-10 所示。钢丝刷，如图 3-1-11 所示。电子点火枪，如图 3-1-12 所示。焊、割嘴通针，如图 3-1-13 所示。劳保防护眼镜，如图 3-1-14 所示。

图 3-1-8 角向磨光机

图 3-1-9 活扳手

图 3-1-10 手锤

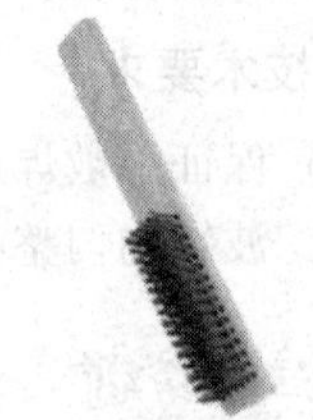

图 3-1-11 钢丝刷

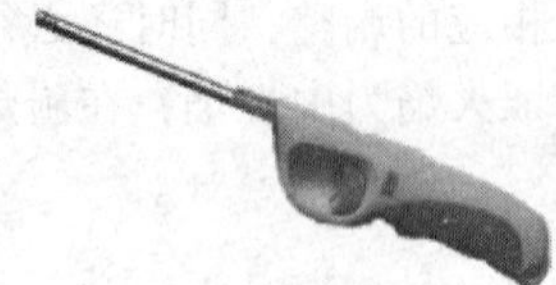

图 3-1-12 电子点火枪

图 3-1-13 焊、割嘴通针

图 3-1-14 劳保眼镜

③ 环保通风设备：混流风机 HL3-2A-4.5A、轴流风机 TN2-40。

（3）任务完成后，要认真填写任务评价表。

2. 注意事项

（1）工作前检查焊、割器具、压力表等，并检查周围有无易燃易爆和油类物品，并应远离电源，须有专人负责看火，并有防火措施等。

（2）氧气瓶冻结时禁止用火烤，夏季应防日晒，氧气瓶嘴禁止沾油污。

（3）在高空切割下来的构件余料，不准往下乱扔，应用绳索往下吊放，下面设专人看火。

（4）氧气瓶、乙炔瓶应轻拿轻放，不得碰撞，不能从车上往下扔和滚，并都要有安全瓶帽，瓶身装有防震胶皮圈 2 个，不得一人用肩扛氧气瓶，必须两人抬或小车运送。

（5）乙炔瓶有气无气严禁倒置使用、存放和运输。

（6）氧气瓶、乙炔瓶集中使用或储存地点应设有瓶架，保证瓶立直，上部须有棚盖。（氧气瓶、乙炔瓶必须分开存放）并设有负责人。

（7）所有气焊工具、设备，包括氧气瓶、乙炔瓶、罐、胶管等均应定期按不同要求进行安全技术检查，不合格的一律严禁使用。

（8）清理焊接飞溅物时，必须戴好防护眼镜，预防伤眼。

（9）操作结束后，应立即关闭气瓶阀门，应戴好气瓶安全帽。并仔细检查场地，认真清扫，确认没有火灾隐患后，方可离开。

二、实训步骤

图 3-1-15 工件清理

图 3-1-16 工件操作线

1. 工件清理

（1）焊前将工件表面的氧化皮、铁锈及油污等用钢丝刷或角向磨光机打磨清理干净，直至露出金属光泽，如图 3-1-15 所示。

（2）矫正工件平直度，在施焊工件上每间隔 20 mm 画出直线（焊接借鉴线），于水平位置放在操作台上待焊，如图 3-1-16 所示。

2. 确定焊接工艺参数（见表 3-1-1）

表 3-1-1 平敷焊焊接工艺参数

焊接层次	焊丝直径 /mm	火焰种类	焊炬型号	氧气压力 /MPa	乙炔压力 /MPa
单层焊	2.0	中性焰或轻微氧化焰	H01-6 配 4 或 5 号焊嘴	0.2～0.3	0.01～0.015

图 3-1-17 氧气减压器安装

3. 安装氧气减压器

安装氧气减压器前应瞬间开启气瓶，吹净瓶口内杂质与污物，然后迅速关闭气瓶阀门。螺口连接应顺时针方向旋紧，瓶阀出气口不得对准操作者或他人，以防高压气体冲出伤人。减压器出气口与气体橡胶导管接头处必须用管卡拧紧；防止送气后脱开发生危险，如图 3-1-17 所示。

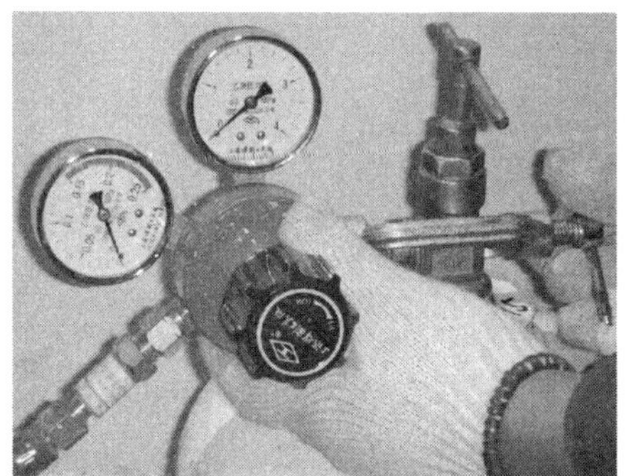

图 3-1-18 乙炔减压器安装

4. 安装乙炔减压器

减压器安装前及开启气瓶阀时，要略打开气瓶阀门，吹除污物，以防将灰尘和水分带入减压器。在开启气瓶阀门时，瓶阀出气口不得对准操作者或他人，以防高压气体冲出伤人。减压器出气口与气体橡胶导管接头处必须用管卡拧紧；防止送气后脱开发生危险。连接乙炔减压器螺口应逆时针方向旋转，如图 3-1-18 所示。

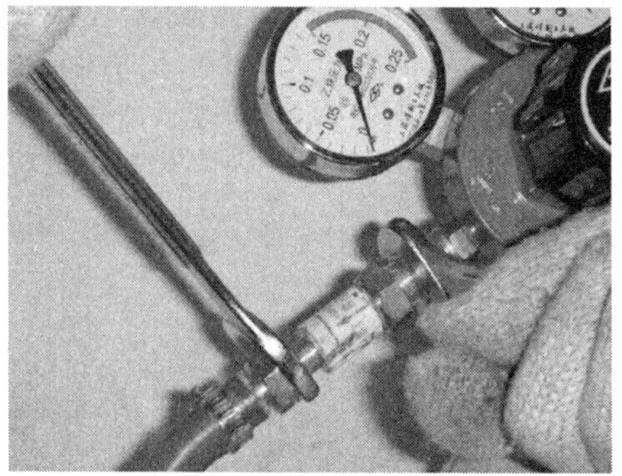

图 3-1-19 回火防止器安装

5. 安装回火防止器

回火防止器是装在乙炔压力表后接管线处，在气焊或气割过程中，有时会发生气体火焰进入喷嘴内逆向燃烧的现象，称为回火。回火时一旦逆向燃烧的火焰进入乙炔瓶内，就会发生燃烧爆炸事故。回火防止器的安装，如图 3-1-19 所示。

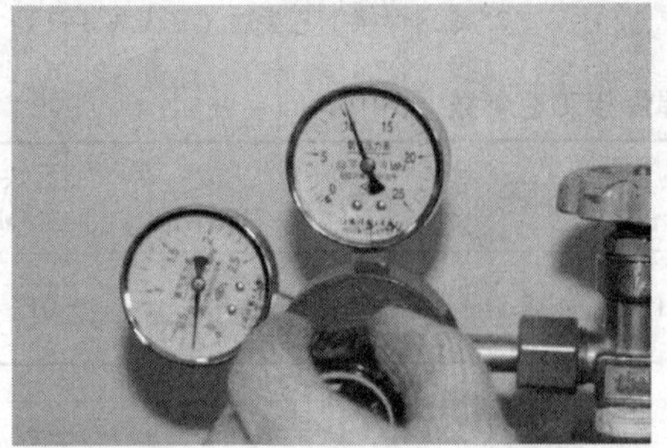

图 3-1-20　调整氧气工作压力值

6. 调整氧气工作压力值

按逆时针方向轻轻开启气瓶后，顺时针旋转压力顶针手轮，调节所需氧气工作压力值，如图 3-1-20 所示。仔细观察表针有无上下摆动现象，如有此现象发生应立即关闭气瓶，更换减压器。

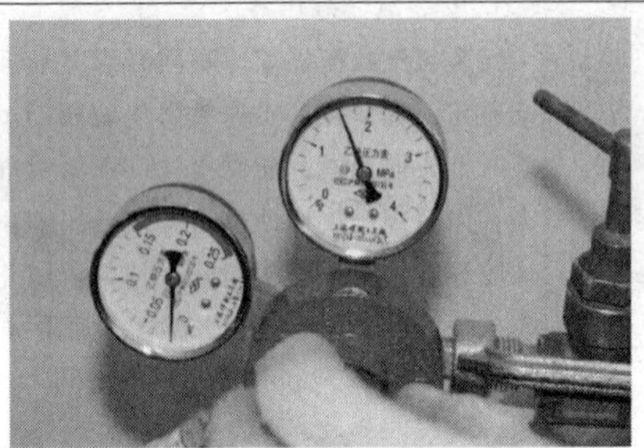

图 3-1-21　调整乙炔工作压力值

7. 调整乙炔工作压力值

按照焊接工艺参数准确调整乙炔所需工作压力值，如图 3-1-21 所示。调整乙炔工作压力值的方法与调整氧气工作压力值方法相同。

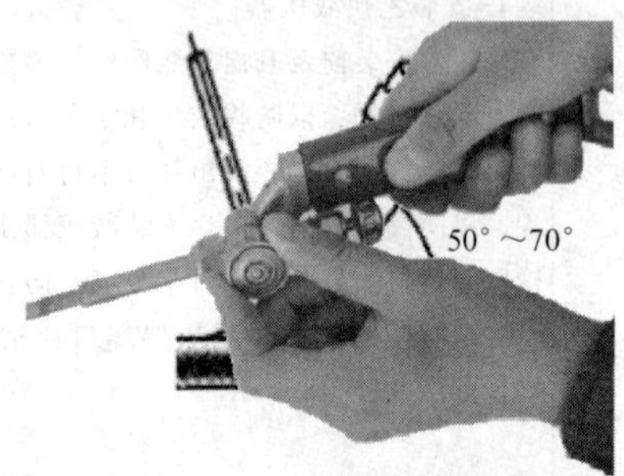

图 3-1-22　逆时针旋转调节乙炔阀门

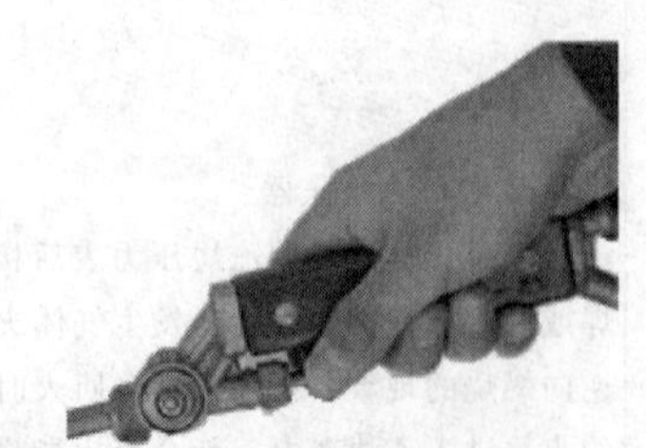

图 3-1-23　逆时针旋转调节氧气阀门

8. 操作方法

① 焊炬火焰点燃。先按逆时针方向旋转乙炔阀门放出乙炔，如图 3-1-22 所示。气体流量应适度，然后再逆时针稍微打开氧气阀门，如图 3-1-23 所示。

②火焰的调节。点燃火焰后右手握住焊炬手柄，左手操作焊炬上的乙炔阀门，右手的拇指和食指操作氧气阀门，逐渐增加氧气供给量，直到火焰内、外焰无明显的界限，即为中性焰时，即可进行施焊操作。

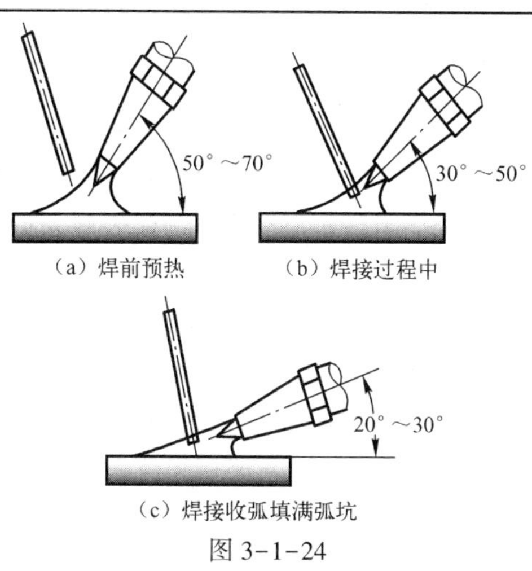

（a）焊前预热　（b）焊接过程中

（c）焊接收弧填满弧坑

图 3-1-24

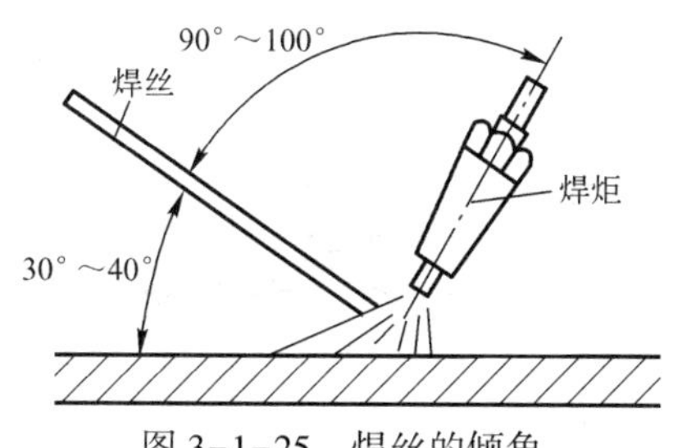

图 3-1-25　焊丝的倾角

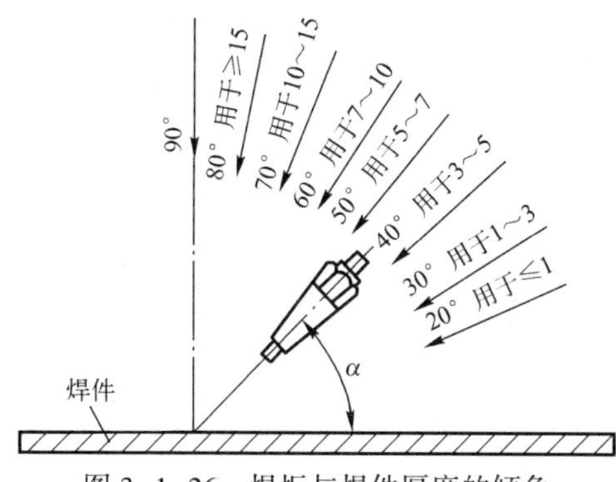

图 3-1-26　焊炬与焊件厚度的倾角

图 3-1-27　飞溅物堵塞焊嘴瞬间回火（放炮现象）

③ 气焊的施焊方法有两种：一种是左焊法，一种是右焊法。在平焊时大多采用左焊法。

④ 焊炬的倾斜角度。焊炬倾斜角度也称为焊嘴倾角，焊炬倾角是指焊嘴中心线与焊件平面之间的夹角，焊嘴倾角与焊件的熔点、厚度、导热性以及焊接位置有关。焊嘴倾角越大，则火焰集中，热量损失少，工件受热量大，升温快；焊嘴倾角小，则火焰分散，热量损失大，工件受热量小，升温慢。在焊接过程中应根据工件具体情况的不同，随时改变焊嘴倾角。焊嘴倾角在焊接过程中的变化，如图 3-1-24（a）、（b）、（c）所示。

⑤ 焊丝倾角。在气焊操作过程中，焊丝和焊件表面的倾斜角一般为 30°～40°，它与焊炬中心线的角度为 90°～100°，如图 3-1-25 所示。焊炬倾斜角与焊件的厚度关系如图 3-1-26 所示。

⑥ 焊缝起头。焊缝起头由于刚开始加热，工件温度低，应将焊炬倾角加大，对准焊件始端做往复运动，进行加热，保证待焊处加热均匀。当焊件由红色熔化成白亮而清晰的熔池时，插入焊丝，将焊丝端头送达火焰焰芯的焰尖处，被熔化的焊丝熔滴滴入熔池，随即抬起焊丝端头 2～3 mm，向前移动形成新的熔池。焊接火焰内层焰心的尖端要距离熔池表面 3～5 mm，自始至终保持熔池的大小、形状不变，防止焊嘴距离工件表面太近被金属氧化飞溅物堵塞焊嘴，造成瞬间（放炮）回火现象发生，如图 3-1-27 所示。

⑦ 焊缝接头。在焊接过程中，当中途停顿后继续施焊时，应用火焰把原熔池重新加热熔化形成熔池后再加入焊丝，重新开始焊接，每次后续焊缝应与前道焊缝重叠 5～8 mm，重叠焊道可不加或少加焊丝，以保证焊缝高度适当及圆滑过渡。

⑧ 焊缝收尾。当焊至试件尾端时，由于尾端散热条件差，应减少焊炬与试件的夹角，同时要增加焊接速度并多加一些焊丝，以防止熔池扩大，形成烧穿。收尾时为了不使空气中的氧气和氮气侵入熔池，可用温度较低的外焰保护熔池，直至填满熔池弧坑，火焰才能缓慢的离开尾端熔池。

1. 气焊的基本原理、特点及应用

(1) 气焊原理

气焊的过程是利用可燃气体与助燃气体混合燃烧的火焰去熔化工件接缝处的金属和焊丝而使金属间牢固连接的方法。

(2) 气焊的特点及应用

气焊具有设备简单、操作方便、实用性强、不需要电源等优点，因此在机械制造和维修中得到了广泛的应用。但同时具有加热速度缓慢、焊接热影响区大、工件变形严重、焊接接头质量低，不适宜焊接中、厚板材等缺点。目前，气焊主要应用于碳钢薄板及小直径管道的焊接。还可应用于有色金属的焊接。

2. 焊接火焰的性质及种类

氧-乙炔火焰根据氧和乙炔混合比的不同，可分为中性焰、碳化焰和氧化焰三种类型，其构造和形状如图 3-1-28 所示。

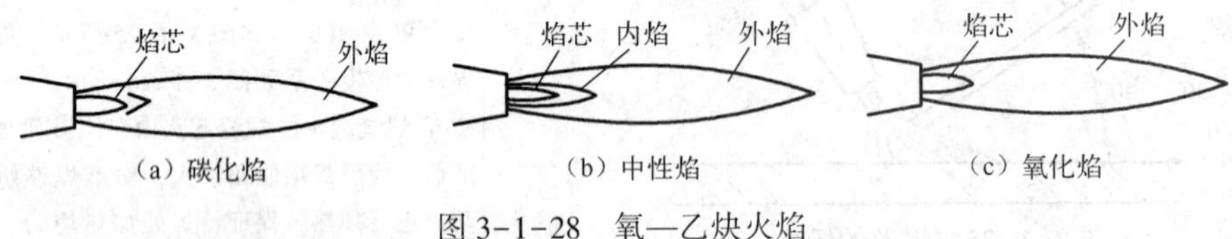

图 3-1-28　氧—乙炔火焰

(1) 碳化焰。整个火焰长而软，焰心较长，呈白色，外围略带蓝色，是乙炔量多、氧气量较少的火焰。乙炔没有达到完全燃烧，温度比中性焰和氧化焰低。最高温度为 2 700 ～ 3 000 ℃，适用于高碳钢、铸铁及硬质合金堆焊。

(2) 中性焰。中性焰有三个显著区别的区域，分别为焰心、内焰和外焰。焰心为尖锥形，呈明亮白色，轮廓清楚，内焰呈蓝白色，外焰与内焰无明显界限，从里向外，由淡蓝色变为橘红色。最高温度可达 3 050 ～ 3 150 ℃，被广泛地应用于低碳钢、高碳钢、低合金钢和有色金属的焊接。

(3) 氧化焰。当氧与乙炔的混合比大于 1.2 时，燃烧所形成的火焰称为氧化焰，也就是氧气量多、乙炔量少混合比火焰。其焰心短而尖，内焰和外焰没有明显的界限，火焰挺直，燃烧时发出急剧的“嘶、嘶”声。火焰有过剩的氧，并具有氧化性，最高温度可达 3 100 ～ 3 300 ℃。一般只用于焊接黄铜、锰钢及镀锌铁皮，焊接钢件时容易产生气孔和变脆。

3. 焊炬和焊丝的运动方式

在施焊操作时，为了控制熔池的热量，获得较高的焊缝质量，焊嘴和焊丝应做均匀协调的摆动。焊嘴和焊丝的摆动有三种基本动作，和焊条电弧焊的运条方法基本相似。

(1) 焊嘴沿焊缝纵向移动，不断的熔化工件和焊丝，形成焊缝。

(2) 焊嘴沿焊缝作横向摆动，充分加热焊件熔池及焊缝边缘，以获得较宽的焊缝成形。

(3) 焊丝在垂直焊缝的方向送进并上下移动，能有效地控制熔池温度和焊丝的填充量。

焊嘴和焊丝的摆动方式及幅度的大小与试件厚度、材质、焊缝的空间位置和焊缝尺寸等因素有关，焊嘴与焊丝的常见摆动方式如图 3-1-29 所示。图 3-1-29 (a)、(b)、(c) 所示的方式适用于较厚的材料；图 3-1-29 (d) 所示的方式适用于较薄的材料焊接；图 3-1-29 (e) 所示的摆动方式适用于右焊法焊接厚度大于 3 mm 而不开坡的焊件，同时也可用左焊法焊接开坡口及较厚的焊件；图 3-1-29 (f) 的摆动方式多用于角焊缝；图 3-1-29 (g) 的摆动方式，用于右焊法焊接厚度大于 5 mm 且开坡口的焊件，此时焊炬不做横向摆动，只是沿直线均匀移动，焊丝做环形的摆动。

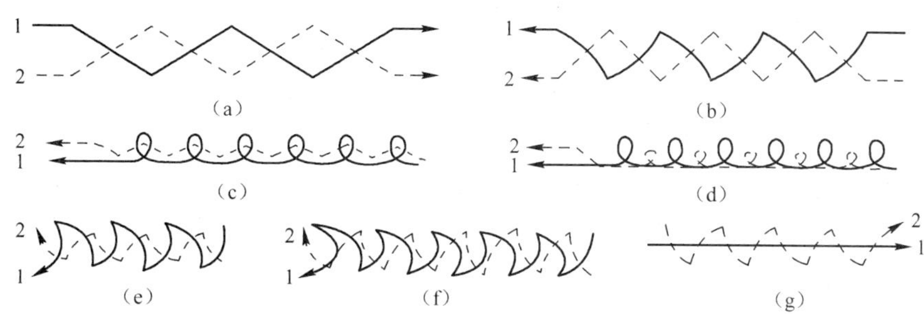

图 3-1-29　焊嘴和焊丝的摆动方式

1—焊嘴；2—焊丝

在操作中还应观察焊缝熔池温度，应灵活运用焊嘴与焊丝的摆动方式。

任务评价

<table>
<tr><td>实训任务</td><td colspan="4">薄板平敷气焊</td><td colspan="2">实训时间</td><td colspan="2"></td></tr>
<tr><td>班　级</td><td colspan="3"></td><td>姓　名</td><td colspan="2"></td><td>成　绩</td><td></td></tr>
<tr><td>注意事项</td><td colspan="8">1. 劳动保护用品穿戴整齐，(防护作业服、防砸鞋、长皮手套)。
2. 焊接操作前应检查焊接设备及辅助工具是否完好无损，发现异常应及时处理。
3. 安装气体减压器前要吹净瓶口内的脏物。
4. 安装气体减压器时要侧身，不能面对瓶嘴方向，防止脱扣发生意外。
5. 焊接操作时要戴好防护眼睛，防止伤眼。
6. 完成任务后要关闭气瓶，旋松减压器手柄放掉表内残余气体。
7. 工具摆放整齐，焊接试件放到安全地方，预防火灾发生</td></tr>
<tr><td rowspan="11">技术考核</td><td>1</td><td rowspan="10">评分标准</td><td>安装气体减压器正确</td><td>15 分</td><td rowspan="8">检测结果</td><td></td><td rowspan="10">得分</td><td></td></tr>
<tr><td>2</td><td>气瓶开启、压力调节正确</td><td>15 分</td><td></td><td></td></tr>
<tr><td>3</td><td>点火及火焰调节正确</td><td>15 分</td><td></td><td></td></tr>
<tr><td>4</td><td>无裂纹</td><td>15 分</td><td></td><td></td></tr>
<tr><td>5</td><td>焊缝宽度不均匀≤3 mm</td><td>10 分</td><td></td><td></td></tr>
<tr><td>6</td><td>焊缝余高≤2 mm</td><td>10 分</td><td></td><td></td></tr>
<tr><td>7</td><td>角变形≤3°</td><td>10 分</td><td></td><td></td></tr>
<tr><td>8</td><td>焊缝直线度≤2 mm</td><td>10 分</td><td></td><td></td></tr>
<tr><td>9</td><td>劳动保护用品齐全</td><td></td><td></td><td>安全教育</td><td></td></tr>
<tr><td>10</td><td>违反操作规程</td><td></td><td></td><td>停止操作</td><td></td></tr>
<tr><td></td><td>总分</td><td></td><td>100 分</td><td></td><td>总得分</td><td></td><td></td></tr>
<tr><td>教师评价</td><td colspan="8"></td></tr>
</table>

否定项：1. 安装气体减压器违反操作规程。
2. 焊道烧穿。
3. 焊道表面出现裂纹。
4. 焊缝原始表面遭到破坏，有加工或补焊等。

1. 薄板对接平位气焊

薄板对接是气焊操作技术里最常见的焊接方法之一。由两块板材为一组，如果板材较长可以采用分段焊接，以防止焊件发生严重变形。气焊操作分左焊法和右焊法两种如图 3-1-30 所示。左焊法：焊丝和焊炬都是从焊缝的右端向左移动，焊丝在焊炬前方，火焰指向焊件金属的待焊部分，这种操作方法称为左焊法，如图 3-1-30（a）所示。右焊法：焊丝与焊炬从焊缝的左端向右端移动，焊丝在焊炬的后面，火焰指向金属已焊部分，这种方法称为右焊法，如图 3-1-30（b）所示。

2. 工件材料准备

（1）工件材料：Q235 低碳钢板

（2）工件尺寸：200 mm×50 mm×2.0 mm 一组两块，如图 3-1-31 所示。

（3）焊接材料：焊丝牌号 H08MnA，直径为 2 mm。

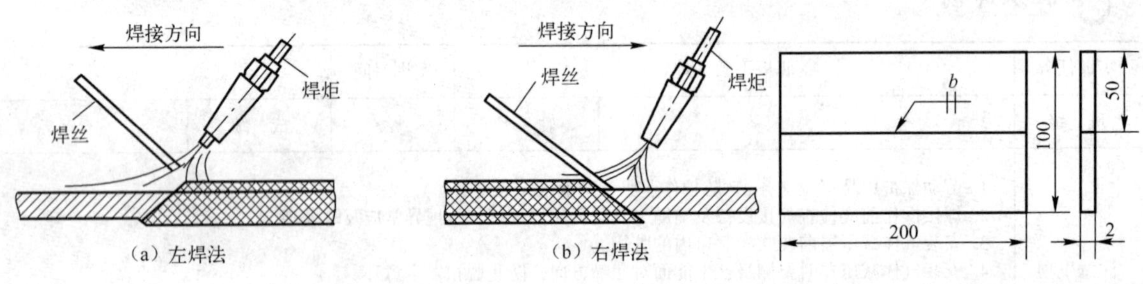

图 3-1-30　左焊法和右焊法　　图 3-1-31　薄板平位对接备料

3. 操作步骤

（1）首先校对试件平直度，焊前应将工件表面的氧化皮、铁锈油污、杂物等用纱布或角向磨光机抛光，直至露出金属光泽。

（2）将工件放于水平位置，摆放整齐，预留间隙 0.5 ～ 1 mm。

（3）定位焊：由于工件厚度为 2 mm，属于薄板，因此定位焊是从中间向两端进行，定位焊焊缝程度为 5 ～ 7 mm，间距控制在 50 ～ 80 mm，如图 3-1-32 所示。

（4）工件反变形。

反变形角度是一个经验参数，不同的材料反变形角度也不同。薄板气焊时的反变形角度为 2°～ 3°，如图 3-1-33 所示。焊接后还会有较大的波浪变形，需要控制好火焰能率。

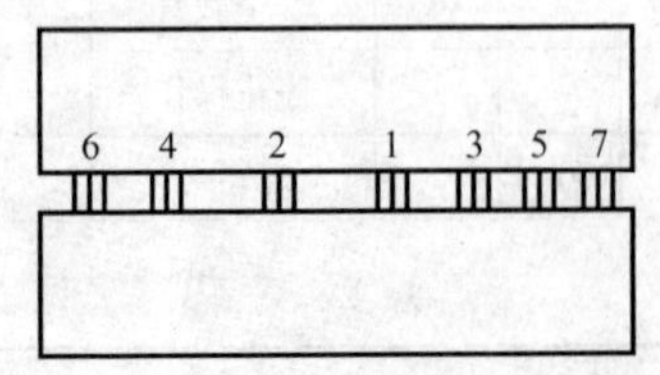

图 3-1-32　工件定位焊顺序示意图

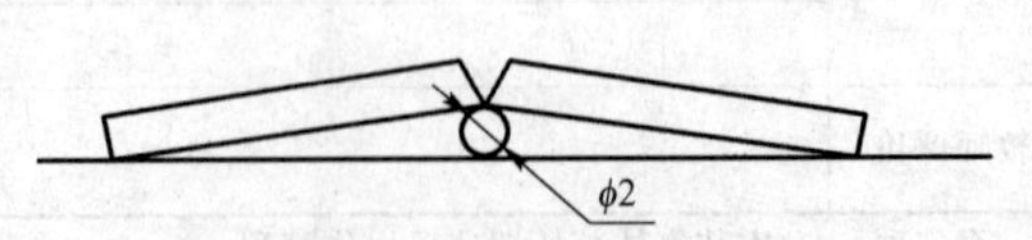

图 3-1-33　反变形示意图

（5）焊接工艺参数见表 3-1-2。

表 3-1-2　焊接工艺参数

焊接层次	焊丝直径/mm	火焰种类	焊炬型号	氧气压力/MPa	乙炔压力/MPa
单层焊	2.0	中性焰或轻微氧化焰	H01-6 配 4 或 5 号焊嘴	0.2～0.3	0.01～0.015

4. 操作方法

气焊火焰的点焰、调节和熄灭。

（1）焊炬的握法：右手持焊炬，将拇指位于乙炔阀处，食指位于氧气阀处，其他三指握住焊炬手柄。

（2）火焰的点燃：先逆时针方向旋转乙炔阀门放出乙炔，再逆时针微开氧气阀门，然后将焊嘴靠近火源点火。点火时，拿火源的手不要正对焊嘴，也不要将焊嘴指向他人。

（3）火焰的调节：开始点燃的火焰多为碳化焰，如要调成中性焰，应逐渐增加氧气的供给量，如继续增加氧气或减少乙炔，就得到氧化焰；反之，减少氧气或增加乙炔，则得到碳化焰。

（4）火焰的熄灭：先顺时针方向旋转乙炔阀门，直至关闭乙炔，再顺时针方向旋转氧气阀门关闭氧气。

5. 操作要领

（1）起头：采用中性焰、左向焊法，焊丝、焊炬与工件的相对位置如图 3-1-34 所示，火焰焰心的末端与焊件表面保持 2 ～ 4 mm。首先将焊炬的倾斜角放大些，然后对准焊件始端做往复运动，进行预热。在第一个熔池未形成前，仔细观察熔池的形成，并将焊丝端部置于火焰中进行预热。当焊件由红色熔化成白亮而清晰的熔池时，便可熔化焊丝，将焊丝熔滴滴入熔池随后立即将焊丝抬起，焊炬向前移动，形成新的熔池，左焊法时焊炬与焊丝端头的位置如图 3-1-35 所示。

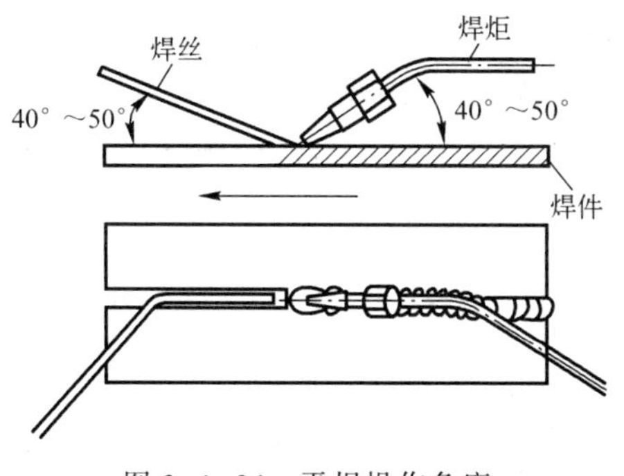

图 3-1-34　平焊操作角度

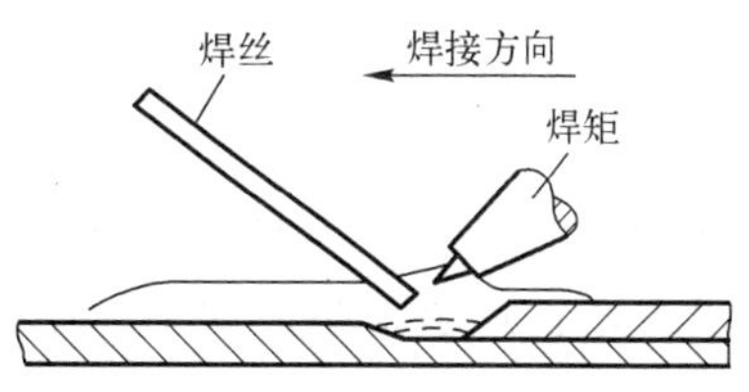

图 3-1-35　焊炬与焊丝的端头位置

（2）焊接中：在焊接过程中，必须保证火焰为中性焰，否则易出现熔池不清晰、有气泡、火花飞溅或熔池沸腾等现象。同时，控制熔池的大小非常关键，若发现熔池过小，焊丝与焊件不能充分熔合，应增加焊炬倾斜角，减慢焊接速度，以增加热量；若发现熔池过大，且没有流动金属时，表明焊件被烧穿。此时应迅速提起焊炬或加快焊接速度，减小焊炬倾斜角，并多加焊丝，再继续施焊。

在焊接过程中，为了获得优质而美观的焊缝，焊炬与焊丝应作均匀协调的摆动。通过摆动，既能使焊缝金属熔透、熔匀，又避免了焊缝金属的过热和过烧。在焊接某些有色金属时，还要不断地用焊丝搅动熔池，以促使熔池中各种氧化物及有害气体的排出，如图 3-1-36 所示。

图 3-1-36　焊接操作中

焊炬摆动基本上有三种动作：第一种，沿焊缝向前移动；第二种，沿焊缝做横向摆动（或做圆圈摆动）；第三种，做上下跳动，即焊丝末端在高温区和低温区之间做往复跳动，以调节熔池的热量。焊炬和焊丝的摆动方法与摆动幅度，同焊件的厚度、性质、空间位置及焊缝尺寸有关。

（3）接头：在焊接中途停顿后又继续施焊时，应用火焰将原熔池重新加热熔化，形成新的熔池后再加焊丝。重新开始焊接时，每次续焊应与前一焊道重叠 5 ～ 10 mm，重叠焊道可不加焊丝或少加焊丝。

（4）收尾：当焊到焊件的终点时。要减小焊炬的倾斜角，增加焊接速度，并多加一些焊丝。同时，应用温度较低的外焰保护熔池，直至熔池填满。火焰才能缓慢离开熔池。在焊接过程中，焊炬倾斜角度随着熔池温度会发生相应的变化，确保整体焊道宽窄一致，成形波纹均匀平直。

任务二　平板对接立位气焊

任务目标

1. 掌握板对接立位气焊的工件装配技术及工艺流程。
2. 正确选择焊接火焰能率及工艺参数。
3. 学会板对接立位气焊的操作手法。
4. 熟练掌握气焊时的焊炬与焊丝相互运动的操作技巧。
5. 掌握板对接立位气焊单面焊双面成形及控制液态金属下坠的操作方法。

任务描述

（1）根据图纸要求准备两块长度为 200 mm 宽度为 80 mm 厚度为 3.0 mm 的板材，I 形坡口，如图 3-2-1 所示。

（2）技术要求：焊道平整无缺陷，保证平直度，防止工件变形。

（3）焊接材料：焊丝牌号 H08MnA，直径为 2 mm。

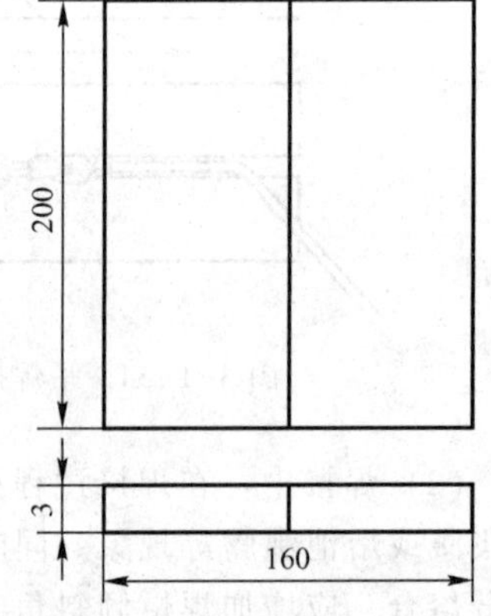

图 3-2-1　立位焊工件示意图

任务分析

平板对接立位焊要比平敷焊难度大一些，原因是熔池中的液态金属易往下淌。焊缝表面不易形成均匀的焊道波纹。为防止熔化金属下淌和焊缝成形不良，焊接火焰应向上倾斜，与焊件成 60°夹角。为了防止熔化金属过多，在施焊时应少加焊丝，并且调整火焰能率，比平位焊火焰能率稍小一些。

任务实施

一、实训准备

1. 前期准备

（1）安全、环保及预防性措施。参照项目一的任务一进行准备。

（2）设备、工具。

① 气焊设备：氧气瓶、乙炔瓶、氧气、乙炔减压器、橡胶导管。

② 气焊工具：角向磨光机、活扳手、钢丝钳、护目镜、点火枪、手锤、钢丝刷、通针等。

（3）环保通风设备：混流风机 HL3-2A-4.5A、轴流风机 TN2-40。

（4）任务完成后，要认真填写任务评价表。

2. 注意事项

（1）工作前检查焊、割器具、压力表等，并检查周围有无易燃、易爆和油类物品，并应远离电源，须有专人负责看火，并有防火措施等。

（2）氧气瓶、乙炔瓶使用地点必须设有瓶架，保证瓶体立直。

（3）安装气体减压器时，要严格遵守操作规程。

（4）所有气焊工具、设备，包括氧气瓶、乙炔瓶、罐、胶管等均应定期按要求进行安全技术检查，不合格的一律严禁使用。

（5）清理焊接飞溅物时，必须戴好防护眼镜，预防伤眼。

（6）操作结束后，应立即关闭气瓶阀门并戴好气瓶安全帽。并仔细检查场地，认真清扫，确认没有火灾隐患后方可离开。

二、实训步骤

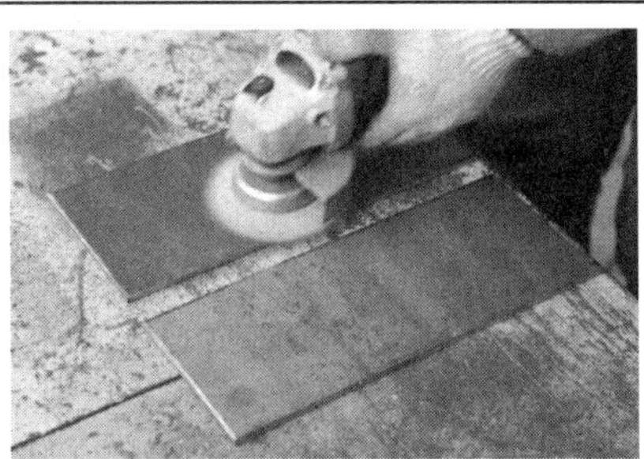

图 3-2-2　清理工件

1. 工件清理

焊前应将工件表面的氧化皮、铁锈油污、脏物等用纱布或角向磨光机抛光，直至露出金属光泽，如图 3-2-2 所示。

2. 确定焊接工艺参数（见表 3-2-1）

表 3-2-1　焊接工艺参数

焊接层次	焊丝直径/mm	火焰种类	焊炬型号	氧气压力/MPa	乙炔压力/MPa
单层焊	2.0	中性焰或轻微氧化焰	H01-6 配 4 号或 5 号焊嘴	0.2～0.3	0.01～0.015

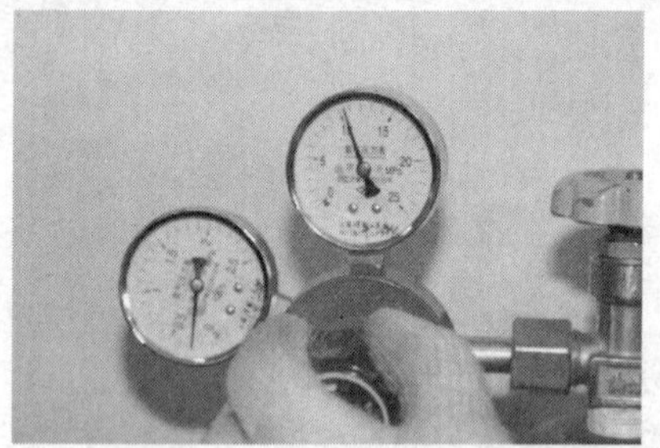

图 3-2-3　调节工作压力值

3. 氧气压力调节

首先开启气瓶阀门，调节氧气减压器工作压力与按顺时针轻轻旋转顶针手杆，如图 3-2-3 所示。到达需要的压力值时，仔细观察压力值，指针不能有上下摆动现象。

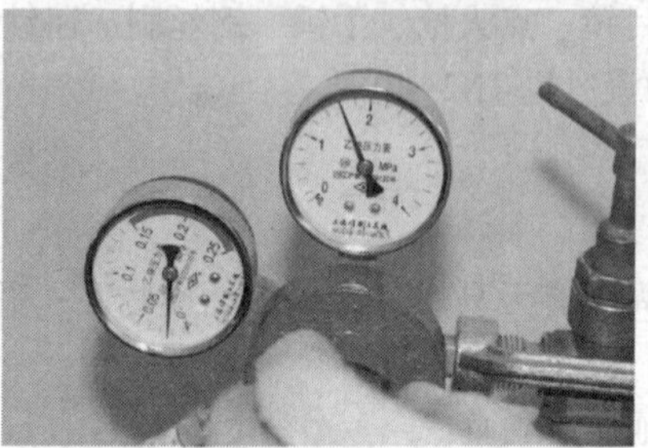

图 3-2-4　调节乙炔工作压力值

4. 乙炔压力调节

调节乙炔减压器工作压力与调节氧气减压器动作相同，如图 3-2-24 所示。

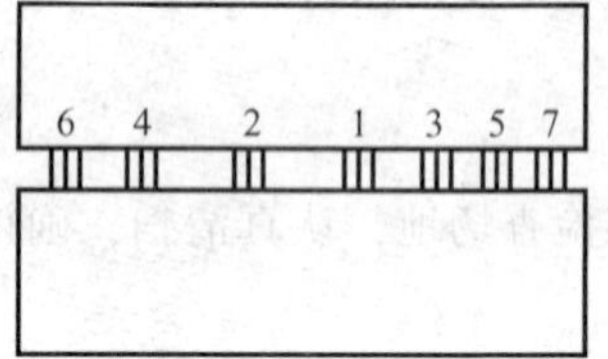

图 3-2-5　工件定位焊

图 3-2-6　工件反变形

5. 工件装配定位焊及反变形

① 工件定位焊。工件材料较薄，定位焊点需分散点焊，如图 3-2-5 所示。

② 反变形。反变形角度应根据工件的厚度和长度来确定的，经验参数约为 2°，如图 3-2-6 所示。

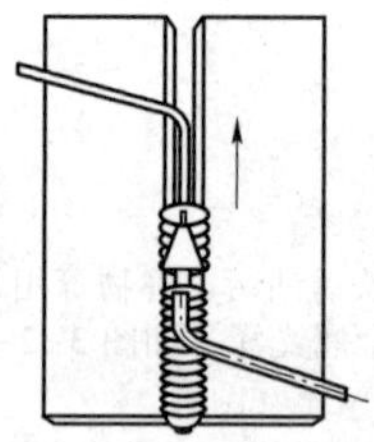

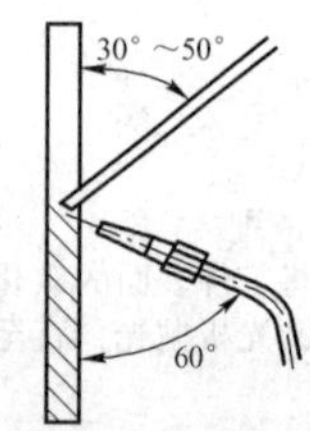

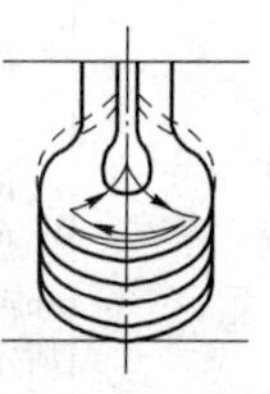

图 3-2-7　板对接向上立焊操作示意图

图 3-2-8　平板对接立位气焊操作

6. 操作方法

平板对接立位气焊一般采用自下而上的向上立焊操作方法，操作时，焊炬沿焊接方向向上倾斜，如图 3-2-7 所示。

要严格控制熔池温度，不能使熔池面积过大，熔池也不能太深。通常，焊嘴不做横向摆动，仅做上下运动，使熔池有冷却的机会，以便控制熔池温度。在焊接过程中，如果发现液态金属即将下淌，应立即将焊炬移开，降低熔池温度后继续进行焊接操作，同时加快焊接速度，保证焊缝成形质量。接头时应将熔池预热形成熔孔后，方可少量添加焊丝继续向上焊接。收尾时，由于整个工件温度升高，应特别注意的是适当降低收尾处熔池温度，同时填满弧坑，以防产生气孔、凹陷及焊瘤等缺陷。

当焊接 3～4 mm 厚的 I 形坡口焊件时，为保证熔透板材，应在起焊处熔出一个直径接近焊件厚度的熔孔，并用火焰加热小孔边缘和焊丝，然后，一方面使熔孔不断向上扩展，如图 3-2-8 所示。另一方面要不断地向熔孔下面的熔池填加焊丝，直至完成焊接过程。

1. 气焊、气割设备

气焊与气割设备及辅助器具，如图 3-2-9 所示。

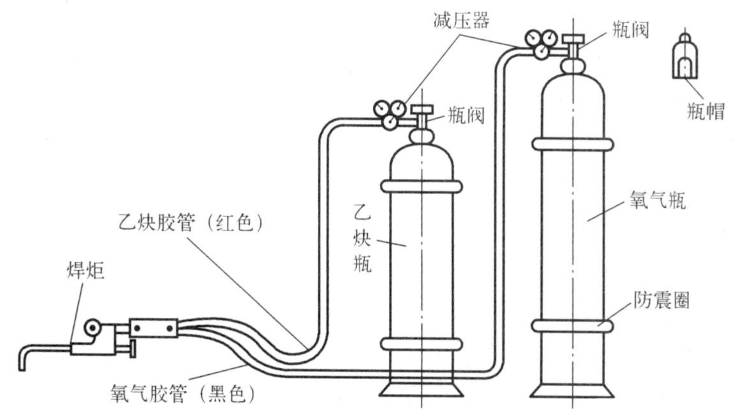

图 3-2-9　气焊设备及辅助器具的连接

2. 氧气瓶

氧气瓶是储存氧气的一种高压容器钢瓶，如图 3-2-9 所示。由于氧气瓶要经受搬运、滚动，甚至还要经受震动和冲击等，所以对材质要求很高，对产品质量要求十分严格，出厂前要经过严格检验，以确保氧气瓶在使用时安全可靠。氧气瓶是一个圆柱形瓶体，瓶体上有防震圈；瓶体的上端有瓶口，瓶口的内壁和外壁均有螺纹（内螺纹、外螺纹），用来安装瓶阀和安全瓶帽；瓶体下端还套有一个增强用的钢环圈瓶座，一般为正方形，便于立稳，卧放时也不至于滚动；为了避免腐蚀和发生火花，所有与高压氧气接触的零件都用黄铜制作；氧气瓶外表喷漆为天蓝色，用黑漆标明“氧气”字样。氧气瓶的容积为 40 L，储存氧气最大压力为 15 MPa，由于氧气化学性质极为活泼，能与自然界中绝大多数元素化合与油脂等易燃物接触会发生剧烈氧化，引起燃烧或爆炸，所以使用氧气时必须注意安全，要远离火源、禁止撞击氧气瓶、严禁在瓶上沾染油脂。

3. 乙炔瓶

乙炔瓶是储存溶解乙炔的钢瓶，如图 3-2-9 所示。在瓶的顶部装有瓶阀供开闭气瓶和安装减压器，并套有瓶帽保护。瓶内装有浸满丙酮的多孔性填充物（活性炭、木屑、硅藻土等）。丙酮对乙炔有良好的溶解能力，可使乙炔安全地储存于瓶内，当使用时，溶在丙酮内的乙炔分离出来，通过瓶阀输出，而丙酮仍留在瓶内，以便溶解再次灌入瓶中的乙炔。在瓶阀下面的填充物中心部位的长孔内放有石棉绳，其作用是促使乙炔与填充物分离。

乙炔瓶的外壳漆成白色，用红色写明“乙炔”和“火不可近”字样。乙炔瓶容量为 40 L，工作压力为 1.5 MPa，而输出给焊炬的压力很小，因此，乙炔瓶须配备减压器及回火防止器。

4. 减压器

（1）氧气减压器

氧气减压器的高压腔与钢瓶连接，低压腔为气体出口，并通往使用系统。高压表的指示值为钢瓶内储存气体的压力。低压表的出口压力可由调节螺杆控制。

使用时先打开钢瓶阀门，然后顺时针转动低压表压力调节杆，使其压缩主弹簧驱动薄膜、弹簧垫块和顶杆而将活门打开。这样进口的高压气体由高压室经节流减压后进入低压室，并经出口通往工作系统。转动调节螺杆，改变阀门开启的高度，从而调节高压气体的通过量并达到所需的压力值。

减压阀都装有安全阀。它是保护减压阀并使之安全使用的装置，也是减压阀出现故障的信号装置。如果由于活门垫、活门损坏或其他原因导致出口压力自行上升并超过一定许可值时，安全阀会自动打开排气。

（2）乙炔减压器

乙炔减压器的本体是由黄铜（HPb59-1）制成。与两级减压系的构造基本相似，均由阀门顶杆、调压弹簧、弹性薄膜装置、减压门等零部件组成。第一级减压系统主要用于将高压气体自动降为中压气体，压力降至 2 MPa，然后送入第二级减压系统。在二级减压系统，当旋拧调压螺杆时，通过调压弹簧、弹性薄膜将活门打开，使减压器活门做不同程度的开启和关闭。

5. 橡胶导管

（1）胶管应按照 GB/T 2550—2016《气体焊接设备　焊接、切割和类似作业用橡胶软管》国家标准的规定保证制造质量。胶管应具有足够的抗压强度和阻燃特性。

根据国家标准规定，氧气胶管为红色，工作压力为 1.5 MPa，胶管内径 8 mm，外径 18 mm。乙炔胶管为黑色，工作压力为 0.3 MPa，胶管内径 ϕ8 mm，外径 ϕ16 mm。

（2）气焊、气割用胶管。

① 按现行标准焊接与切割中使用的氧气胶管为黑色，乙炔胶管为红色。

② 乙炔胶管与氧气胶管不能相互换用，不得用其他胶管代替。

③ 氧气、乙炔气胶管与回火防止器、汇流排等导管连接时，管径必须互相吻合，并用管卡严密固定。

④ 乙炔胶管管段的连接，应使用含铜 70% 以下的铜管、低合金钢管或不锈钢管。

⑤ 工作前应吹净胶管内残存的气体，再开始工作。

⑥ 焊接、切割工作前，应检查胶管有无磨损、扎伤、刺孔、老化、裂纹等情况，并及时修理或更换。

⑦ 禁止使用回火烧损的胶管。

6. 焊炬

焊炬俗称焊枪。焊炬是气焊中的主要设备，它的构造多种多样，但基本原理相同。焊炬是气焊时用于控制气体混合比、流量及火焰并进行焊接的手持工具。焊炬有射吸式和等压式两种，常用的是射吸式焊炬，如图 3-2-10 所示。它由主体、手柄、乙炔调节阀、氧气调节阀、喷射管、喷射孔、混合室、混合气体通道、焊嘴、乙炔管接头和氧气管接头组成。它的工作原理是：打开氧气调节阀，氧气经喷射管从喷射孔快速射出，并在喷射孔外围形成真空而造成负压（吸力）；再打开乙炔调节阀，乙炔即聚集在喷射孔的外围；由于氧射流负压的作用，乙炔很快被氧气吸入混合室和混合气体通道，并从焊嘴喷出形成焊接火焰。

射吸式焊炬的型号有 H01-2 和 H01-6 等。

各种型号的焊炬均备有 5 个大小不同的焊嘴，可供焊接不同厚度的工件使用。

7. 割炬

割炬的作用是使氧气与乙炔按比例进行混合形成预热火焰，并将高压纯氧喷射到被切割的工件上，使被切割金属在氧射流中燃烧，并把燃烧生成的熔渣（氧化物）吹走而形成割缝。割炬是气割工件的主要工具。

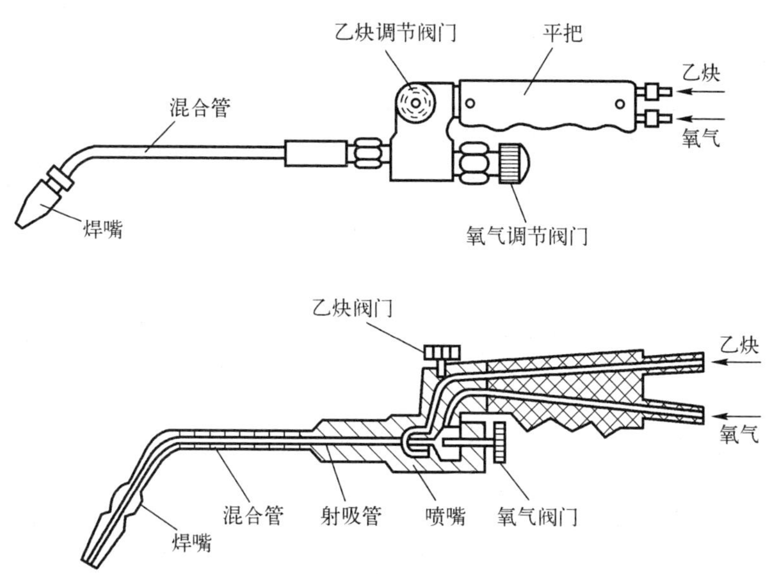

图 3-2-10　射吸式焊炬外形图样及内部构造

割炬按预热火焰中氧气和乙炔的混合方式不同分为射吸式和等压式两种，其中以射吸式割炬的使用最为普遍。

割炬按其用途又分为普通割炬、重型割炬以及焊、割两用炬等。

G01-30 型割炬：

G01-30 型割炬是常用的一种射吸式割炬，能切割 2 ～ 30 mm 厚的低碳钢板。割炬备有三个割嘴，可根据不同板厚进行选用。

G01-30 型割炬主要由主体、乙炔调节阀、预热氧调节阀、切割氧调节阀、喷嘴、射吸管、混合气管、切割氧气管、割嘴、手柄以及乙炔管接头和氧气管接头等部分组成。

G01-30 型割炬的构造可分为两部分：一是预热部分，其构造与射吸式焊炬相同；二是切割部分，有切割氧气调节阀、切割氧气管以及割嘴等组成，如图 3-2-11 所示。

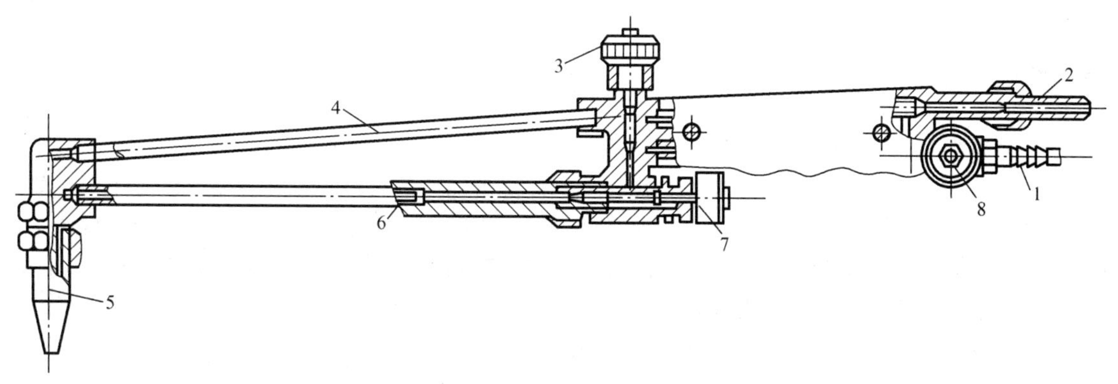

图 3-2-11　射吸式割炬构造图样

1—乙炔接头；2—氧气接头；3—高压氧调节阀；4—高压氧气管；5—割嘴；6—混合气管；7—氧气调节手轮；8—乙炔调节手轮

<table>
<tr><td>实训任务</td><td colspan="2">薄板对接立位焊</td><td colspan="3">实训时间</td></tr>
<tr><td>班级</td><td></td><td>姓名</td><td></td><td>成绩</td><td></td></tr>
<tr><td>注意事项
及要求</td><td colspan="5">1. 劳动保护用品穿戴整齐（防护作业服、绝缘鞋、长皮手套）。
2. 焊接操作前应检查焊接设备及辅助工具是否完好无损。
3. 安装气体减压器前要吹净瓶口内的脏物。
4. 安装气体减压器时要侧身，不能面对瓶嘴方向，防止脱扣发生意外。
5. 焊接操作时要戴好防护眼睛，防止伤眼。
6. 完成任务后要关闭气瓶，旋松减压器手柄放掉表内残余气体。
7. 工具摆放整齐，焊接试件放到安全地方，预防火灾发生</td></tr>
<tr><td>考核项目</td><td>考核内容</td><td>考核要求</td><td>配分</td><td>评分标准</td><td>得分</td></tr>
<tr><td>安全文明生产</td><td>能正确执行安全技术操作规程</td><td>按达到规定标准程度评定</td><td>10</td><td>根据现场表现，视违反规定程度扣1～10分</td><td></td></tr>
<tr><td rowspan="9">主要项目</td><td rowspan="5">焊缝外形尺寸</td><td>正面焊缝余高1～2 mm</td><td>10</td><td>超差1 mm扣2分</td><td></td></tr>
<tr><td>背面焊缝余高1～2 mm</td><td>10</td><td>超差1 mm扣2分</td><td></td></tr>
<tr><td>正面焊缝余高差0～1 mm</td><td>10</td><td>超差1 mm扣2分</td><td></td></tr>
<tr><td>焊缝每侧增宽0.5～2 mm</td><td>10</td><td>超差0.5 mm扣2分</td><td></td></tr>
<tr><td>焊后角变形0°～3°</td><td>10</td><td>超差1°扣2分</td><td></td></tr>
<tr><td rowspan="3">焊缝外观质量</td><td>焊缝表面无气孔、夹渣、焊瘤、未焊透</td><td>20</td><td>焊缝表面有其中一项缺陷扣10分</td><td></td></tr>
<tr><td>焊缝表面无咬边</td><td>10</td><td>咬边深度≤0.5 mm，每长2 mm扣1分，咬边深度>0.5 mm，每长2 mm扣2分</td><td></td></tr>
<tr><td>背面焊缝无凹坑</td><td>10</td><td>凹坑深度≤2 mm，每长5 mm扣2分；凹坑深度>2 mm，扣5分</td><td></td></tr>
</table>

否定项：1. 焊缝表面有裂纹。
2. 焊接时任意改变焊接空间位置。
3. 焊缝原始表面遭到破坏，有加工或补焊、返修焊等。
4. 操作时间超过定额的50%。

1. V形坡口管对接水平转动焊

管对接水平转动焊时，由于管子可以自由转动，焊缝熔池始终可以控制在方便的位置施焊。如果管壁厚度超过2 mm并开有坡口时就不应在水平位置焊接。因为管壁厚，填充金属多，加热时间长，如果熔池处于水平位置，不易得到较大的熔深，同时也不利于焊缝金属的堆高，还会造成焊缝成形不良。管子水平转动焊通常采用上爬坡位置施焊，每组两件，如图3-2-12所示，采用左焊法焊接。

2. 焊前准备

（1）试件材料：20钢

（2）试件尺寸：ϕ60 mm×80 mm×3 mm，60°V形坡口，每组两件如图3-2-13所示。

（3）焊接材料：焊丝牌号H08MnA直径为2.0 mm。

（4）焊接设备及工具：氧气瓶、乙炔瓶、氧气及乙炔减压器、焊炬（H01—6型）、橡胶导管。

（5）辅助器具：护目镜、点火枪、手锤、钢丝刷、通针等。

图 3-2-12　左焊法操作

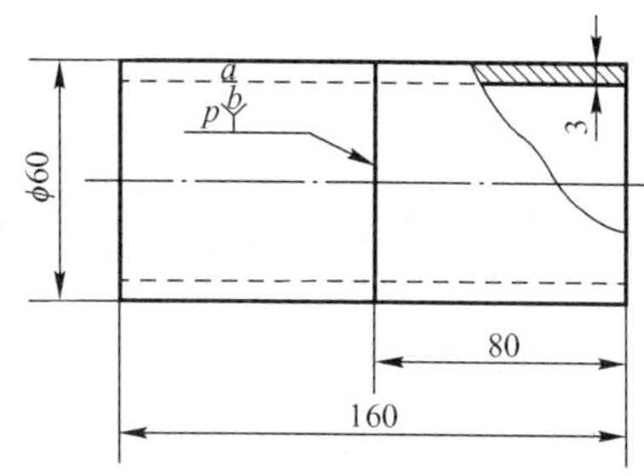

图 3-2-13　管对接试件

3. 操作步骤

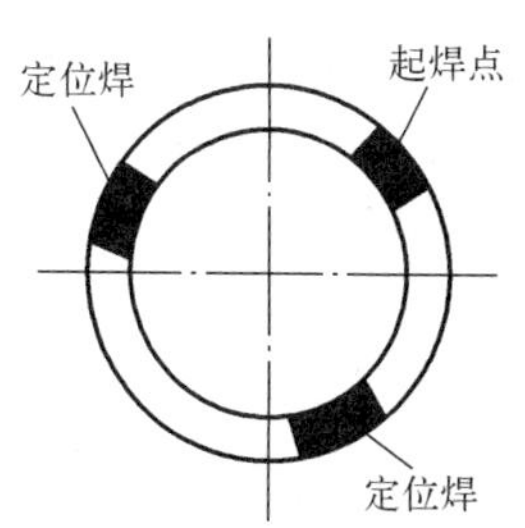

图 3-2-14　定位焊与起焊点

（1）焊前应将工件表面的氧化皮、铁锈油污、脏物等用纱布或角向磨光机抛光，直至露出金属光泽。

（2）修磨钝边 0.5 mm，将工件放于水平位置，可借助滚轮架，摆放整齐，预留间隙 1.5 ～ 2 mm。

（3）定位焊缝长度 6 ～ 8 mm，起焊点约为时钟 2 点的位置，如图 3-2-14 所示。

（4）定位焊缝必须焊透，不允许出现未熔合、气孔、裂纹等缺陷。

（5）确定焊接工艺参数见表 3-2-2。

表 3-2-2　管对接焊接工艺参数

焊接层次	焊丝直径/mm	火焰种类	焊炬型号	氧气压力/MPa	乙炔压力/MPa
一层	2.5	中性焰	H01-6 配 4 或 5 号焊嘴	0.3	0.02～0.03
二层	2.5	中性焰	H01-6 配 4 或 5 号焊嘴	0.3	0.02～0.03

4. 操作方法

（1）打底层焊接

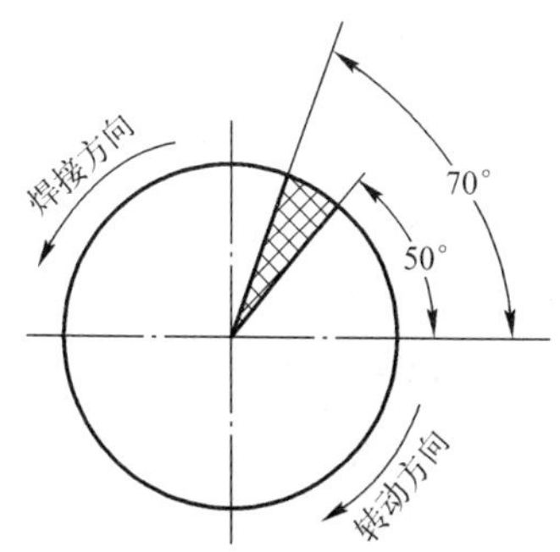

图 3-2-15　管对接爬坡焊角度

管对接水平转动焊打底层焊接采用左向爬坡焊法施焊。焊嘴与钢管表面应控制在水平中心线夹角 50° ～ 70° 进行焊接（见图 3-2-15），应使火焰焰心末端距熔池 3 ～ 5 mm。当看到坡口钝边熔化并形成熔池后，立即将焊丝送入熔池前沿，使之熔化填充熔池。焊炬做圆圈式摆动，同时焊丝不断地向前移动，焊炬和焊丝的摆动方法如图 3-2-16 所示，保证打底层全部焊透。当采用穿孔法焊接时，在金属熔池的前端始终保持一个小熔孔，如图 3-2-17 所示。焊接过程中要使小熔孔不断前移，同时不断地向熔池中填加焊丝，以形成焊缝。焰心端部到熔池的间距一般应保持在 4 ～ 5 mm。间距过大会使火焰的穿透能力减弱，不易形成小熔孔；间距过小，火焰焰心易触及金属熔池，使焊缝产生夹渣、气孔等缺陷。

在保证焊透的前提下，焊接速度应适当地加快。焊嘴一般要做圆圈形运动，这样一方面可以搅拌熔池金属，有利于杂质和气体的逸出，从而避免夹渣和气孔等缺陷的产生；另一方面也可以调节并保持熔孔直径。中途更换焊丝停止焊接后，再次起焊时，必须将前面焊缝熔坑熔透，然后再用“穿孔焊法”向前施焊。

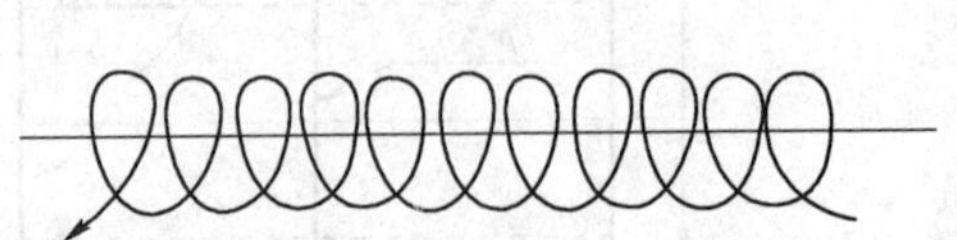

图 3-2-16　焊炬和焊丝摆动方法

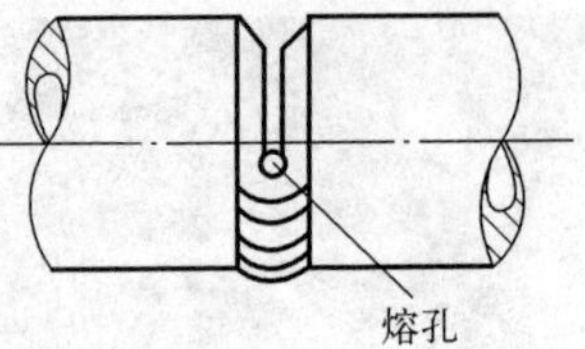

图 3-2-17　熔孔形状

收尾时，可稍稍抬起焊炬，用外焰保护熔池，同时不断地填加焊丝，直至收尾处的熔池填满后，方可撤离焊炬。

（2）盖面焊

打底层焊接时试件温度已升高，所以盖面焊时应减少火焰能率，焊炬要做适当的横向摆动。起焊点要与第一层的起焊点错开 20 ～ 30 mm。每次接头更换焊丝时速度要快，以免产生气孔。焊至终端收尾时，要填满弧坑，并使熔敷金属盖过起焊点 6 ～ 8 mm 后，将焊炬慢慢离开熔池，如图 3-2-18 所示。

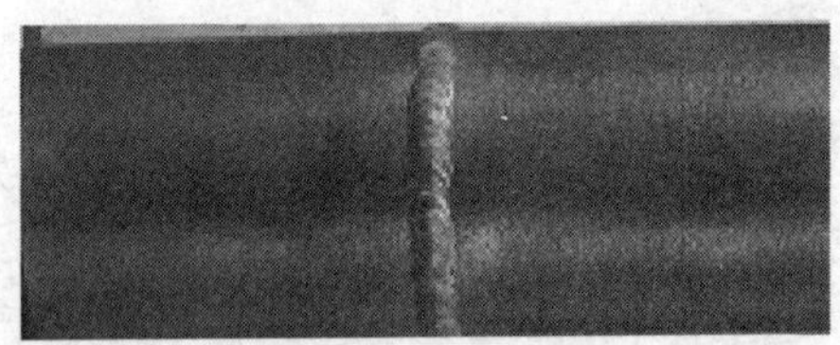

图 3-2-18　成形工件

任务三　薄板对接 I 形坡口仰位焊

任务目标

1. 熟练掌握工件的装配技术及工艺流程。
2. 正确选择焊接火焰能率及工艺参数。
3. 掌握板对接仰位焊的操作方法。
4. 熟练掌握焊炬与焊丝相互运动时角度变化的方法。

任务描述

1. 工件材料准备

工件材质：Q235 低碳钢板材。

2. 识图

根据图纸要求：板材长度为 300 mm，宽度为 100 mm，厚度为 3 mm 共两块。I 形坡口，如图 3-3-1 所示。

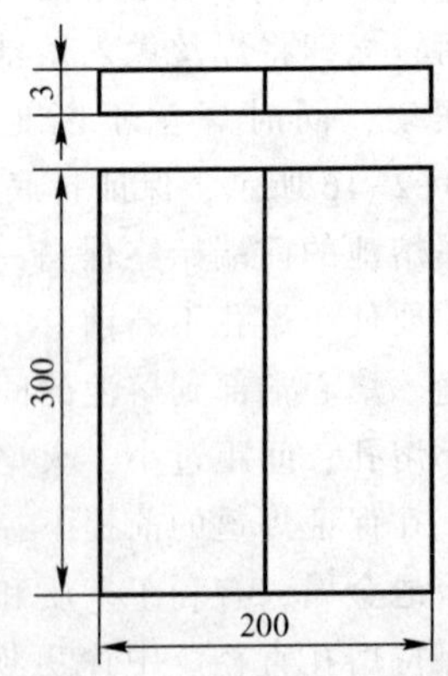

图 3-3-1　仰位焊工件

3. 焊接材料

焊丝牌号 H08MnA，焊丝直径 ϕ2. 5 mm。

4. 技术要求

（1）I 形坡口，单面焊双面成形。

（2）根部间隙自定。

（3）工件离地面高度自定。

仰位焊是各种不同位置焊接中最困难的一种焊接方法。焊件位于水平位置，施焊时，焊接火焰位于焊件下方。焊接时，由于液态金属因自重易下坠滴落，不易控制熔池形状和大小，容易出现焊缝过高、未焊透、咬边、焊瘤等缺陷，难以形成满意的熔池及理想的焊缝形状。需要焊工有较高的操作技术水平。仰位焊操作如图 3-3-2 所示。

图 3-3-2　仰位焊操作

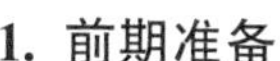

一、实训准备

1. 前期准备

（1）安全、环保及预防性措施。参照项目一的任务一进行准备。

（2）设备、工具。

① 气焊设备：氧气瓶、乙炔瓶、氧气、乙炔减压器、橡胶导管。

② 气焊工具：角向磨光机、活扳手、钢丝钳、护目镜、点火枪、手锤、钢丝刷、通针等。

（3）环保通风设备：混流风机 HL3-2A-4.5A、轴流风机 TN2-40。

（4）任务完成后，要认真填写任务评价表。

2. 注意事项

（1）工作前检查焊、割器具、压力表等，并检查周围有无易燃易爆和油类物品，并应远离电源，须有专人负责看火，并有防火措施等。

（2）氧气瓶、乙炔瓶使用地点必须设有瓶架，保证瓶体立直。

（3）安装气体减压器时，要严格遵守操作规程。

（4）所有气焊工具、设备，包括氧气瓶、乙炔瓶、罐、胶管等均应定期按不同要求进行安全技术检查，不合格的一律严禁使用。

（5）清理焊接飞溅物时，必须戴好防护眼镜，预防伤眼。

（6）操作结束后，应立即关闭气瓶阀门，应戴好气瓶安全帽。并仔细检查场地，认真清扫，确认没有火患后，方可离开。

二、实训步骤

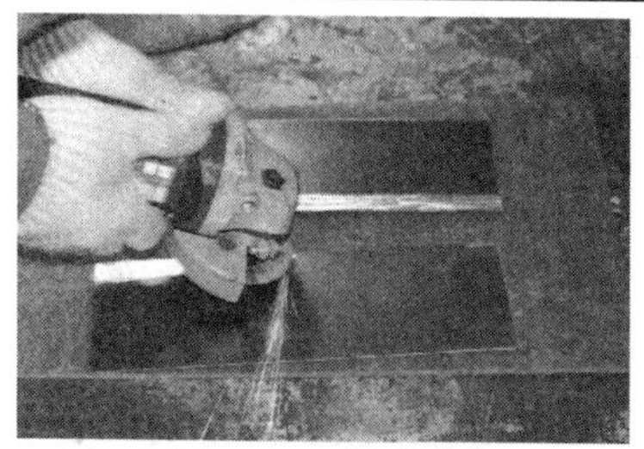 图 3-3-3　打磨除污	1. 工件清理 焊前将工件表面的氧化皮、铁锈及油污、脏物等用角向磨光机抛光，直至露出金属光泽，如图 3-3-3 所示。

2. 确定焊接工艺参数（见表 3-3-1）

表 3-3-1　仰位气焊工艺参数

焊接层次	焊丝直径 /mm	火焰种类	焊炬型号	氧气压力 /MPa	乙炔压力 /MPa
打底层	2.5	中性焰	H01-6 配 4 号或 5 号焊嘴	0.3～0.4	0.03～0.04
盖面层	2.5	中性焰	H01-6 配 4 号或 5 号焊嘴	0.3～0.4	0.03～0.04

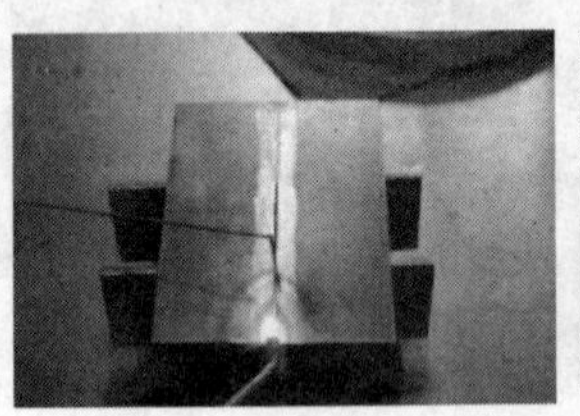
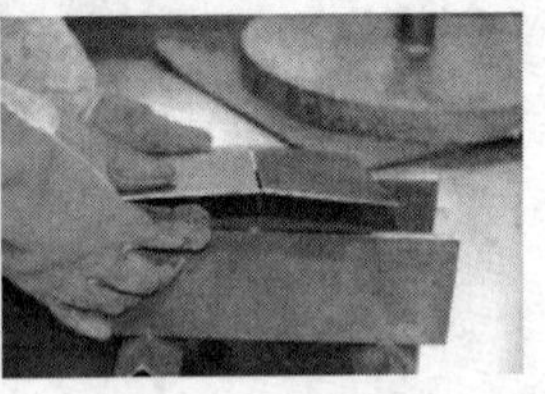

图 3-3-4　工件定位焊、预留反变形量

3. 工件装配、定位焊及反变形

工件组对应在工作台上进行。预留间隙 1.5～2 mm，错边量应小于 0.5 mm，反变形量约为 2°，如图 3-3-4 所示。

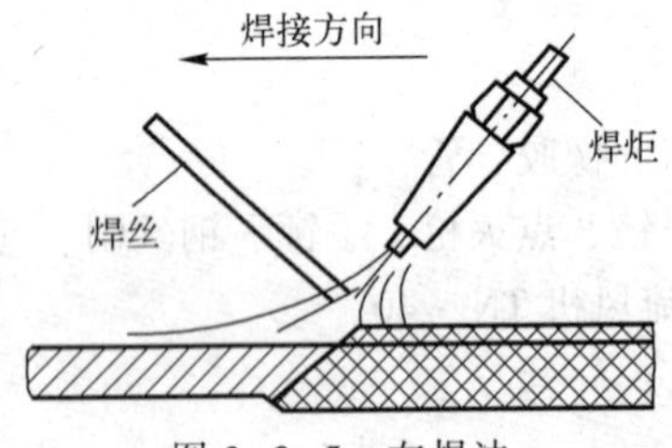

图 3-3-5　左焊法

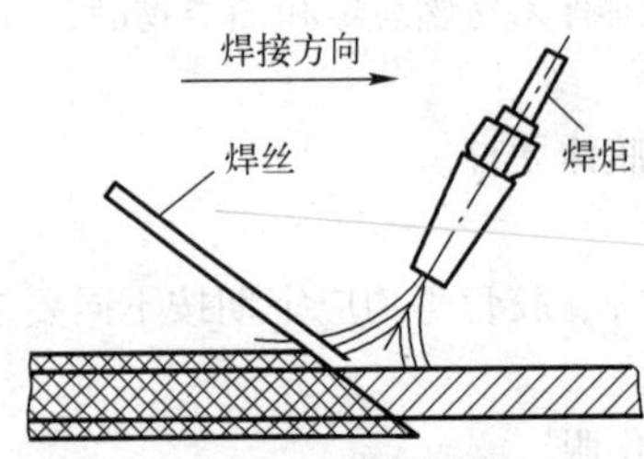

图 3-3-6　右焊法

60°～80°

35°～55°

图 3-3-7　仰焊时焊嘴、焊丝与工件的角度

4. 操作方法

仰位焊可采用左焊法，如图 3-3-5 所示。也可采用右焊法，如图 3-3-6 所示。由于左焊法便于控制熔池和送入焊丝，操作方便，通常都采用左焊法。采用右焊法时，焊丝的末端与火焰气流的压力能防止熔化金属下淌，使得焊缝成形较好。

① 对接接头仰焊时，焊嘴与焊件夹角为 60°～80°，焊丝与焊件的角度为 35°～55°，如图 3-3-7 所示。焊接时借助火焰吹力拖住熔化的液体金属，使其不至下坠，并用焊丝挡住部分火焰，使熔池保持适当温度。在焊接过程中，焊嘴与焊丝可不间断的呈月牙形左右摆动，如图 3-3-8 所示。

仰焊要选择较小的火焰能率，采用的焊嘴型号可比平焊所用的小一号。焊接过程中要严格控制熔池的温度、形状和大小，保持液态金属始终处于黏团状态。

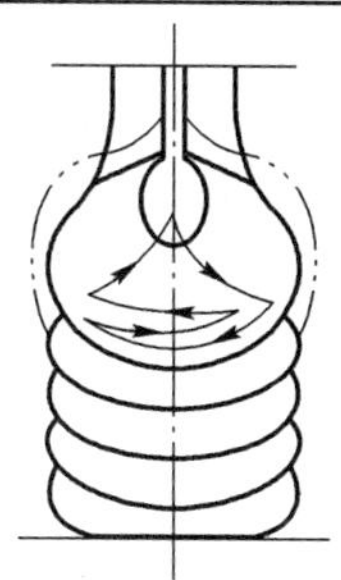 图 3-3-8 焊嘴与焊丝的运动形式	② 第一层焊接时，采用较小直径的焊丝，以薄层堆敷，同时要防止熔池温度过低，否则会出现未焊透或夹渣等缺陷。 盖面层焊接要控制焊缝两侧熔合良好，应圆滑过渡到母材，同时控制好熔池温度，防止咬边，保证焊缝成形美观。

常见的气焊焊接缺陷、产生的原因及防止措施

常见的气焊焊接缺陷可分为外部缺陷和内部缺陷两大类。外部缺陷位于焊缝的外表面，一般用肉眼或低倍放大镜即可以发现。常见的外部缺陷包括焊缝尺寸不符合要求、表面气孔、咬边、未焊满、凹坑、烧穿、焊瘤和裂纹等；内部缺陷位于焊缝内部，需用破坏性试验或非破坏性试验等方法才能发现，如内部夹渣、气孔、未熔合、未焊透及层状撕裂等。

一、焊缝尺寸不符合要求

焊缝的尺寸与设计上要求的尺寸不符，或者焊缝成形不良，出现凸凹不平、宽窄不一、焊接波纹粗劣等现象。焊缝尺寸不符合要求，不仅影响焊缝的美观，还会影响焊缝金属与母材的熔合，造成应力集中，严重影响焊件的安全使用。

焊缝尺寸不符合要求产生的原因主要有：接头边缘加工不整齐、坡口角度或装配间隙不均匀；焊接工艺参数不正确，如火焰能率过大或过小、焊丝和焊嘴的倾角配合不当、气焊焊接速度不均匀等；操作技术不当，如焊嘴或焊丝横向摆动不一致等。

防止焊缝凸凹不平、宽窄不一、焊接波纹粗劣的措施有：正确调整火焰能率；将焊件接头边缘调整齐；气焊过程中焊嘴、焊丝的横向摆动要一致；焊接速度要均匀且不要向熔池内填充过多的焊丝。

二、未焊透

焊接时接头根部未完全熔透的现象称为未焊透。未焊透不仅降低了焊接接头的机械性能，而且在未焊透的缺口及末端处形成应力集中，进一步引起裂纹的产生。在重要的焊缝中，若发现有未焊透缺陷，必须铲除，重新补焊。

产生未焊透的原因很多，例如焊接接头在气焊前未清理干净，存在铁锈、杂质和油污等；坡口角度过小、接头间隙太小或钝边过厚；焊嘴号码过小，火焰能率不够或焊接速度过快；焊件的散热速度过快，使得熔池液态金属存在的时间短，以致填充金属与母材之间不能充分地熔合。

未焊透采取的防止措施，除了选择合理的坡口形式和装配间隙外，应在焊前进行仔细的清理，消除坡口两侧的氧化物和油污；根据板厚正确选用相应的焊嘴和焊丝直径；在焊接时选择合理的火焰能率和焊接速度；尤其是对导热快、散热面积大的焊件，要进行焊前预热和在焊接过程中加热焊件的方法。

三、未熔合

焊接时，焊缝与母材之间或焊道与焊道之间，未完全熔化结合的部分称为未熔合。未熔合减小了焊缝有效工作截面，使焊接接头的承载能力下降；在未熔合处还可以引起应力集中，导致裂纹的产生，造成不良后果。

产生未熔合的主要原因是火焰能率过小，并且气焊火焰偏向坡口一侧，使母材或前一层焊缝金属未熔化就被填充金属敷盖所造成的；当坡口或前一层焊缝表面有锈或污物时，也会形成未熔合。在气焊时，注意观察坡口两侧熔化情况，采用稍大的火焰能率，焊接速度不宜过快，确保母材或前一层焊缝金属熔化等措施可以有效地防止未熔合的现象产生。

四、咬边

由于焊接工艺参数选择不当，或操作技术不正确，沿焊趾的母材部位产生沟槽或凹陷称为咬边。

咬边使母材金属的有效截面减少，削弱了焊接接头的强度，并且咬边处会引起应力集中，承载后有可能在咬边处产生裂纹，甚至引起结构的破坏。在一般焊接结构中，咬边的深度通常不允许超过 0.5 mm；对于承受载荷的重要焊接构件，如高压容器、管道等，不允许存在咬边。

产生咬边的原因是火焰能率过大，焊嘴倾角不正确，焊嘴与焊丝摆动不协调等。在气焊操作中，不论采用什么焊法，都要使焊丝带住铁水，而不使其下流；火焰应正对焊缝中心，保持熔池不过大而且使焊丝的运动范围达到熔池的边缘，且稍作停顿就可有效地防止咬边。

五、烧穿

在焊接过程中，熔化金属自坡口背面流出，形成穿孔的缺陷称为烧穿。

产生烧穿的原因主要是接头处间隙过大或钝边太薄；火焰能率过大；气焊速度太慢。尤其是焊接薄板时，最容易发生烧穿。选择合理的坡口，坡口角度和间隙不宜过大，钝边不宜过小；火焰能率和焊接速度适当；薄板单面焊尽量采用较小的火焰能率施焊，均可防止熔化金属自背面流出、形成穿孔即烧穿现象发生。

六、凹坑

焊后在焊缝表面或焊缝背面形成低于母材金属表面的局部低洼部分称为凹坑。

在凹坑内不仅容易产生气孔、夹渣和微小的裂纹，而且还会使该处焊缝的强度严重削弱，尤其是在气焊收尾时一定要将凹坑填满。在气焊薄板时，若火焰能率过大或收尾时间过短，未将熔池填满均可形成凹坑，焊缝收尾时应多滴几滴铁水，防止产生凹坑。

七、过热

气焊时，当金属被加热到一定温度时，其组织和性能会发生变化。金属过热的特征是金属表面变黑，氧化皮增多，金属晶粒粗大，金属变脆。有金属过热的地方应用机械的方法去除，然后补焊。产生过热的原因主要是：火焰能率过大，焊接速度过慢，焊炬在某处停留时间过长，采用氧化焰焊接等。防止过热的主要措施有：严格选择焊接工艺参数，根据焊件的厚度选用合适的焊炬和焊嘴及焊丝；采用中性焰或轻微碳化焰，正确掌握焊接速度，防止熔池金属温度过高等。

八、焊瘤

在焊接过程中，熔化金属流淌到焊缝金属之外未熔化的母材上所形成的金属瘤称为焊瘤。焊瘤不仅影响焊缝的外观，而且在焊瘤出现的同时还伴随着未焊透的现象发生，因此，容易引起应力集中。管道内部的焊瘤，会使管内截面积减小，阻碍油、气、水的流通，甚至造成堵塞。产生焊瘤的主要原因是，火焰能率太大；焊接速度太慢；焊件装配间隙过大；焊丝和焊嘴角度不正确等。一般当立焊或仰焊时，应选用比平焊小的火焰能率；焊件的装配间隙不能太大；焊丝和焊嘴的角度适当都能有效地防止焊瘤。

九、夹渣

焊后残留在焊缝中的熔渣称为夹渣。

夹渣与夹杂物不同，夹杂物是由于焊接冶金反应产生的，焊后残留在焊缝金属中的非金属杂质，如氧化物、硫化物、硅酸盐等。夹杂物一般尺寸很小，呈分散形分布。夹渣一般尺寸较大，常为1毫米至几毫米长。夹渣在金相试样磨片上可直接观察到，用射线探伤也可以检查出来。

由于夹渣外形不规则，大小相差悬殊，对接头性能影响就比较严重。夹渣会降低焊接接头的塑性和韧性，夹渣的尖角引起应力集中，特别是对于淬火倾向较大的焊缝金属，容易在夹渣尖角处产生很大的集中应力而形成焊接裂纹。

产生夹渣的原因有：母材或焊丝的化学成分不当；在坡口边缘有污物存在、焊层和焊道间的熔渣未清除干净；焊接时，火焰能率过小，使熔池金属和熔渣所得到的热量不足，流动性降低，使熔渣浮不上来；熔池金属冷却速度过快，使熔渣来不及浮出就已凝固；焊丝和焊嘴角度不正确等。防止产生夹渣的措施包括：选用合格的焊丝；焊前对坡口清理，彻底清除焊丝表面的锈蚀和油污，在焊接时应彻底清除焊层间的熔渣；选择合理的火焰能率和其他焊接工艺参数；在焊接时，注意熔渣的流动方向，随时调整焊丝和焊嘴的角度，并不断地用焊丝将熔池内的熔渣挑出来，使熔渣能顺利地浮到熔池的表面。

十、气孔

焊接时，熔池中的气泡在凝固时未能逸出而残留下来所形成的空穴称为气孔。气孔又可分为密集气孔、条虫状气孔和针状气孔等。处于焊缝表面的气孔称为表面气孔，处于焊缝内部的气孔称为内部气孔。

根据产生气孔的气体不同，可将气孔分为氢气孔、一氧化碳气孔和氮气孔。氢气孔的产生是由于在焊接时，原先溶于熔池中的氢在熔池结晶时，由于氢的熔解度急剧下降又不能大量析出，便在焊缝中形成氢气孔。对于低碳钢，氢气孔在通常情况下出现在焊缝表面，在个别情况下，氢气孔也可能出现在焊缝内部，但对于有色金属，氢气孔大部分在焊缝内部。氢气孔的断面一般为螺钉状，从焊缝表面看呈圆喇叭口状。在气焊碳钢时，由于冶金反应会产生一定数量的一氧化碳，在熔池结晶过程中来不及逸出的一氧化碳残留在焊缝内部形成一氧化碳气孔。多数情况下，一氧化碳气孔出现在焊缝内部，并沿结晶方向分布，呈条虫状。

气孔不仅使焊缝金属的有效工作截面减少，从而使焊缝的机械性能下降，而且还破坏了焊缝的致密性，容易造成泄漏。条虫状气孔和针状气孔比圆形气孔的危害性更大，在这类气孔中的边缘有可能发生应力集中，致使焊缝的塑性降低。

产生气孔的原因是，熔池周围的空气、火焰分解及燃烧的气体产物、焊件上的杂质产生的气体和返潮的熔剂受热分解后产生的气体通过溶解和化学反应进入熔池，在熔池结晶时，这些气体以气泡的形式往外逸出，如果在熔池凝固前来不及逸出气泡，就会在焊缝中形成气孔。防止气孔产生的措施有：选用合格的焊丝、熔剂；在焊前应将坡口两侧20～30 mm范围内的油、锈、水及其他污物清除干净，填加焊丝要均匀，焊嘴的摆动不能过快和幅度过大，注意加强火焰对熔池的保护；气焊熔剂要妥善保存，防止受潮；焊前对工件预热，焊接时选用合适的焊接速度，在焊接终了和焊接中途停顿时，应慢慢撤离焊接火焰，使熔池缓慢冷却，从而使气体充分从熔池中逸出，减少气孔的产生。

十一、裂纹

在焊接应力及其他致脆因素共同作用下，焊接接头中局部地区的金属原子结合力遭到破坏形成的新界面而产生的缝隙称为焊接裂纹，焊接裂纹具有尖锐的缺口和大长宽比特征。焊接裂纹是最危险的焊接缺陷，严重地影响着焊接结构的使用性能和安全可靠性，焊接裂纹是引起许多焊接结构破坏事故的直接原因。裂纹除了降低焊接接头的强度外，还因裂纹末端的尖锐缺口，引起应力集中，促使裂纹发展直至焊接接头破坏。

根据形成焊接裂纹的温度可分为热裂纹和冷裂纹，根据裂纹发生的位置可分为焊缝金属中的裂纹和热影响区中的裂纹。

1. 热裂纹

焊接过程中，焊缝和热影响区金属冷却到固相线附近的高温区产生的焊接裂纹称为热裂纹。在焊缝金属中的热裂纹也称为凝固裂纹。

由于被焊材料大多是合金，而合金凝固开始到最终结束，是在一定温度范围内进行的，这就是热裂纹产生的基本原因。焊缝金属中许多杂质的凝固温度都低于焊缝金属的凝固温度，因而首先凝固的焊缝金属把低熔点杂质推挤到结晶的晶粒边界，形成一层液体薄膜；再者，焊接时熔池的冷却速度很快时，焊缝金属在冷却过程中发生收缩，使焊缝金属内部产生了拉应力；拉应力把凝固的焊缝金属沿结晶的晶粒边界拉开，又没有足够的液体金属补足时，就会形成微小的裂纹。随着温度继续下降，拉应力会不断增大，裂纹不断扩大，最后形成了凝固裂纹。

硫是引起钢材焊缝金属中发生凝固裂纹的最主要的元素，硫在钢中与铁化合生成硫化亚铁（FeS），硫化亚铁又与铁发生反应形成一种共晶物质，凝固温度为988 ℃，远低于钢的凝固温度。另外，当钢的含碳量较高时，有利于硫在晶界中富集，所以采用含碳量低的焊接材料有利于防止凝固裂纹的产生。

在热影响区熔合线附近产生的热裂纹称为液化裂纹或称热撕裂。多层焊时，前一焊层的一部分即为后一焊层的热影响区，所以，液化裂纹也可能在焊缝层间的熔合线附近产生。液化裂纹产生的原因与凝固裂纹相似，即在不完全熔化区晶界处的易熔杂质有一部分发生熔化，形成液体薄膜，在拉应力的作用下，形成细小的裂纹。液化裂纹一般长约0.5 mm，很少超过1 mm，这种裂纹可成为冷裂纹的裂源，因此，危害性也很大。

热裂纹显著的特征是断口呈蓝黑色，即金属被高温氧化的颜色。有时在热裂纹里有流入熔渣的迹象。在凹坑内出现的裂纹一般为热裂纹。

防止产生热裂纹的主要措施包括：

（1）严格控制母材和焊丝中碳、硫、磷的含量。由于锰具有脱硫作用，应适当提高锰的含量。总之，正确选用焊丝的牌号、使用合理、采用优质的焊丝是防止热裂纹产生的重要措施。

（2）对于刚性较大的焊件，因焊接时产生的变形小，结果使焊接应力增大，促使热裂纹产生。在焊接时应选择合适的焊接工艺参数，在必要时应采取预热和缓冷措施，并合理地安排焊接方向和焊接顺序，以减少焊接应力。

（3）热裂纹极易在凹坑内产生，即弧坑裂纹。气焊时应避免出现凹坑，在气温较低的场所焊接或焊接中途停顿或收尾时，应注意填满凹坑并将火焰缓慢离开。

（4）调整焊缝金属的合金成分，如焊接铬镍不锈钢时，适当提高焊缝金属的含铬量，可显著增强焊缝金属的抗热裂性能。在焊缝金属中加入可使晶粒细化的元素，如钼、钒、钛、铌、锆、铝等，有利于消除集中分布的液体薄膜，能有效地防止热裂纹的产生。

2. 冷裂纹

焊接接头冷却到较低温度时产生的焊接裂纹称为冷裂纹。冷裂纹和热裂纹的主要区别是：冷裂纹在较低的温度下形成，一般在 200 ～ 300 ℃以下形成；冷裂纹不是在焊接过程中产生的，而是在焊后延续一定时间后才产生，如果钢在焊接接头冷却到室温后并在一定时间（几小时、几天、甚至十几天以后）才出现的冷裂纹就称为延迟裂纹；冷裂纹多在焊接热影响区内产生，沿应力集中的焊缝根部所形成的冷裂纹称为焊根裂纹，沿应力集中的焊趾处所形成的冷裂纹，称为焊趾裂纹，在靠近堆焊焊道的热影响区内所形成的裂纹称为焊道下裂纹；冷裂纹有时也在焊缝金属内发生，一般焊缝金属的横向裂纹多为冷裂纹；与热裂纹相比，冷裂纹断口无氧化色。

冷裂纹产生的原因有：钢材的淬火倾向、残余应力、焊缝金属和热影响区的扩散氢含量等。其中氢的作用是形成冷裂纹的重要原因。

当焊缝和热影响区的含氢量较高时，焊缝中的氢在结晶的过程中向热影响区扩散，当该处存在着显微缺陷时，氢原子就会结合成氢分子在该处聚集，形成很大的压力；如果被焊材料的淬硬倾向较大，焊后冷却下来，就会在热影响区形成脆而硬的马氏体组织；再加上焊后的焊接残余应力，在上述三方面的因素共同作用下，导致了冷裂纹的产生。由于在不同材料中氢的扩散速度不同，因而使冷裂纹的产生具有延迟性。

防止产生冷裂纹的主要措施包括：

（1）焊前预热和焊后缓冷。这样不仅能改善焊接接头的组织，降低热影响区的硬度和脆性，还能加速焊缝中的氢向外扩散，同时也起到了减少焊接应力的作用。

（2）选择合适的焊接工艺参数。尤其是焊接速度，既不能过快，也不能过慢。若焊接速度太快，易形成淬火组织；若焊接速度过慢，就会使热影响区变宽；总之，都会促使产生冷裂纹。在焊接时，应采用合理的装配和焊接顺序，以减少焊接残余应力。

（3）在气焊前应去除坡口两侧和焊丝表面的油、锈、水等污物，气焊熔剂在使用前应烘干，以减少焊缝中氢的来源。

（4）重要的焊件焊后应立即进行消除应力的热处理和去氢处理，消除残余应力，使氢从焊接接头中充分逸出。去氢处理，一般指焊件焊后立即在 200 ～ 350 ℃的温度下保温 2 ～ 6 h，然后缓冷，其主要目的是使焊缝金属内扩散的氢加速逸出。

<table>
<tr><td>实训任务</td><td colspan="2">薄板对接I形坡口仰位焊</td><td colspan="2">实训时间</td></tr>
<tr><td>班级</td><td></td><td>姓名</td><td></td><td>成绩</td></tr>
<tr><td>注意事项及要求</td><td colspan="4">1. 劳动保护用品穿戴整齐，(防护作业服、防砸鞋、长皮手套)。
2. 焊接操作前应检查焊接设备及辅助工具是否完好无损，发现异常现象应及时报告。
3. 安装气体减压器前要吹净瓶口内的脏物。
4. 安装气体减压器时要侧身，不能面对瓶嘴方向，防止脱扣发生意外。
5. 焊接操作时要戴好防护眼睛，防止伤眼。
6. 完成任务后要关闭气瓶，旋松减压器手柄放掉表内残余气体。
7. 工具摆放整齐，焊接试件放到安全地方，预防火灾发生</td></tr>
</table>

<table>
<tr><td>序号</td><td>考核要点</td><td>配分</td><td>评 分 标 准</td><td>得分</td></tr>
<tr><td rowspan="2">1</td><td rowspan="2">焊前准备</td><td rowspan="2">10</td><td>1. 工件清理不干净，点固定位焊不正确，扣 5 分。</td><td></td></tr>
<tr><td>2. 焊接工艺参数调整不正确，扣 5 分</td><td></td></tr>
</table>

序号	考核要点	配分	评分标准	得分
2	焊缝外观质量	40	1. 焊缝余高>4 mm，扣4分。 2. 焊缝余高差>3 mm，扣4分。 3. 焊缝宽度差>3 mm，扣4分。 4. 背面余高>3 mm，扣4分。 5. 焊缝直线度>2 mm，扣4分。 6. 角变形>3°扣4分。 7. 错边>0.3 mm，扣4分。 8. 背面凹坑深度>0.8 mm，扣4分。 9. 咬边深度≤0.5 mm，累计长度每5 mm扣1分；咬边深度>0.5 mm或累计长度>30 mm扣8分	
3	焊缝内部质量	40	1. 焊缝质量达到Ⅰ级，扣0分。 2. 焊缝质量达到Ⅱ级扣10分。 3. 焊缝质量达到Ⅲ级扣30分。 4. 焊缝质量达到Ⅳ级，此项考核按不及格论	
4	安全文明生产	10	1. 劳动保护用品穿戴不齐全，扣5分。 2. 气割过程中有违反安全操作规程现象1次，扣5分。 3. 操作结束后，场地清理不干净，工具码放不整齐，扣5分。 4. 出现重大安全事故隐患，此项考核按不合格处理	
5	总分	100分		

任务扩展

1. 薄板对接横位焊

板材对接横位焊比平位焊难掌握，主要困难是由于熔池金属下滴，使焊缝上边容易产生咬边、焊缝下边容易形成焊瘤和未焊透等缺陷，如图3-3-9所示。

2. 工件材料准备

（1）工件材料：Q235低碳钢板。

（2）工件尺寸：200 mm×75 mm×3.0 mm，两块，如图3-3-10所示。

（3）焊接材料：焊丝牌号H08MnA，直径为2.5 mm。

3. 操作步骤

（1）校对工件平直度，焊前应将工件表面的氧化皮、铁锈油污、杂物等用钢丝刷或角向磨光机抛光，直至露出金属光泽。

（2）将工件放于水平位置，摆放整齐，预留间隙0.5 ～ 1 mm。

（3）定位焊：由于工件厚度为3 mm，属于薄板，因此定位焊是从中间向两端进行，定位焊焊缝长度为5 ～ 7 mm，间距控制在50 ～ 65 mm。

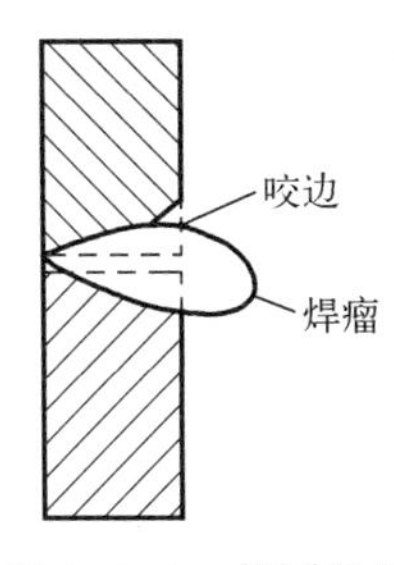

图 3-3-9　焊道缺陷

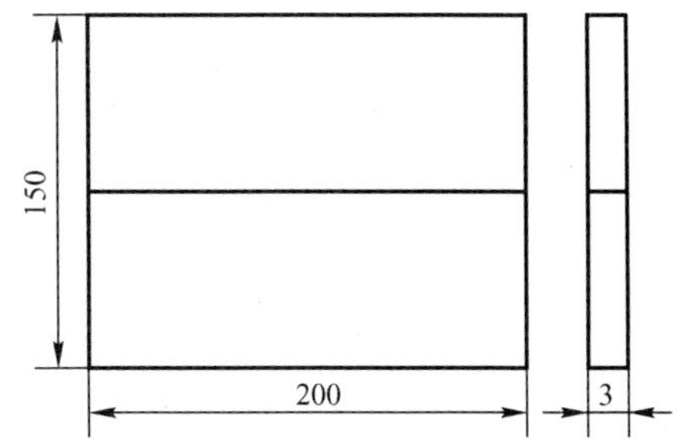

图 3-3-10　板对接横位焊

（4）工件反变形。反变形角度是一个经验参数，不同的材料反变形角度也不同。薄板气焊时的反变形角度为 2°～ 3°，如果控制不得当，焊接后还会有较大的波浪变形，需控制好火焰能率。

（5）焊接工艺参数见表 3-3-2。

表 3-3-2　焊接工艺参数

焊接层次	焊丝直径 /mm	火焰种类	焊炬型号	氧气压力 /MPa	乙炔压力 /MPa
单层焊	2.5	中性焰或轻微氧化焰	H01-6 配 4 号或 5 号焊嘴	0.2～0.3	0.01～0.015

4. 操作方法

（1）选用较小的火焰能率。

（2）仔细观察并控制熔池温度，既保证焊透，又不能使熔池金属温度过高而产生液态金属下坠。

（3）施焊时，焊枪稍向上倾斜，并与焊件保持 65°～ 75°倾角，如图 3-3-11 所示，利用气体火焰的吹力来托住熔池金属。

（4）焊接时，焊丝要始终保持在熔池中，并不断把熔化金属向上推送，同时焊枪与焊丝做斜圆圈形不断的摆动，如图 3-3-12 所示。

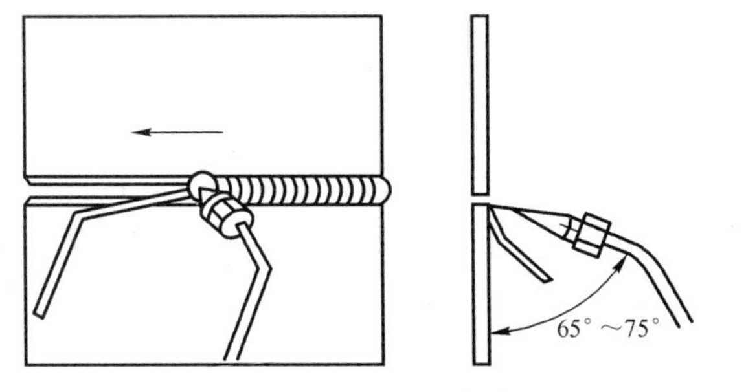

图 3-3-11　焊枪与工件角度

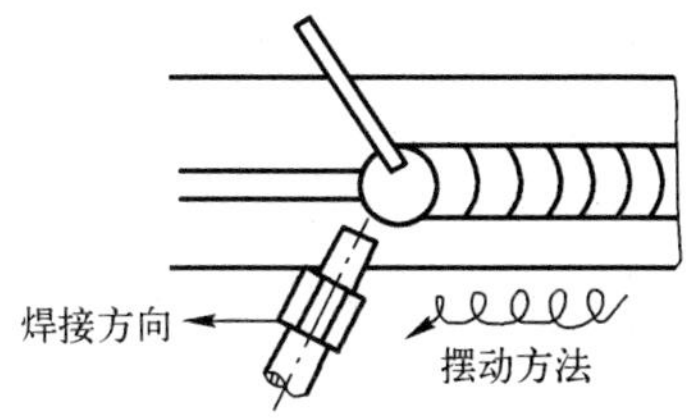

图 3-3-12　焊枪与焊丝摆动方法

（5）操作时，为防止焊接火焰烤手，可先将焊丝前端 60 ～ 80 mm 处加热弯成大于 90°的角度，便于送丝。

任务四　小径管V形坡口对接水平固定焊

1. 熟练掌握工件的装配技术及工艺流程。
2. 正确选择焊接火焰能率及工艺参数。
3. 掌握管对接水平固定焊的操作方法。
4. 熟练掌握气焊时焊炬与焊丝相互运动时角度变化的操作技巧。
5. 学会控制熔池温度防止铁水下坠，以免产生焊瘤。

1. 工件材料准备

工件材质：20钢管。

2. 识图

根据图纸要求：管材每节长度为100 mm，共两节。管材直径ϕ60 mm，管材壁厚为3.5 mm，坡口角度为60°，V形坡口，如图3-4-1所示。

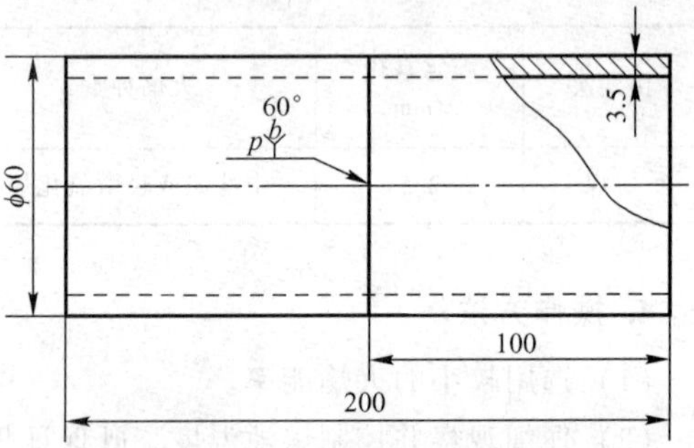

图3-4-1　管对接水平固定焊

3. 焊接材料

焊丝牌号H08MnA，焊丝直径ϕ2.5 mm。

4. 技术要求

(1) 管对接水平固定焊，单面焊双面成形。

(2) 根部间隙、钝边自定。

(3) 不允许任意改变焊接空间位置。

任务分析

管对接水平固定气焊的操作难度较大，是因为在操作时，包括除了横位焊外所有的焊接位置。操作时应将钢管分成两个半圈进行施焊，由于管径小、曲率大，要不断的随着钢管的表面焊缝位置的变化来调整焊炬与焊丝的倾角，以保证不同位置的熔池形状一致，确保焊道正面、背面成形良好。

一、实训准备

1. 前期准备

(1) 安全、环保及预防性措施。参照项目一的任务一进行准备。

（2）设备、工具。

① 气焊设备：氧气瓶、乙炔瓶、氧气、乙炔减压器、橡胶导管。

② 气焊工具：角向磨光机、活扳手、钢丝钳、护目镜、点火枪、手锤、钢丝刷、通针等。

（3）环保通风设备：混流风机 HL3-2A-4.5A、轴流风机 TN2-40。

（4）任务完成后，要认真填写任务评价表。

2. 注意事项

（1）工作前检查焊、割器具、压力表等，并检查周围有无易燃易爆和油类物品，并应远离电源，须有专人负责看火，并有防火措施等。

（2）氧气瓶、乙炔瓶使用地点必须设有瓶架，保证瓶体立直。

（3）安装气体减压器时，要严格遵守操作规程。

（4）所有气焊工具、设备，包括氧气瓶、乙炔瓶、罐、胶管等均应定期按不同要求进行安全技术检查，不合格的一律严禁使用。

（5）清理焊接飞溅物时，必须戴好防护眼镜，预防伤眼。

（6）操作结束后，应立即关闭气瓶阀门，应戴好气瓶安全帽。并仔细检查场地，认真清扫，确认没有火灾隐患后，方可离开。

二、实训步骤

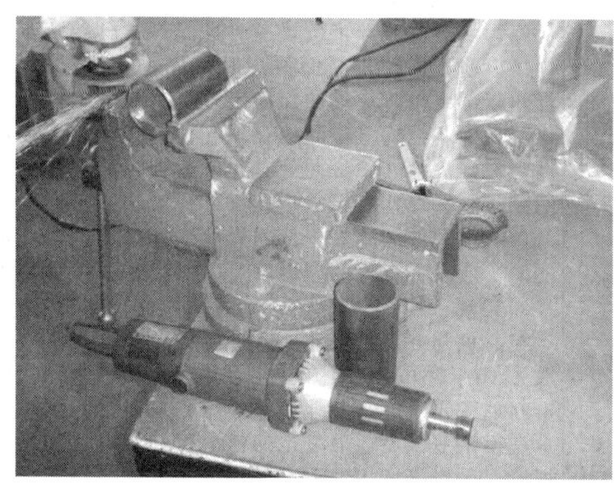

图 3-4-2　小径管打磨除锈

1. 工件清理

焊前将工件表面的氧化皮、铁锈油污、脏物等用角向磨光机清理，直至露出金属光泽，如图 3-4-2 所示。用直磨机磨管径内圆。修磨钝边 0.5 mm，将工件放于水平位置，摆放整齐，预留间隙 3～3.5 mm。

2. 确定焊接工艺参数（见表 3-4-1）

表 3-4-1　气焊水平固定管工艺参数

焊接层次	焊丝直径 /mm	火焰种类	焊炬型号	氧气压力 /MPa	乙炔压力 /MPa
打底层	2.5	中性焰	H01-6 配 4 号或 5 号焊嘴	0.4	0.03～0.04
盖面层	2.5	中性焰	H01-6 配 4 号或 5 号焊嘴	0.4	0.03～0.04

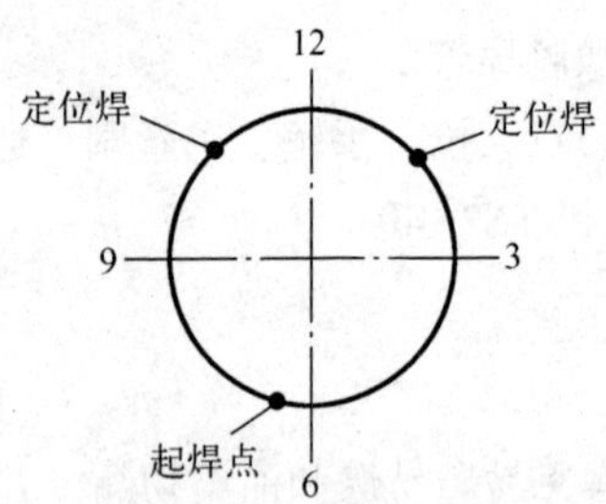

图 3-4-3　工件定位焊点与焊缝起头位置

3. 定位焊

定位焊分别在时钟 10 点和时钟 2 点位置，缝长度 6～8 mm，焊缝起头：在相当于时钟 6 点半前位置起焊，如图 3-4-3 所示。

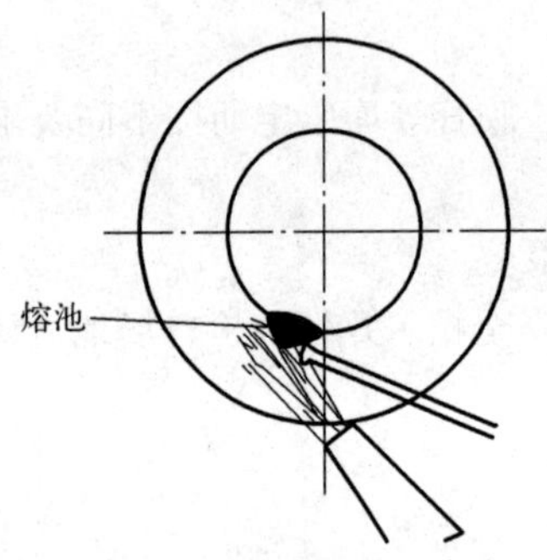

图 3-4-4　焊丝端位于火焰保护区内

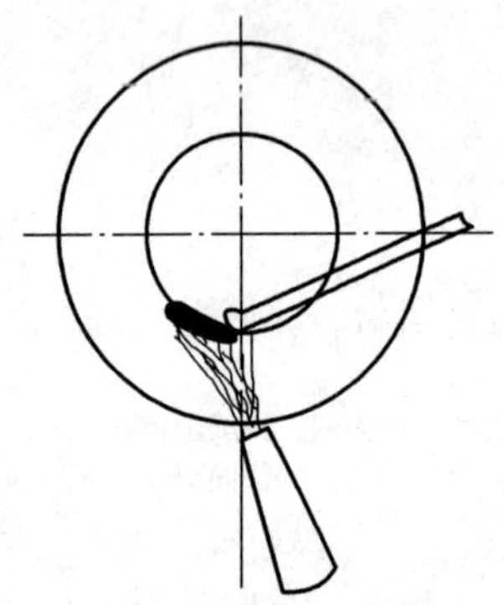

图 3-4-5　焊丝从对口间隙伸入到管内

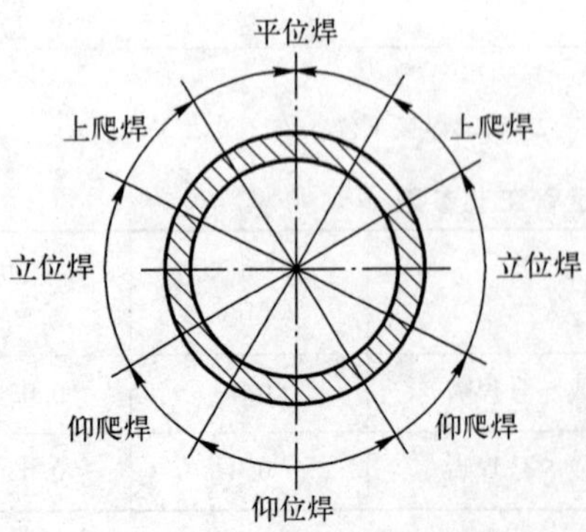

图 3-4-6　固定焊焊接顺序分布图

4. 操作方法

(1) 打底层焊接

施焊从正仰 6 点半位置逆时针起焊，分两个半圈完成焊接。途径仰位焊，仰位焊时，焊丝应位于焊嘴上部，焊丝端部要位于火焰的保护区内，如图 3-4-4 所示。火焰应指向熔池后方，利用火焰气体对液态金属的承托作用来减轻焊道凹陷。此外，还有一种方法也能解决焊缝凹陷问题，焊接时可采用较细的焊丝，焊接时，焊丝从对口间隙中伸入到管内部，焊丝端部熔滴进入管内的熔池上，能获得很好的背面成形，如图 3-4-5 所示。

仰爬焊、立位焊、上爬焊至平焊位置如图 3-4-6 所示。起点和终点都要和前段焊缝搭接一段，搭接长度一般为 10～20 mm，如图 3-4-7 所示。随着焊接空间位置不断地变化，应不断地调整焊枪与焊丝的角度，同时注意观察熔池温度，如发现熔池温度过高，应间断地抬起焊枪，适当降低熔池温度，以免温度过高钢管内部出现焊瘤或正面熔池熔化金属下淌。变换位置或更换焊丝接头时，应在坡口处前方加热接头处熔池，待两侧坡口钝边充分熔化后，填丝至熔孔处继续焊接。

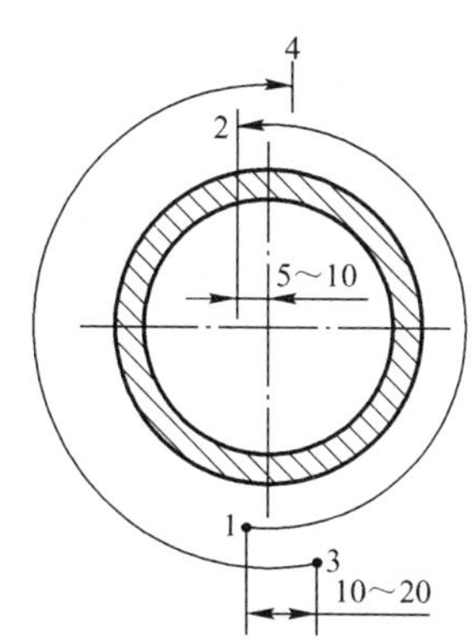

图 3-4-7　前、后半圈焊道搭接示意图

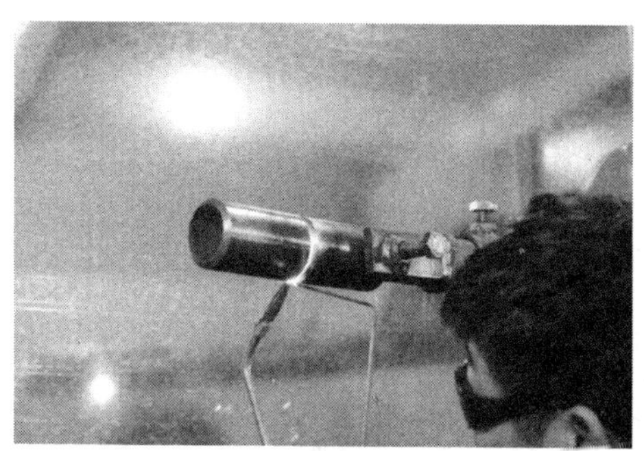

图 3-4-8　焊炬横摆向上运动

（2）盖面层焊接

第二层焊缝为盖面层焊接，其焊接方法及焊嘴与焊丝的夹角与打底层相同，为保证焊缝宽度和焊缝余高，焊炬可做横摆向上运动的动作，如图 3-4-8 所示。焊缝熔池宽应压住坡口两侧棱边 1.5 mm 左右。值得注意的是，仰焊时，焊嘴与焊丝要配合得当，焊丝不应填加过多，根据熔池形状的变化，不断地调整气焊火焰对熔池的加热时间。当熔池增大时，应立即将火焰移开，待熔池稍冷后再继续焊接。焊接过程中要严格控制熔池温度，以防焊缝金属过热、过烧或形成焊瘤等缺陷。焊接位置发生变化时，要及时调整焊炬与焊丝角度，确保焊道成形良好。

相关知识

1. 氧气的性质

（1）物理性质

① 常压、常温时是气态。

② 分子式为 O_2，无色、无味比空气略重。

③ -183℃时为淡蓝色液体，-218℃时为淡蓝色固态。

（2）化学性质

① 本身不能燃烧只能助燃，化学性质活泼，几乎能与一切物质发生反应（氧化反应）。

② 剧烈化学反应为燃烧。

③ 与油脂接触易产生燃烧，使用时禁止将气瓶阀、氧气减压器、焊炬、割据等沾上油脂。

（3）氧气纯度要求及制取

① 纯度越高工作效率和构件质量越高，（单位时间内）消耗量大为降低。

② 一般工业氧气二级基本可达到要求（气割时应不低于 98.5%）（一级为 99.5%）。

③ 工业上氧气的制取常用液化空气分离法。

2. 乙炔的性质

（1）物理性质

乙炔是一种无色而有特殊臭味的碳氢化合物气体，分子式为C_2H_2，密度比空气小。

（2）化学性质（爆炸性）

① 可燃性，燃烧值高（与氧气混合时火焰温度可达到3 000～3 300℃，足以满足焊接和切割要求）。

② 爆炸性危险气体气压为0.15 MPa时，温度达到580～600℃就可自行爆炸，压力越高，爆炸的温度越低，与空气混合时，一旦遇到火花立即爆炸。

③ 与空气或纯氧混合，体积比达到2.2%～81%或2.8%～93%时，遇火发生爆炸。

④ 与铜、银长期接触生成爆炸性混合物乙炔铜、乙炔银，当温度达110～120℃或剧烈振动时发生爆炸。所以禁止采用含铜、银量超过70%的合金制作与乙炔长时间接触的工具。

⑤ 乙炔与氯、次氯酸盐化合时会发生燃烧和爆炸，禁止用四氯化碳来灭火。

（3）乙炔的制作

乙炔是由电石和水相互分解而得到的。

电石（碳化钙）

$$CaC_2+H_2O=C_2H_2\uparrow+Ca(OH)_2+127\,000\ J/mol$$

由于其在丙酮溶液中溶解度很大，所以常溶解于丙酮溶液中储存。

（4）液化石油气

主要成分是丙烷、丁烷、丙烯等碳氢化合物，是石油的副产品。

常压下以气态存在，在0.8～1.5 MPa压力下可变为液态。其与空气、氧混合产生爆炸的范围比乙炔小，较安全。

燃烧速度较乙炔低，温度也较低，割嘴喷口较大时，切割时预热时间比乙炔长，氧气消耗量比乙炔大，切割质量较好，薄板切割质量更好。

3. 焊丝与焊剂

（1）对焊丝的要求：成分与焊件基本相同，表面清洁无油污杂物，不易产生气孔、夹杂等缺陷，具有良好的工艺性能。

（2）常用焊丝牌号见表3-4-2。

表3-4-2　常用焊丝牌号

碳素结构钢焊丝		合金结构钢焊丝	
H08	低碳钢	H08Mn2Si	碳素钢及普通低合金钢
H08A	低、中碳钢及部分低合金钢	H10Mn2MoA	普通低合金钢
H08E		H10Mn2MoVA	普通低合金钢
H08Mn	碳素钢及普通低合金钢	H08CrMnMoA	铬钼钢等
H08MnA		H18CrMnMoA	结构钢
H15A	中等强度工件	H30CrMnSiA	铬锰硅钢
H15MnA	高强度工件	H10MoCrA	耐热合金钢

任务评价

<table>
<tr><td>实训任务</td><td colspan="3">薄板对接立位焊</td><td colspan="2">实训时间</td></tr>
<tr><td>班级</td><td colspan="2"></td><td>姓名</td><td>成绩</td><td></td></tr>
<tr><td>注意事项及要求</td><td colspan="5">1. 劳动保护用品穿戴整齐，(防护作业服、绝缘鞋、长皮手套)。
2. 焊接操作前应检查焊接设备及辅助工具是否完好无损。
3. 安装气体减压器前要吹净瓶口内的脏物。
4. 安装气体减压器时要侧身，不能面对瓶嘴方向，防止脱扣发生意外。
5. 焊接操作时要戴好防护眼睛，防止伤眼。
6. 完成任务后要关闭气瓶，旋松减压器手柄放掉表内残余气体。
7. 工具摆放整齐，焊接试件放到安全地方，预防火灾发生</td></tr>
</table>

<table>
<tr><td>序号</td><td>考核要点</td><td>配分</td><td>评 分 标 准</td><td>得分</td></tr>
<tr><td rowspan="2">1</td><td rowspan="2">焊前准备</td><td rowspan="2">10</td><td>1. 工件清理不干净，点固定位不正确，扣 5 分。</td><td></td></tr>
<tr><td>2. 焊接工艺参数调整不正确，扣 10 分</td><td></td></tr>
<tr><td rowspan="9">2</td><td rowspan="9">焊缝外观质量</td><td rowspan="9">40</td><td>1. 焊缝余高>4 mm，扣 4 分。</td><td></td></tr>
<tr><td>2. 焊缝余高差>2 mm，扣 4 分。</td><td></td></tr>
<tr><td>3. 焊缝宽度差>3 mm，扣 4 分。</td><td></td></tr>
<tr><td>4. 焊缝直线度 2 mm，扣 4 分。</td><td></td></tr>
<tr><td>5. 角变形 1.5%，扣 4 分。</td><td></td></tr>
<tr><td>6. 错边>0.5 mm，扣 4 分。</td><td></td></tr>
<tr><td>7. 通球（球直径 45.5 mm）不过，扣 4 分。</td><td></td></tr>
<tr><td>8. 咬边深度≤0.5 mm，累计长度每 5 mm 扣 1 分；咬边深度>0.5 mm 或累计长度>15 mm，扣 8 分。</td><td></td></tr>
<tr><td>焊缝外观质量得分低于 24 分，此项考核按不及格论</td><td></td></tr>
<tr><td rowspan="4">3</td><td rowspan="4">焊缝内部质量</td><td rowspan="4">40</td><td>1. 焊缝质量达到Ⅰ级扣 0 分。</td><td></td></tr>
<tr><td>2. 焊缝质量达到Ⅱ级扣 10 分。</td><td></td></tr>
<tr><td>3. 焊缝质量达到Ⅲ级扣 20 分。</td><td></td></tr>
<tr><td>4. 焊缝质量达到Ⅳ，此项考核按不及格论</td><td></td></tr>
<tr><td rowspan="3">4</td><td rowspan="3">安全文明生产</td><td rowspan="3">10</td><td>1. 劳动保护用品穿戴不齐全，扣 5 分。</td><td></td></tr>
<tr><td>2. 焊接过程中有违反安全操作规程现象，情节严重停止操作。</td><td></td></tr>
<tr><td>3. 操作结束后，场地清理不干净，工具码放不整齐，扣 5 分</td><td></td></tr>
<tr><td>5</td><td>总分</td><td>100 分</td><td></td><td></td></tr>
</table>

否定项：1. 焊缝表面有裂纹

2. 焊接时任意改变焊接空间位置。

3. 焊缝原始表面遭到破坏，有加工或补焊、返修焊等。

4. 操作时间超过定额的 50%。

任务扩展

1. 小径管 V 形坡口对接垂直固定焊

管对接垂直固定气焊时，管子垂直立放，接头形式为横向环缝，焊嘴与焊丝的倾角保持相对不变的情况下，还要不断地变换焊接位置，随着环形焊缝不断向前焊接，才能保证焊缝熔池的形状，促使焊缝内外成形良好。

2. 工件材料准备

工件材质：20 钢管。

3. 识图

根据图纸要求：管材每节长度为 100 mm，共两节。管材直径 ϕ60 mm，管材壁厚为 3.5 mm，坡口角度为 60°，V 形坡口，如图 3-4-9 所示。

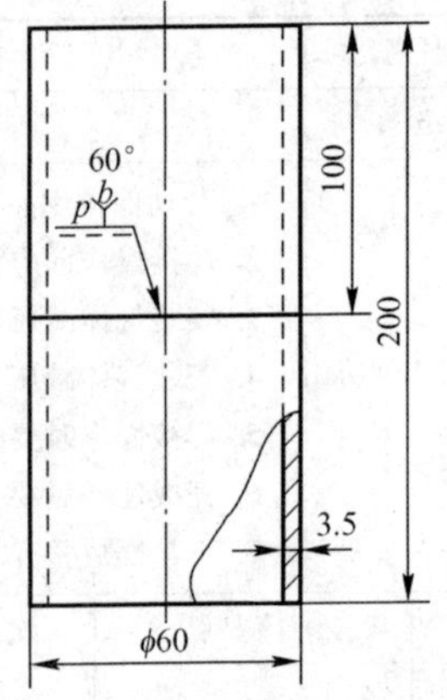

图 3-4-9　管对接横位焊备料

4. 焊接材料

焊丝牌号 H08MnA，焊丝直径 ϕ2.5 mm。

5. 技术要求

（1）管对接水平固定焊，单面焊双面成形。

（2）根部间隙、钝边自定。

（3）不允许任意改变焊接空间位置。

6. 操作步骤

（1）清理工作现场，易燃、易爆物品必须按规定的距离存放。

（2）检查气瓶是否有泄漏，减压器在安装前要清除气瓶嘴内的污物。

（3）检查焊炬、橡胶导管是否完好无损，发现问题要及时处理。

（4）焊前应将工件表面的氧化皮、铁锈油污、脏物等用纱布或角向磨光机清理，直至露出金属光泽。

（5）修磨钝边 0.5 mm，将工件放于水平位置，摆放整齐，预留间隙 2 mm。

（6）焊接工艺参数见表 3-4-3。

表 3-4-3　焊接工艺参数

焊接层次	焊丝直径 /mm	火焰种类	焊炬型号	氧气压力 /MPa	乙炔压力 /MPa
打底层	3.0	中性焰	H01-6 配 4 号或 5 号焊嘴	0.4	0.03～0.04
盖面层	3.0	中性焰	H01-6 配 4 号或 5 号焊嘴	0.4	0.03～0.04

（7）定位焊：两点定位焊位置为管径的三等分，焊缝长度 6 ～ 8 mm，两端修成斜坡状。

7. 操作方法

垂直固定焊采用中性焰，焊嘴倾角与管子轴向夹角约为 80°，焊丝角度与管子轴线的夹角约为 90°，如图 3-4-10 所示。焊炬倾角与管子切线方向的夹角约为 60°，焊丝与焊炬之间的夹角约为 30°，如图 3-4-11 所示。

起焊时，先将被焊处加热，将火焰的焰芯对准坡口根部，使上下钝边熔化，添加焊丝，熔成一体，焰芯击穿熔池，并形成熔孔，如图 3-4-12 所示。

形成熔孔的目的有两个；第一是使管壁熔透，以得到双面成形；第二是熔孔的大小等于或稍大于焊丝直径为宜。

通过对熔孔大小的控制，可以控制熔池温度。在焊接过程中，焊嘴不做横向摆动，只在熔孔和熔池之间做微小的前后移动以控制熔池温度。当熔池温度过高时，为达到冷却熔池的目的，可将火焰的焰芯朝向熔孔，而火焰不必离开熔池。这时外焰仍然可以笼罩熔池和近缝区，保持液态金属不被氧化。

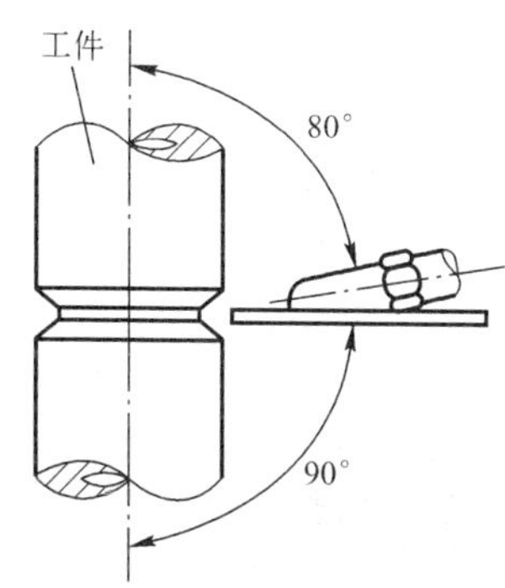

图 3-4-10　焊炬、焊丝与管子轴线夹角

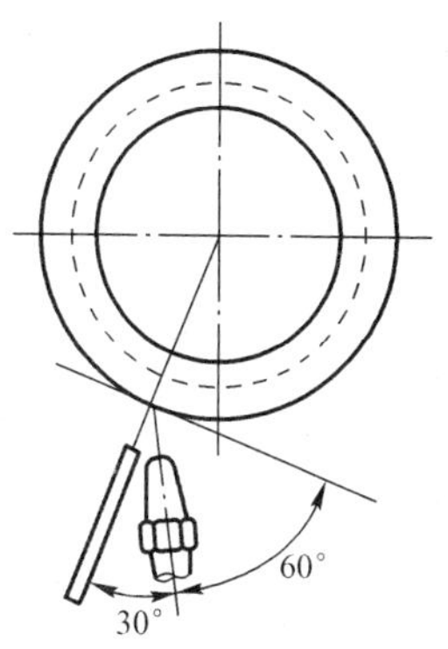

图 3-4-11　焊炬、焊丝与管子切线方向的夹角

在整个焊接过程中，运条范围不要超过管子接口下部坡口的 1/2 处。在中长度坡口角度范围内做上下运条，以免造成液态金属下垂现象。运条方法可采用斜椭圆形，如图 3-4-13 所示。

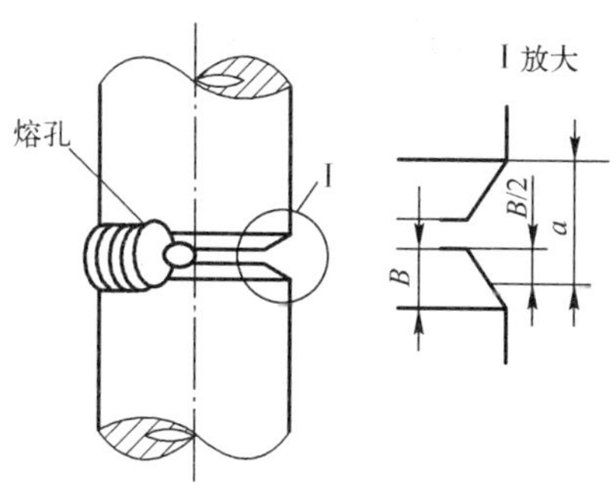

图 3-4-12　熔孔形状与运条范围

图 3-4-13　斜椭圆运条方法

一般气焊焊接工件厚度在 7 mm 以下的垂直固定管焊接，如操作熟练可采用右焊法单面焊双面成形一次焊成，但焊接速度不宜过快，在填满焊缝熔池后，还要保持焊道的一定余高，确保焊缝质量。

盖面焊时，要特别注意熔池前后部位的形状。保证上半边温度低于下半边，这样能增加上半边铁水的黏度，留住铁水，保证有较好的外表成形，如图 3-4-14 所示。

图 3-4-14　管对接横位盖面焊

任务五 低碳钢板材手工气割

1. 掌握气割的原理及应用特点。
2. 掌握气割设备的构成与连接方法。
3. 能够正确的选择气割工艺参数。
4. 熟练掌握气割操作姿势及操作规范。

1. 材料准备

(1) 气割用料 Q235 低碳钢板材。

(2) 钢板尺寸 400 mm×300 mm×12 mm，如图 3-5-1 所示。

图 3-5-1 气割用板材

2. 技术要求

(1) 切割面平直度。

(2) 切割截面垂直度。

(3) 切口无挂渣。

手工气割钢板时，首先注意的是起割点的预热、割嘴距与割件的距离应保持平稳。因切割速度较慢，为防止切口上边缘产生连续珠状钢渣，上缘被熔化成圆角以及减少背面黏附挂渣，应采用相对较弱的火焰能率。尤其是切割临近终端时应逐渐将喷嘴向切割方向后倾，减小割嘴倾角，确保收尾切口较平整。

任务实施

一、实训准备

1. 前期准备

(1) 安全、环保及预防性措施。参照项目一的任务一进行准备。

(2) 设备、工具。

① 气焊设备：氧气瓶、乙炔瓶、氧气、乙炔减压器、橡胶导管。

② 气焊工具：角向磨光机、活扳手、钢丝钳、护目镜、点火枪、手锤、钢丝刷、通针等。

(3) 环保通风设备：混流风机 HL3-2A-4.5A、轴流风机 TN2-40。

(4) 任务完成后，要认真填写任务评价表。

2. 注意事项

(1) 工作前检查焊、割器具、压力表等，并检查周围有无易燃、易爆和油类物品，并应远离电源，须有专人负责看火，并有防火措施等。

（2）氧气瓶、乙炔瓶使用地点必须设有瓶架，保证瓶体立直。

（3）安装气体减压器时，要严格遵守操作规程。

（4）所有气焊工具、设备，包括氧气瓶、乙炔瓶、罐、胶管等均应定期按要求进行安全技术检查，不合格的一律严禁使用。

（5）清理焊接飞溅物时，必须戴好防护眼镜，预防伤眼。

（6）操作结束后，应立即关闭气瓶阀门，应戴好气瓶安全帽。并仔细检查场地，认真清扫，确认没有火灾隐患后，方可离开。

二、实训步骤

图 3-5-2　打磨除杂质

1. 清理板材

① 用角向磨光机安装钢丝刷盘，清理板面杂质及污物，再用抹布或扫把清理干净，如图 3-5-2 所示。

② 将清理好的钢板放在支架上，如果是水泥地面应铺有钢板垫底，防止水泥地面遇高温发生爆裂伤人。

2. 确定气割工艺参数（见表 3-5-1）

表 3-5-1　气割板材工艺参数

板材厚度/mm	割炬型号	割嘴型号	氧气压力/MPa	乙炔压力/MPa
8～12	G01—30	2 号环形	0.4	0.03～0.05

图 3-5-3　氧气减压器工作压力调节

3. 氧气压力调节

首先按逆时针方向轻轻开启气瓶阀门。调节氧气减压器工作压力时，应按顺时针轻轻旋转顶针手杆，如图 3-5-3 所示。到达工作需要压力值时，仔细观察压力值，指针不能有上下摆动现象。

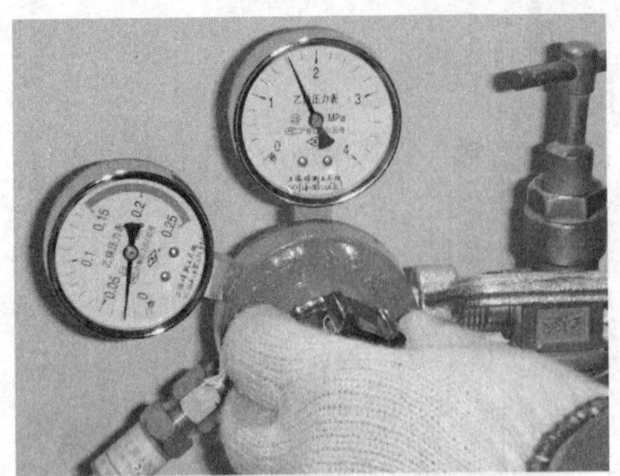

图 3-5-4　乙炔减压器压力调节图片

4. 乙炔压力调节

调节乙炔减压器工作压力时，同时调节氧气减压器，如图 3-5-4 所示。

注意事项：当工作结束后应立即关闭氧、乙炔气瓶，放干净气割工具及压力调节器中的残余气体，主表和副表指针应归零。

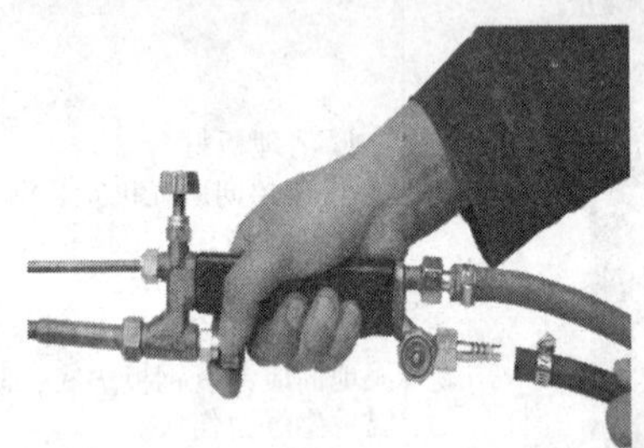

图 3-5-5　拔下乙炔管

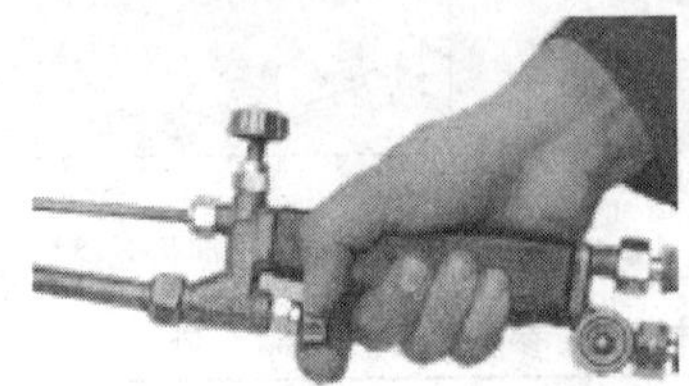

图 3-5-6　打开混合气阀门

图 3-5-7　打开乙炔阀门

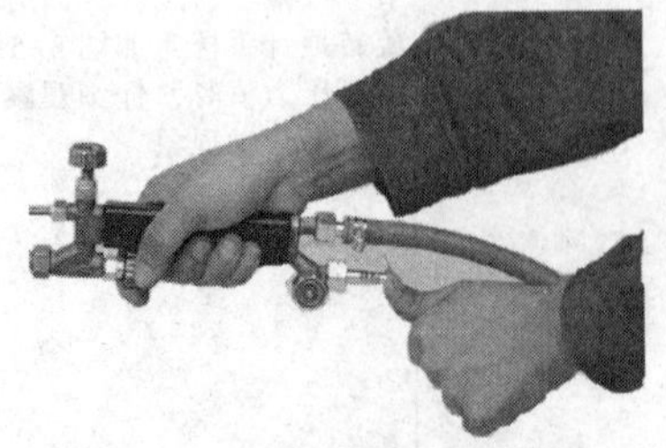

图 3-5-8　手堵乙炔进气口

5. 操作方法

(1) 点火过程及注意事项如下

点火前先检查割炬的射吸是否正常：拔下乙炔管，如图 3-5-5 所示；打开混合气阀门，如图 3-5-6 所示，此时割嘴中有氧气吹出。再打开乙炔阀门，如图 3-5-7 所示；用手堵住乙炔进气口（见图 3-5-8），若能感觉到吸力，则为正常。然后关闭所有阀门，安装好乙炔管。

(2) 点燃火焰

点火时，先打开乙炔阀门少许，放掉气路中可能存有的空气，然后打开预热氧阀门少许，如图 3-5-9 所示（左手打开乙炔阀门，右手打开预热氧阀门），准备点火。点火时注意安全，防止烧伤。火焰点燃后调整为中性焰。火焰调整好后再打开切割氧阀门，检查火焰中心切割氧流产生的圆柱状风线是否正常，若风线直而长，并处在火焰中心（见图 3-5-10），说明割嘴良好；否则要关闭火焰，用通针对割嘴进行修理。

(3) 火焰能率的调整

① 起割时应调整火焰能率，先微量打开氧气阀，再少量打开乙炔阀，使可燃混合气体从割嘴中喷出，然后用左手握住割炬中部，使割嘴背向人体，右手点燃割炬，再用右手握住割炬，调整氧气与乙炔阀门，使预热火焰为中性焰。

② 起割时，首先要注意起割姿势，一般采用蹲姿，双脚呈外“八字”形蹲在工件切割线的一侧，脚跟着地蹲稳，右臂靠住右膝盖，左臂悬空在两膝之间，确保割炬移动方便，如图 3-5-11 所示。右手握住割炬把手，并用拇指和食指把住下面的预热氧气调节阀，便于随时调整预热火焰能率，并可在割炬回火时及时切断氧气。无论是站姿还是蹲姿，都要做到重心平稳，手臂肌肉放松，呼吸自然，端平割炬，双臂依切割速度的要求缓缓移动或随身体移动，割炬的主体应与被割物体的上平面平行。

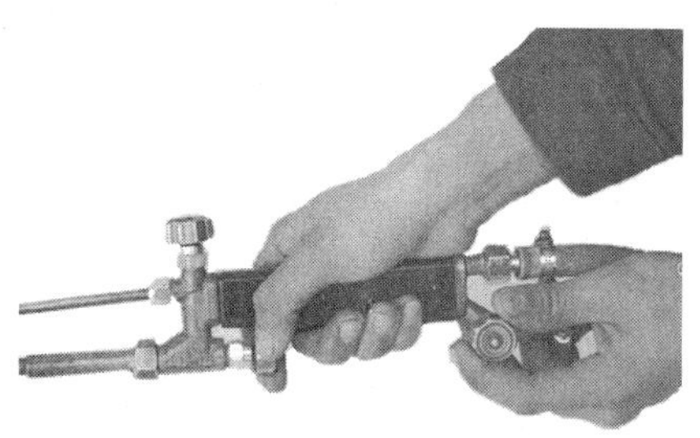

图 3-5-9 开启乙炔、氧气阀门

图 3-5-10 切割氧流圆柱风线

图 3-5-11 气割操作姿势

图 3-5-12 气割操作示意图

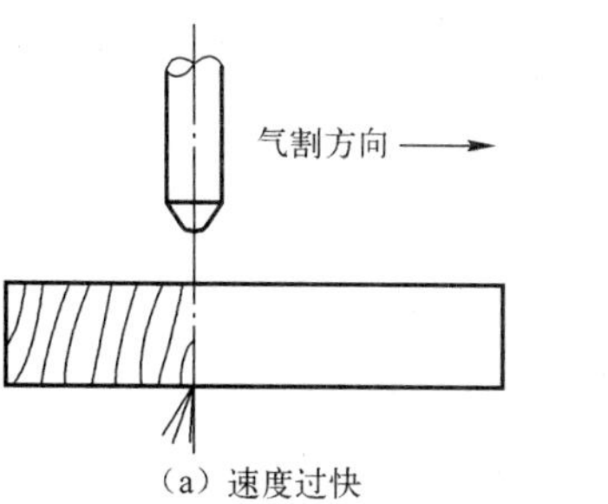

图 3-5-13 熔渣流动方向与气割速度的关系

③ 预热。先在切割线的端头（钢板边缘）预热，使其温度达到燃烧温度（呈红色）。

④ 气割。慢慢开启切割氧气调节阀，当看到氧化铁渣被切割氧气流吹掉时，应逐渐加大切割氧气流，当听到“噗噗”的声响时，表明工件已被割透，气割钢板如图 3-5-12 所示。切割速度应灵活掌握，在实际操作中，可以通过以下方法来判断切割速度是否合适：一是观察切割面的割纹，如果割纹均匀，后拖量很小，说明切割速度合适；二是在切割过程中，顺着切割气流方向观察切口处气流是否畅通也能表明切割速度适中。割嘴与表面的距离应保持在 3～5 mm 不变。割嘴沿气割方向后倾 20°～30°，以提高气割速度。气割速度是否正常，可根据熔渣流动方向来判断。当熔渣的流动方向基本上与工件表面垂直时说明气割速度正常，如果熔渣呈一定角度流出，后拖量较大，则说明气割速度过快，如图 3-5-13（a）、（b）所示。

⑤ 气割过程中，若发生回火（割嘴过热或氧化物熔渣飞溅堵住割嘴）时，应迅速关闭乙炔和氧气调节阀门，使回火熄灭。清除黏在割嘴上的熔渣，用通针疏通切割氧气喷射孔及预热火焰的氧气和乙炔的出气孔，并冷却割嘴，使其恢复正常后再继续使用。

⑥ 气割收尾。气割临近终端时应逐渐将喷嘴向切割方向后倾 20°～30°，如图 3-5-14 所示。使切口下部的钢板先被割穿。这样操作可使收尾切口平整。

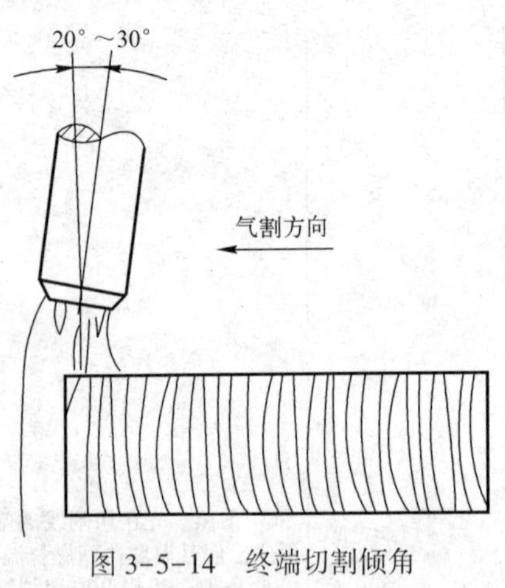 图 3-5-14　终端切割倾角	⑦ 气割结束后，应先关闭切割氧气调节阀，再关闭乙炔调节阀和预热氧气调节阀。然后关闭氧气瓶阀和乙炔瓶阀，再旋松氧气、乙炔减压器手柄。

1. 气割的基本原理

（1）气割基本原理是利用可燃气体和助燃气体火焰热能，将工件切割处预热到燃烧温度后，喷出高速切割氧气流，随着割矩的移动而形成割缝。气割的主要过程包括预热、燃烧、吹渣三个阶段。其实质是铁在纯氧中的燃烧过程，而不是熔化过程。

（2）气割条件

金属气割需要符合一定的条件：金属材料的燃点必须低于其熔点才能保证金属在固体状态下燃烧，从而保证割口平整。若熔点低于其燃点，则金属首先熔化，液态金属流动性好，熔化边缘不整齐，难以获得平整的割缝，而成为熔割状态。

（3）气割的特点

优点：

① 切割效率高。切割钢的速度比其他机械切割方法快。

② 机械方法难以切割的截面形状和厚度采用氧-乙炔焰切割比较经济。

③ 全割设备的投资比机械切割设备的投资低，全割设备轻便可用于野外作业。

④ 切割小圆弧时，能迅速改变切割方向。切割大型工件时不用移动工件，借助移动氧-乙炔火焰便能迅速切割。

⑤ 可进行手工和机械切割。

缺点：

① 气割的尺寸公差劣于机械方法。

② 预热火焰和排出的赤热熔渣存在发生火灾以及烧坏设备和烧伤操作工人的危险。

③ 切割时燃气的燃烧和金属的氧化需要采用合适的烟尘控制装置和通风装置。

④ 切割材料受到限制，如铜、铝、不锈钢、铸铁等不能用氧-乙炔焰切割。

（4）气割的应用范围

气割的效率高、成本低、设备简单，并能在各种位置进行切割和在钢板上切割各种外形复杂的零件，因此，广泛地用于钢板下料、开焊接坡口和铸件浇冒口的切割。切割厚度可达 300 mm 以上。由于金属的切割性能，目前，气割主要用于各种碳钢和低合金钢的切割。其中淬火倾向大的高碳钢和强度等级较高的低合金钢气割时，为避免切口淬硬或产生裂纹，应采取适当加大预热火焰功率和放慢切割速度，甚至割前对钢材进行预热等措施。

2. 工艺知识

（1）气割速度。合适的气割速度是使火焰与熔渣以接近垂直的方向喷向工件底面，此时切口质量最好。切割速度应随着钢板厚度的增加而减慢。

（2）割嘴倾斜角度。割嘴的倾角应根据板厚来决定。当切割板厚为 6 ～ 30 mm 的钢板时，割嘴应垂直于割件；切割小于 6 mm 的钢板时应后倾 5 °～ 10°；当切割厚度大于 30 mm 的钢板时，开始预热时要后倾，到切割时逐渐直立、前倾，直至割透，中间的切割过程要采用直立位置。快要割完时再逐渐后倾，如图 3-5-15 所示，最后按收尾方式结束切割。

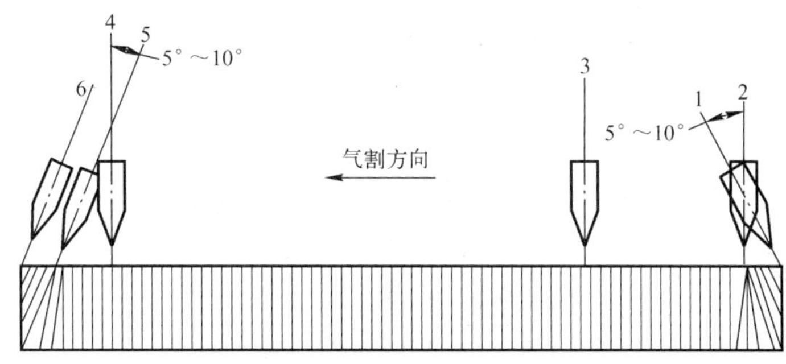

图 3-5-15　厚度大于 30 mm 钢板气割时割炬倾角

3. 气割安全注意事项

① 每个氧气减压器和乙炔减压器上只允许接一把焊炬或一把割炬。

② 必须分清氧气胶管和乙炔胶管，GB 9448—1999 中规定，氧气胶管为黑色，乙炔胶管为红色。新胶管使用前应将管内杂质和灰尘吹尽，以免堵塞割嘴，影响气流流通。

③ 氧气管和乙炔管如果横跨通道和轨道应从它们下面穿过，必要时加保护套管或吊在空中。

④ 氧气瓶集中存放的地方，10 m 之内不允许有明火，更不得有弧焊电缆从瓶下通过。

⑤ 气割操作前应检查气路是否有漏气现象。检查割嘴有无堵塞现象，必要时用通针修理割嘴。

⑥ 气割工必须穿戴规定的工作服、手套和护目镜。

⑦ 点火时可先开适量乙炔，后开少量氧气，避免产生丝状黑烟，点火严禁用烟蒂，避免烧伤手。

⑧ 气割储存过油类等介质的旧容器时，注意打开入孔盖，保持通风。在气割前做必要的清理处理，如清洗、空气吹干，化验缸内气体是否处于爆炸极限之内，同时做好防火、防爆以及救护工作。

⑨ 在容器内作业时，严防气路漏气，暂时停止工作时，应将割炬置于容器外，防止因漏气而发生爆炸、火灾等事故。

⑩ 气割过程中，发生回火时，应先关闭乙炔阀，再关闭氧气阀。因为氧气压力较高，回火到氧气管内的现象极少发生，绝大多数回火倒袭是向乙炔管方向蔓延。只有先关闭乙炔阀，切断可燃气源，再关闭氧气阀回火才会很快熄灭。

⑪ 气割结束后，应将氧气瓶和乙炔瓶阀关紧，再将调压器调节螺钉拧松。冬季工作后应注意将回火防止器内的水放掉。

⑫ 工作时，氧气瓶、乙炔瓶间距应在 3 m 以上。

⑬ 气割时，注意垫平、垫稳钢板等，避免工件割下时钢板突然倾斜，伤人或碰坏割嘴。

任务评价

实训任务	低碳钢板材直线手工气割		实训时间	
班级		姓名		成绩
注意事项及要求	1. 劳动保护用品穿戴整齐，（防护作业服、绝缘鞋、长皮手套）。 2. 焊接操作前应检查焊接设备及辅助工具是否完好无损。 3. 安装气体减压器前要吹净瓶口内的脏物。 4. 安装气体减压器时要侧身，不能面对瓶嘴方向，防止脱扣发生意外。 5. 焊接操作时要戴好防护眼睛，防止伤眼。 6. 完成任务后要关闭气瓶，旋松减压器手柄放掉表内残余气体。 7. 工具摆放整齐，焊接试件放到安全地方，预防火灾发生			

序号	考核要点	配分	评 分 标 准	得分
1	切割前准备	15	1. 待割钢板未垫平，待割钢板离地面距离不够，扣 5 分。 2. 待割钢板清理不干净，未放好切割线，扣 5 分。 3. 气割参数调整不正确，扣 5 分	
2	切割操作过程	30	1. 点火，调节火焰操作不正确，扣 5 分。 2. 预热未采用中性焰或轻微的氧化焰，扣 5 分。 3. 切割氧压力不正确，扣 5 分。 4. 气割操作姿势不正确，扣 5 分。 5. 气割过程中停割次数>1 次，扣 5 分。 6. 停割操作不正确，扣 5 分	
3	切割件质量	40	1. 切口表面粗糙，扣 5 分。 2. 切口平面度公差>5 mm，扣 5 分。 3. 切口上缘有明显圆角塌边，宽度>1.5 mm，扣 5 分。 4. 切口有条状挂渣，用铲可清除，扣 5 分。 5. 切口直线度公差>2 mm，扣 5 分。 6. 切口垂直度公差>2 mm，扣 5 分。 7. 切口切割缺陷沟痕深度>1.2 mm，沟痕宽度>5 mm，每出现一个，扣 1 分	
4	安全文明生产	15	1. 劳动保护用品穿戴不齐全，扣 5 分。 2. 气割过程中有违反安全操作规程现象 1 次，扣 5 分。 3. 操作结束后，场地清理不干净，工具码放不整齐，扣 5 分。 4. 出现重大安全事故隐患，此项考核按不合格	
5	总分	100 分		

任务扩展

1. CG1—30 型半自动火焰气割机切割坡口

CG1—30 型气割机是一种小车式半自动气割机，如图 3-5-16 所示。它能够切割板材厚度为 5 ～ 60 mm 的直线、坡口和圆形割件。切割速度为 50 ～ 750 mm/min（无级调速），切割圆直径为 200 ～ 2000 mm。CG1—30 型气割机具有构造简单、重量轻、操作维护方便等优点。切割工件质量好，工作效率高，割缝平直，氧气、乙炔工作压力适当割缝不挂渣，能降低原材料的损耗。因此是目前国内使用较广泛的一种半自动气割机。

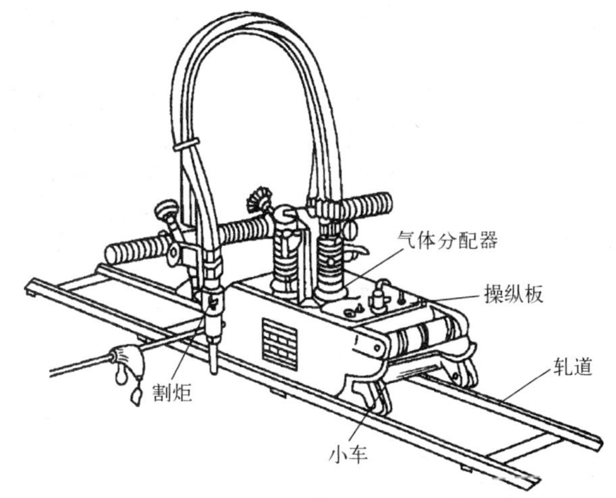

图 3-5-16　CG1—30 型半自动气割机

2. 操作步骤

（1）安装氧气、乙炔减压器及辅助器具。

（2）熟悉图样在工件上划出切割线。

（3）清理钢板表面铁锈、油渍、污物等，直至露出金属光泽。

（4）将清理好的钢板放在支架上，如果是水泥地面应铺有钢板或石棉板垫底，防止水泥地面遇高温发生爆裂伤人。

3. 确定半自动火焰切割机工艺参数（见表 3-5-2）

表 3-5-2　气割板材工艺参数

板材厚度 /mm	半自动切割机型号	割嘴型号	氧气压力 /MPa	乙炔压力 /MPa	气割速度 /(mm/min)
12	CG1—30	1 号梅花嘴	0.25～0.35	0.025～0.03	500～600

4. 操作方法

（1）首先将电源（220 V 交流电）插头插入控制板上的插座内，电源接通后，红色指示灯亮。

（2）将氧气、乙炔橡胶导管接到气体分配器上，旋开氧气、乙炔手柄，并调节好氧气、乙炔减压器在气割时所需的工作压力。

（3）将离合器手柄推上，并开启压力开关阀，使切割氧和乙炔气管相通，并将起割开关扳在停止位置。

(4) 扳动倒顺开关，根据焊接小车的运动方向将开关放在“倒”和“顺”的位置。根据割件厚度调整气割速度，点火后调整好预热火焰能率。

(5) 将离合器合上，并开启压力开关阀，使切割氧与压力开关的气路相通，并将起割开关扳在停止位置。

(6) 气割坡口时，应将割嘴角度调整到30°，然后旋紧固定螺栓防止串位。

(7) 将割件预热到燃点后，开启切割氧调节阀，割穿工件。同时由于压力开关的作用，使电动机的电源接通，气割机行走，气割工作开始，图 3-5-17（a）所示半自动气割机钢板下料操作为直线气割，图 3-5-17（b）所示为气割坡口。

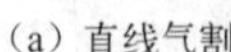

(a) 直线气割

(b) 气割坡口

图 3-5-17　半自动气割机气割板材

(8) 气割过程中，可随时旋转升降架上的调节手轮，以调节割嘴与工件之间的距离。

(9) 气割结束时，应先关闭切割氧调节阀，此时压力开关失去作用，使电动机的电源切断，接着关闭压力开关阀和预热火焰。需要注意的是，不能先关闭压力开关阀，否则由于高压氧气被封在管路内，使压力开关继续工作，这样电动机电源就不能被切断。全部工作任务结束后，应切断控制板上的电源，关闭氧气、乙炔瓶阀门，泄掉表内残余气体，并旋松减压器手柄，清理工作现场，防止发生火灾。

项目四

钨极氩弧焊

钨极氩弧焊是用钨棒作为电极加上氩气进行保护的焊接方法。焊接时氩气从焊枪的喷嘴中连续喷出，在电弧周围形成保护层隔绝空气，以防止其对钨极、熔池及邻近热影响区的氧化，从而获得优质的焊缝。焊接过程中根据工件的具体要求可以加或者不加填充焊丝。首先通过学习钨极氩弧焊的平敷焊I形坡口板对接平位焊掌握钨极氩弧焊的引弧、施焊、送丝及收弧的操作方法。在掌握了钨极氩弧焊的操作方法以后，练习钨极氩弧焊V形坡口板对接平位和立位焊，掌握钨极氩弧焊的单面焊双面成形技术和多层焊的方法。T形接头平角焊、立角焊是两板处于垂直位置的接头形式，平角焊的焊缝是水平的，立角焊的焊缝是竖直的。小径管V形坡口对接焊的练习分为水平转动焊、水平固定焊和垂直固定焊（见图管对接垂直固定焊），操作方法类似于气焊。管-板T形接头、骑坐式水平固定焊的操作比较困难。首先要完成两节管的对接任务，单面焊双面成形。操作方法与小径管V形坡口水平固定焊相同，随后完成管板的焊接操作（见图片骑坐式管板水平固定焊）。

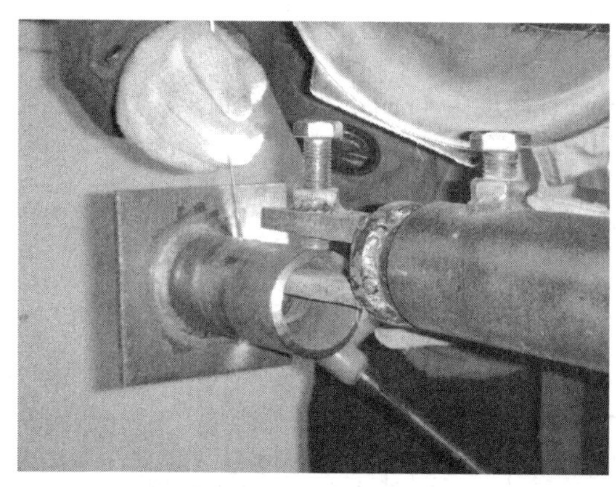

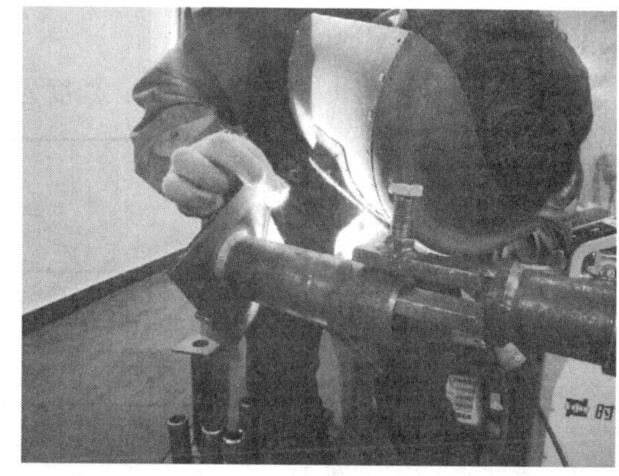

骑坐式管板水平固定焊

管对接垂直固定焊（2G横焊）

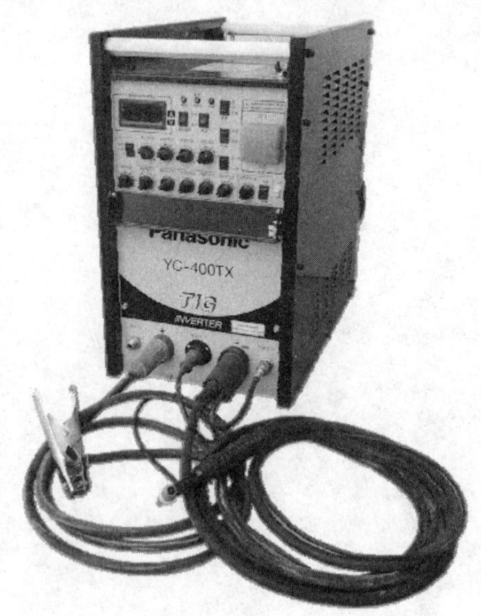

YC-400TX氩弧焊机

任务一 I形坡口板对接平位焊

任务目标

1. 熟练掌握氩弧焊焊接设备的使用方法及工艺特点。
2. 掌握手工钨极氩弧焊的引弧、施焊、送丝及收弧的操作方法。
3. 能够独立完成试件的工装技术及焊接工艺流程。
4. 能够根据焊接位置和焊件材料正确选择焊接工艺参数。
5. 掌握I形坡口板对接平位焊的操作技能。
6. 遵守操作规程，文明生产，安全第一。

任务描述

1. 识图

根据图纸要求：两块宽度为100 mm；长度为200 mm；厚度为4 mm的板材，如图4-1-1所示。

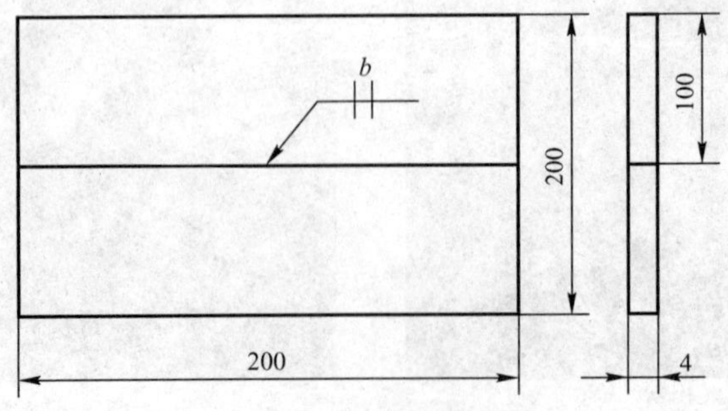

图4-1-1 板材平对接焊备料

2. 焊材

（1）工件材质：Q235 低碳钢板材。

（2）焊接材料：焊丝选用 THT50—6，ϕ2. 0 mm。钨极选用铈钨极 Wce—20，ϕ2. 0 mm。

3. 技术要求

（1）I 形坡口板对接平位焊。

（2）根部间隙不大于 2 mm。

（3）可预留反变形量约为 2°。

任务分析

手工钨极氩弧焊需要焊工用双手同时操作的一种焊接方法，同气焊操作方法类似，平敷焊和板对接焊时，需要添加焊丝，同时两手相互配合要保持协调，才能保证焊出质量符合要求的焊道。在施焊时要掌握手工氩弧焊的基本操作技术，其中包括引弧、送丝、焊道接头和收弧等操作要领。I 形坡口板对接平位焊的操作手法可采用左焊法施焊，运丝方法为直线形，添加焊丝不要太多，否则容易使焊道超高，加大了焊接应力变形。

一、实训准备

1. 前期准备

（1）安全、环保及预防性措施。参照项目一的任务一进行准备。

（2）设备、工具。

① 焊接设备：松下 YC—400TX 型，电源极性为直流正接，配有气冷式焊枪，氩气瓶，如图 4-1-2 所示。氩气流量调节器如图 4-1-3 所示，氩气纯度≥99. 5%。

图 4-1-2　氩气瓶

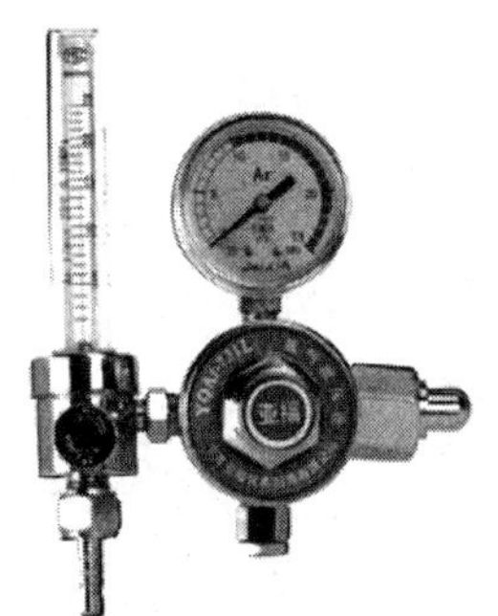

图 4-1-3　氩气流量调节器

② 环保通风设备：混流风机 HL3-2A-4. 5A、轴流风机 TN2-40。

③ 工具：焊工防护面罩、角向磨光机、手锤、平锉刀、平錾、钢丝刷、扭力扳手、直角尺、平光防护眼镜，部分工具如图 4-1-4 所示。

（3）任务完成后，应认真填写任务评价表。

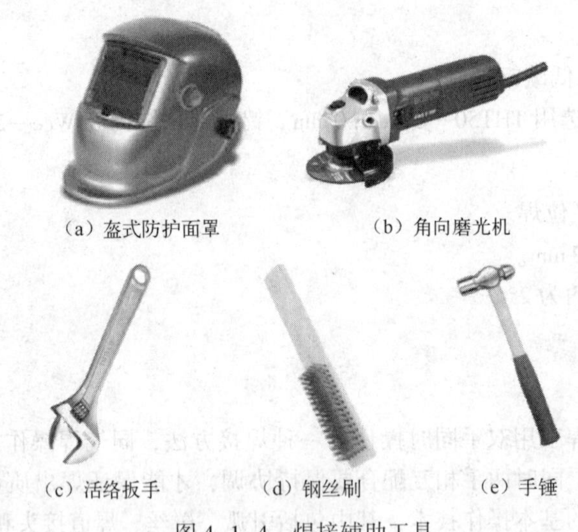

图 4-1-4　焊接辅助工具

2. 注意事项

（1）检查二次线路是否完好无损，发现焊接把线和接地线有破损地方，应用绝缘胶带包好。电焊机一次线出故障必须找电工检修，禁止无证上岗操作。

（2）电焊机电源推拉电闸时必须戴绝缘手套侧向操作。

（3）使用角向磨光机时，戴好防护眼镜、手套，注意电源线不要拖在工件附近，防止电源线破损漏电发生危害。较重工件移动时应找人协助完成，以免砸伤。

（4）清理焊道时必须戴好防护眼镜，预防伤眼。

（5）操作结束后，应立即切断电焊机电源，并检查场地，认真清扫，确认没有火灾隐患后，方可离开。

二、实训步骤

图示	说明
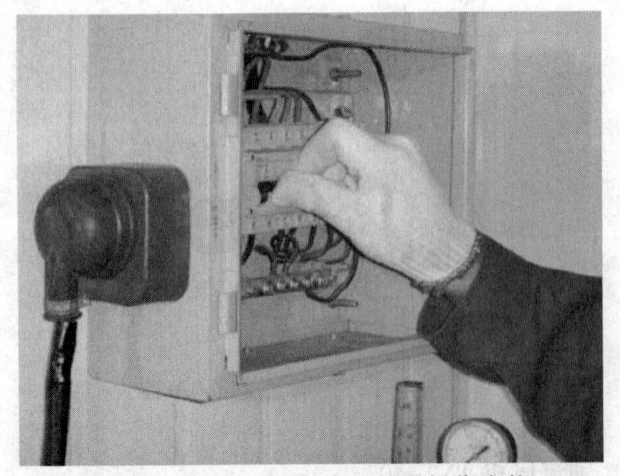 图 4-1-5　氩弧焊机合闸送电操作姿势	1. 合闸送电 首先检查线路有无破损，如发现问题及时报告由专人进行检修。合闸送电推拉开关时须侧身站立，防止电弧灼伤，如图 4-1-5 所示。 合闸送电前检查焊枪与接地夹摆放位置是否符合规范。

图 4-1-6　角向磨光机打磨铁锈及污物

2. 焊件的清理

焊件装配前用锉刀或角向磨光机将焊缝区域 20 mm 范围内的杂质、氧化皮清理干净，直至露出金属光泽，如图 4-1-6 所示。

使用角向磨光机打磨工件时应戴好防护眼镜，避免飞溅物伤人。

3. 确定焊接工艺参数（见表 4-1-1）

表 4-1-1　焊接工艺参数

焊接层次	焊丝直径 /mm	钨极直径 /mm	喷嘴直径 /mm	焊接电流 /A	钨极伸出长度 /mm	氩气流量 /(L/min)
单层焊	2.0	2.0	6～8	80～90	3～4	6～8

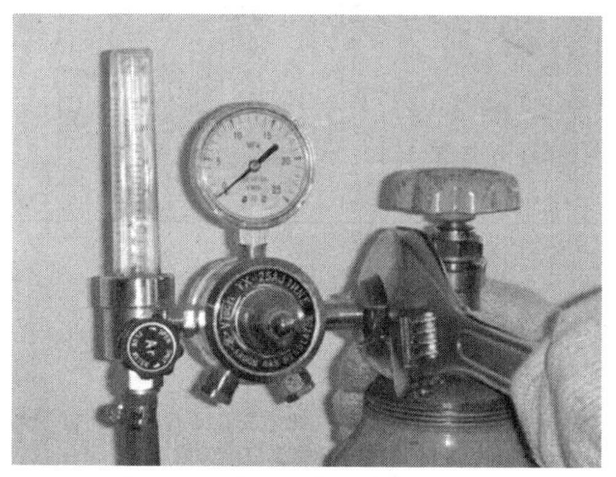

图 4-1-7　氩气气体调节器安装示意图

4. 安装气体调节器

安装气体调节器前应瞬间开启气瓶，吹净瓶口内杂质与污物，然后迅速关闭气瓶。螺口连接应顺时针方向旋紧，开启气瓶时应侧向站立，不要面对流量表，更不许将瓶口面对他人，如图 4-1-7 所示。

气瓶移动时，避免有碰撞现象发生。

图 4-1-8　调节氩气工作压力值

5. 调节工作所需压力值

当进口压力和出口流量发生变化时，应保证其出口压力始终维持稳定。低压表读数上升可能预示潜在危险和隐患，应立即关闭气瓶，更换流量表，如图 4-1-8 所示。调节工作压力值时，应轻轻旋转调节手轮使指示压力慢慢升高，达到所需工作压力值。

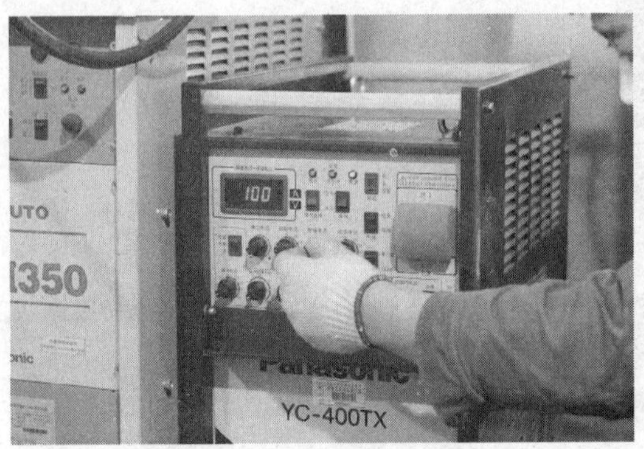

图 1-4-9 调节操作焊接电流

6. 调整焊接电流

钨极氩弧焊的电弧电压，主要受焊接电流、保护气体和钨极端头形状的影响。在焊接操作时，调整焊接电流还要根据被焊工件的材质及厚度来确定。采用交流和直流氩弧焊接时，其电流和钨极端头形式都会有相应的调整，确保电弧电压及电流的稳定性，如图 4-1-9 所示。

图 4-1-10 I 型坡口板对接平位焊装配定位

7. 焊件的装配与定位

装配间隙为 2～3 mm，在试件两端进行定位焊，定位焊缝长度为 10～15 mm。定位焊时使用的焊丝及焊接参数与正式焊接时相同。终焊端应多焊一些，以防止在焊接过程中由于收缩造成的未焊段坡口间隙变小而影响焊接。为防止焊接变形，预留反变形量为 2°，如图 4-1-10 所示。

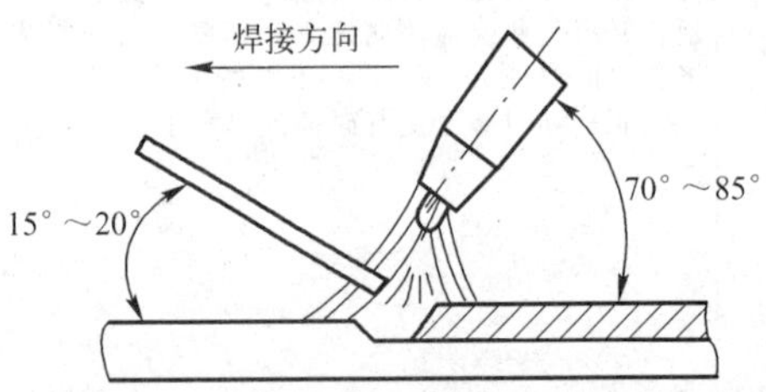

图 4-1-11 焊枪与焊丝相对夹角

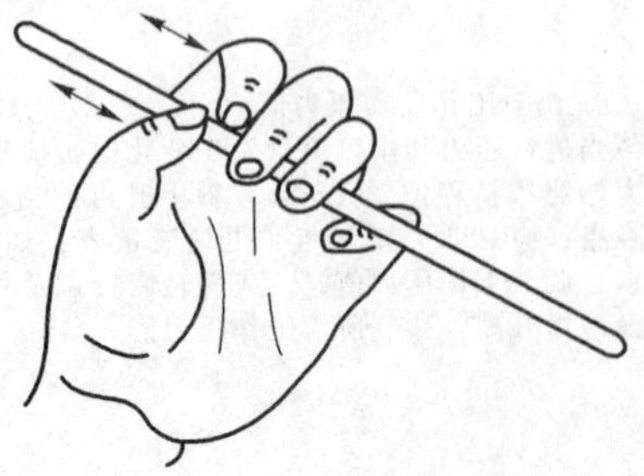
图 4-1-12 送丝操作方法

8. 操作方法

（1）将组对好的试件平放在工作台上，间隙较小的一端作为始焊端放在右侧。

焊接时，利用焊机的高频或高压脉冲在定位焊缝上引弧，然后将电弧移至右侧端头处，待形成熔池并焊透后进行焊接。焊枪前进角度的后倾角为 70°～85°，采用左焊法，如图 4-1-11 所示。

（2）引弧后，当焊至定位焊缝前沿形成熔池并出现熔孔后，开始填丝，注意熔池内送焊丝时用力不能过猛，焊枪移动速度要平稳均匀，电弧不宜抬起过高，摆动幅度不要过大，送丝方法如图 4-1-12 所示。在焊接时要密切关注焊接参数的变化及相互关系，随时调整焊枪角度和焊接速度。当发现熔池增大、焊缝变宽并出现下凹时，说明熔池温度偏高，这时应减小焊枪与焊件的夹角，加快填丝速度或加快焊接速度；当发现熔池较小时，说明熔池温度低，应增加焊枪倾角，减慢填丝速度或焊接速度。通过各焊接工艺参数的良好配合，保证焊缝背面良好的成形。焊丝填入动作要熟练、均匀，填丝要有规律。

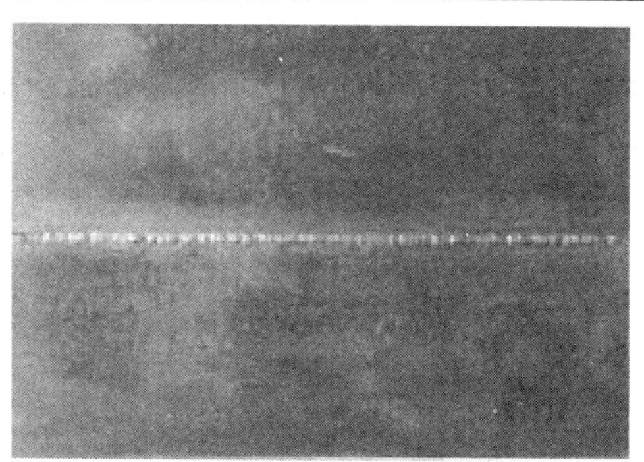

图 4-1-13　I 形接头板对接平焊成形工件

(3) 在收弧时，如果焊机有电流自动衰减装置，则焊至焊件末端，应减小焊枪与焊件的夹角，让热量集中在焊丝上，加大焊丝熔化量，以填满弧坑，然后切断控制开关。这时焊接电流逐渐减小，熔池也不断缩小，焊丝回抽，但不要脱离氩气保护区。如果焊机没有电流衰减控制装置，则在收弧处要慢慢地抬起焊枪，并减小焊枪倾角，加大焊丝的熔化量，待弧坑填满后再切断电源。停弧后，氩气需延时 10 s 左右再关闭，防止熔池金属在高温下氧化，如图 4-1-13 所示。

焊后清理熔池和氧化物，但不能补焊和修磨，应保持焊缝的原始形状。清理飞溅物及杂质时应戴好平光镜，防止飞溅物伤眼。

一、钨极氩弧焊的基本原理

在焊接时，通过钨极与焊件之间产生的电弧，利用从焊枪喷出的氩气流，在电弧区形成严密封闭的气流层，使电极和熔池金属与空气隔离，以防止空气侵入，同时利用电弧产生的热量来熔化基体金属和填充焊丝，形成液态熔池，熔池金属凝固后形成焊缝。

二、氩弧焊的设备

手工钨极氩弧焊设备由焊接电源、控制系统、焊枪、供气系统和冷却系统等部分组成，如图 4-1-14 所示。

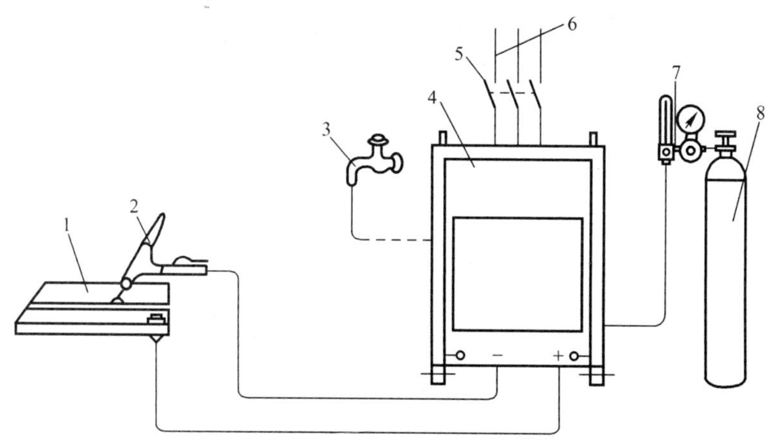

图 4-1-14　钨极氩弧焊设备组成

1—焊件；2—焊枪；3—冷却水；4—电源与控制系统；5—电源开关；6—供电电源；7—气体流量调节器；8—氩气瓶

1. 焊接电源

钨极氩弧焊要求采用具有陡降外特性的焊接电源，分为直流电源和交流电源两种。常用的直流钨极氩弧焊机有 WS-250 型、WS-400 型等；交流钨极氩弧焊机有 WSJ-150 型、WSJ-500 型等；交、直流钨极氩弧焊机有 WSE-150 型、WSE-400 型等。

2. 控制系统

控制系统是通过控制线路，对供电、供气与稳弧等各个阶段的动作进行控制的设备。钨极氩弧焊因氩气的电离电位较高，不易被电离，给引弧造成一定困难，一般在焊接电源上加入引弧装置解决引弧问题。通常在交流电源中接入调频振荡器，在直流电源中接入脉冲引弧器。焊接结束时，断开启动开关，电弧熄灭后，必须有一段延时，电磁气阀才会断电，停止送氩气，到此焊接过程全部结束。控制系统的控制程序如图 4-1-15 所示。

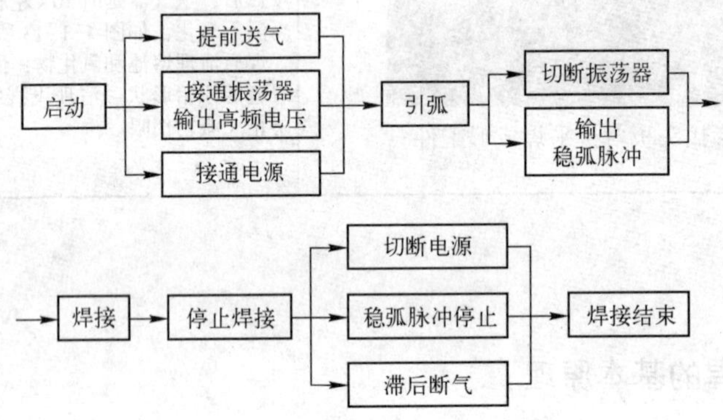

图 4-1-15　焊接设备控制程序示意图

3. 焊枪

钨极氩弧焊的焊枪作用是夹持钨极、传导焊接电流、输送氩气等。焊枪按冷却方式可分为水冷式和气冷式两种。当焊接电流小于 150 A 时，可选择气冷式焊枪，如图 4-1-16 所示。

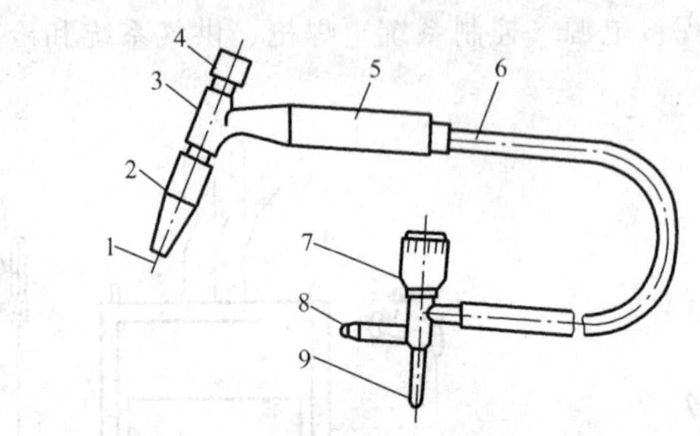

图 4-1-16　气冷式焊枪

1—钨极；2—陶瓷喷嘴；3—枪体；4—短帽；5—手把；6—电缆；
7—气体开关手轮；8—通气接头；9—通电接头

当焊接电流大于 150 A 时，必须采用水冷式焊枪，如图 4-1-17 所示。焊枪里的喷嘴是由陶瓷材料制成，绝缘、耐热性好。

4. 供气系统

供气系统包括氩气瓶、氩气流量调节器和电磁气阀等。

(1) 氩气瓶。外表涂灰色，并用绿色漆标以“氩气”字样，防止与其他气瓶混用。氩气在 20℃时，瓶装最大压力为 15 MPa，容积一般为 40 L。使用瓶装氩气焊接完毕时，要把瓶嘴关闭严密，防止漏气。瓶内氩气将要用完时，要留有少量底气，不能全部用完，以免空气进入。

(2) 氩气流量调节器。氩气流量调节器由减压器和气体流量计两部分组成。减压器起降压、稳压的作用。气体流量计可调节氩气流量。流量计的计量部分由一个垂直的玻璃管与管内的浮子组成。

浮子可沿轴线方向上下浮动。当气体流过时，浮子的位置越高，表明氩气的流量越大。

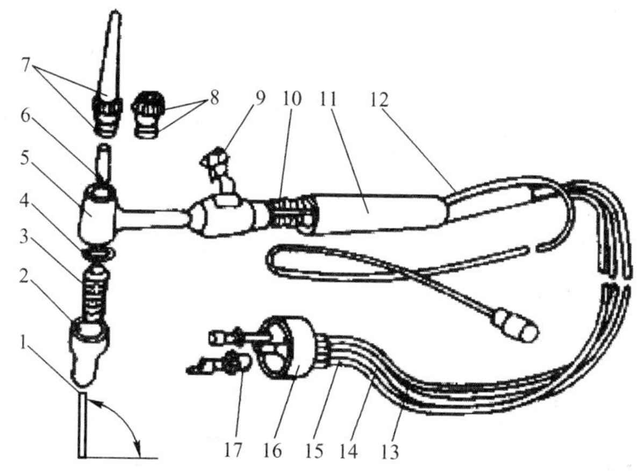

图 4-1-17　水冷式焊枪

1—钨极；2—陶瓷喷嘴；3—导流件；4—密封圈；5—枪体；6—钨极夹头；
7—盖帽；8—密封圈；9—船形开关；10—扎线；11—手把；12—插圈；
13—进气皮管；14—出气皮管；15—水冷缆管；16—活动接头；17—水电接头

（3）电磁气阀。电磁气阀是开闭气路的装置，它由焊机内的延时继电器控制，可起到提前供气和滞后停气的作用。当切断电源时，电磁气阀处于关闭状态；接通电源后，电磁气阀芯子连同密封塞被吸上去，电磁气阀打开，气体进入焊枪。

5. 冷却系统

钨极氩弧焊在采用大电流或连续焊接时，需要有一套冷却系统，用来冷却焊接电缆、焊枪和钨极。如果焊接电流超过 150 A 时，必须通水冷却，并以水压开关控制，保证在冷却水接通后才能启动焊机。

三、钨极氩弧焊的基本操作技能

手工钨极氩弧焊的基本操作包括引弧、焊枪的移动、焊丝的送进、接头和收弧等。

1. 引弧

引弧的方法主要有接触短路引弧、高频高压引弧和高压脉冲引弧等几种。

（1）接触短路引弧

引弧前用铜板或石墨板作为引弧板，在钨极和工件之间，以接触短路形式直接引燃电弧，然后将电弧转向焊缝进行焊接。这种方法在接触的瞬间，会产生很大的短路电流，钨极端部容易烧损或母材容易造成电弧擦伤。在电弧引燃后，焊枪停留在引弧处不动，当获得一定大小、明亮清晰和保护良好的熔池后就可以添加焊丝开始焊接过程。这种引弧方法的缺点是在引弧过程中钨极损耗大，容易在焊缝中夹钨，同时，钨极形状容易被破坏，增加了磨削钨极的次数和时间，这不仅降低了焊接质量，而且还降低了氩弧焊的效率。

（2）高频高压引弧

在焊接前，利用高频振荡器所产生的高频、高压，来击穿焊件与钨极之间的间隙而引燃电弧。这种方法能保证钨极端头完好，烧损小，引弧质量好，因此应用比较广泛。

（3）高压脉冲引弧

利用钨极与焊件间的高压脉冲，使两电极之间气体介质电离，然后产生电弧。用交流钨极氩弧焊接，通常用高压脉冲引弧和稳弧，引弧和稳弧脉冲由共同的主电路产生，焊接电弧一旦产生，主电路就只产生稳弧脉冲，而引弧脉冲自动消失。

手工钨极氩弧焊的引弧方法，通常使用高频高压引弧和高频脉冲引弧。开始引弧时，先使钨极和焊件之间保持一定距离，然后接通引弧器，在高频电流和高压脉冲电流的作用下，击穿间隙放电，使保护气体电离而引燃电弧，开始进行焊接操作。

2. 焊枪的移动

焊枪的移动方法有左焊法和右焊法两种，如图 4-1-18（a）、（b）所示。

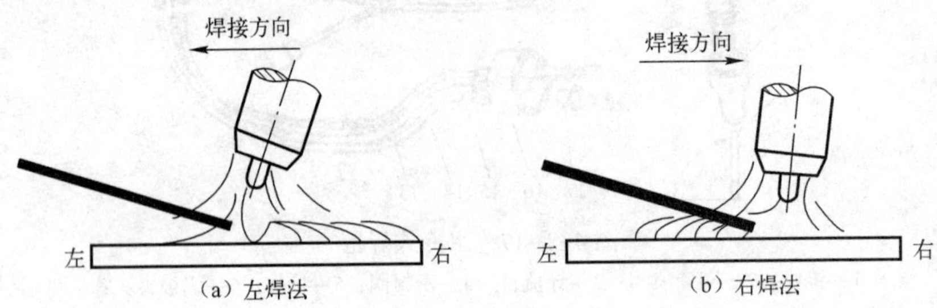

图 4-1-18　左焊法和右焊法示意图

（1）左焊法

在焊接过程中，焊枪从右向左移动，电弧指向未焊部分，焊丝位于电弧前面，由于这种方法便于操作者观察和控制熔池温度，从而使焊波排列均匀、整齐，焊缝成形良好，操作也较容易掌握。左焊法适用于焊接较薄和对质量要求较高的不锈钢、高温合金，因为此时电弧指向未焊部分，有预热作用，故焊接速度快、焊道窄、焊缝高温停留时间短，对细化金属结晶有利。左焊法将焊丝送进熔池前部边缘，有利于气孔的逸出和熔池表面氧化膜的去除，从而获得无氧化的焊缝。

（2）右焊法

在焊接过程中，焊枪从左向右移动，电弧指向已焊部分，焊丝位于电弧后面，操作者观察熔池不如采用左焊法时清楚，控制熔池温度较困难，适用于厚件的焊接。厚度在 3 mm 以上的铝合金、青铜、黄铜和大于 5 mm 的铸造镁合金，多采用右焊法。

3. 焊丝的送进方式

（1）连续送丝

连续送丝对焊接保护区的扰动较小，但送丝技术较难掌握。连续送丝时，用左手的拇指、食指捏住焊丝并用中指和虎口配合，托住焊丝。送丝时，捏住焊丝的拇指和食指伸直，即可将焊丝端头送入电弧直接加热区。然后借助中指和虎口托住焊丝，迅速弯曲拇指和食指，向上弯曲捏住焊丝的位置。如此反复动作，直至完成焊缝的焊接。注意焊丝的端头既不要碰到钨极，也不能脱离氩气的保护区。连续送丝的手法如图 4-1-19、图 4-1-20 所示。连续送丝时手臂动作不大，待焊丝快用完时才可前移。当焊丝量较大，采用较大的焊接工艺参数时，多采用此法。

图 4-1-19　连续送丝（开始）

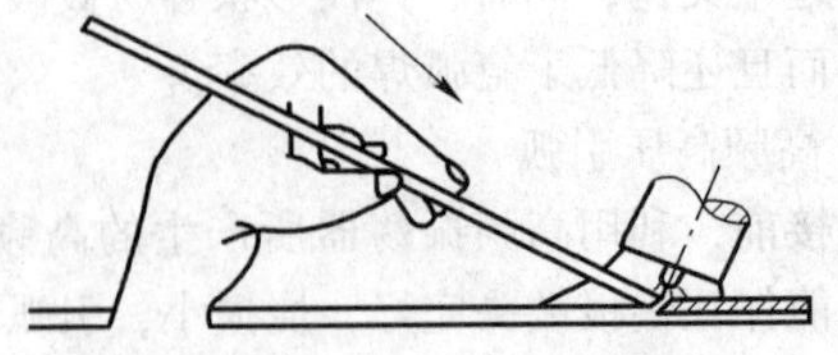

图 4-1-20　连续送丝（递进）

（2）断续送丝

焊接时，以左手拇指、食指、中指捏紧焊丝，焊丝末端应始终处于氩气保护区内。送丝动作要轻，不得扰动氩气层，以防止空气侵入。应靠手臂和手腕的上、下反复动作，将焊丝端部的熔滴送入熔池。全位置焊时多采用此法。

（3）焊丝紧贴坡口或钝边填丝法

焊前，将焊丝弯成弧形，紧贴坡口间隙处。焊丝的直径要大于坡口间隙。焊接过程中，焊丝和坡口的钝边同时熔化形成打底层焊缝。此法可避免焊丝遮住操作者的视线，适用于困难位置的焊接。

4. 接头

焊接时，一条焊缝最好一次焊完，中间不停顿。当长焊缝或中间更换焊丝、修磨钨极必须停弧时，重新起弧要在重叠焊缝 20 ～ 30 mm 处引弧，熔池要注意熔透，再向前进行焊接。重叠处不要加焊丝或少加焊丝，以保证焊缝的宽度一致，到了原熄弧处，再加入适量焊丝，进行正常焊接。

5. 收弧

焊接结束时，由于收弧的方法不正确，在焊缝结尾处容易产生弧坑裂纹、气孔和烧穿等缺陷。因此，应采取衰减电流的方法，即电流由大到小逐渐下降，以填满弧坑，或采用引弧板，将弧坑引到引弧板上，然后熄弧。

在既没有电流衰减装置又没有引弧板的情况下，收弧时，不要突然拉断电弧，应逐渐减少焊件的热量，如改变焊枪角度、稍拉长电弧、断续送电等，收弧时，往熔池内多填一些焊丝，填满弧坑后，慢慢提起电弧直至熄弧。若还存在弧坑，可重复上述收弧动作。当熄弧后，氩气会自动延时几秒钟停气，以防止金属在高温下氧化。

序号	考核内容	考核要点	配分	评分标准	检测结果	扣分	得分
1	考前准备	劳保防护用品及工具准备齐全，焊接参数设置、设备调试正确，工件清理及工件组对、点固定位。	10	工具及劳保防护用品不符合要求，焊接参数设置、设备调试不正确，工件组对及点固定位不正确，有一项扣 2 分			
2	焊接操作	试件空间位置符合要求	10	试件空间位置超出规定的范围扣 8 分			
3	焊缝外观	焊缝表面不允许有焊瘤、裂纹、烧穿等缺陷	10	出现任何一项缺陷该项不得分			
		焊缝咬边深度 ≤0.5 mm，两侧咬边总长度不超过焊缝有效长度的 15%	8	（1）咬边深度>0.5 mm 不得分 （2）咬边深度≤0.5 mm 时，累计长度每 5 mm 扣 1 分，累计长度超过 40 mm 不得分			
		未焊透深度小于板厚的 15%，且小于或等于 1.5 mm 时，未焊透总长度不超过焊缝有效长度的 10%	8	（1）未焊透深度 ≤ 1.5 mm 时，累计长度每 5 mm 扣 1 分，累计长度超过 26 mm，扣 8 分。 （2）未焊透深度>1.5 mm 时扣 8 分			
		焊缝的凹度或凸度应小于或等于 1.5 mm	10	凸凹度不符扣 4～10 分			
		焊后角变形 ≤3°	4	超差不得分			

续表

序号	考核内容	考核要点	配分	评分标准	检测结果	扣分	得分
4	金相检查	没有裂纹和未熔合	15	若有裂纹和未熔合按不及格处理			
		未焊透深度≤1 mm		未焊透深度>1 mm，配分扣光			
		（1）气孔或夹渣的最大尺寸不超过1.5 mm。 （2）当气孔或夹渣尺寸为0.5～1.5 mm时，其数量不多于一个。 （3）当气孔或夹渣尺寸≤0.5 mm时，其数量不多于3个	10	（1）气孔或夹渣的最大尺寸超过1.5 mm，配分扣光。 （2）气孔或夹渣尺寸为0.5～1.5 mm时扣5分。 （3）当气孔或夹渣尺寸≤0.5 mm时，每个扣2分			
5	其他	安全文明生产	5	设备复位、工具摆放整齐、清理试件、打扫场地、拉闸关灯，有一处不符合要求扣1分			
6	工时定额	操作时间30 min		每超过1 min从总分中扣2分			
		合计	100				

否定项：1. 焊缝表面出现裂纹、未熔合等缺陷。
2. 焊接时任意改变焊接空间位置。
3. 焊缝原始表面遭到破坏，有加工或补焊、返修焊等。
4. 操作时间超过定额的50%。

任务扩展

V形坡口板对接平位单面焊双面成形。

1. 工件准备

（1）工件材料：Q235低碳钢板材。

（2）工件及坡口尺寸：300 mm×125 mm×6 mm，2块。工件备料按照图4-1-21所示的规格，坡口角度 α 为（60±2）°，根部间隙 b 为始端2 mm，终端3 mm，钝边 p 为0.5～1 mm。

（3）反变形量≤3°。

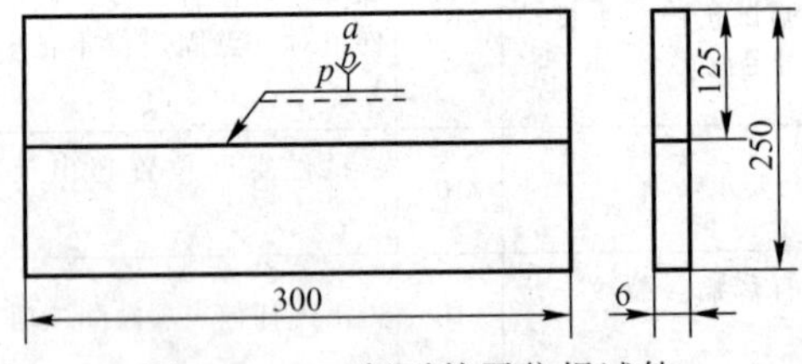

图4-1-21　板对接平位焊试件

2. 确定焊接工艺参数（见表4-1-2）

表4-1-2　焊接工艺参数表

焊接层次	焊枪摆动运条方法	钨极直径/mm	喷嘴直径/mm	钨极伸出长度/mm	氩气流量（L/min）	焊丝直径/mm	焊接电流/A	电弧电压/V
打底焊	小月牙形	2.5	8～12	5～6	8～12	2.5	80～90	12～16
填充层	月牙形或锯齿形	2.5	8～12	5～6	8～12	2.5	90～100	15～17
盖面焊	月牙形或锯齿形	2.5	8～12	5～6	8～12	2.5	100～120	15～17

3. 操作方法

（1）打底焊

将组对好的工件平位放在焊接操作架上，间隙小的一端放在右侧。施焊时从右向左进行焊接，右手握焊枪，左手拿焊丝，如图 4-1-22 和图 4-1-23 所示。利用高频或高压脉冲在工件右侧定位焊缝上引弧，焊枪在原位置稍加停顿后，压低电弧向前带至定位焊缝 5 mm 处左右，焊枪沿坡口两侧摆动，向前施焊。当定位焊缝左端形成熔池，并出现熔孔后，开始填丝进行焊接。焊枪与工件角度为 70°～80°焊丝与工件的角度为 15°～20°焊枪与焊丝角度如图 4-1-24 所示。

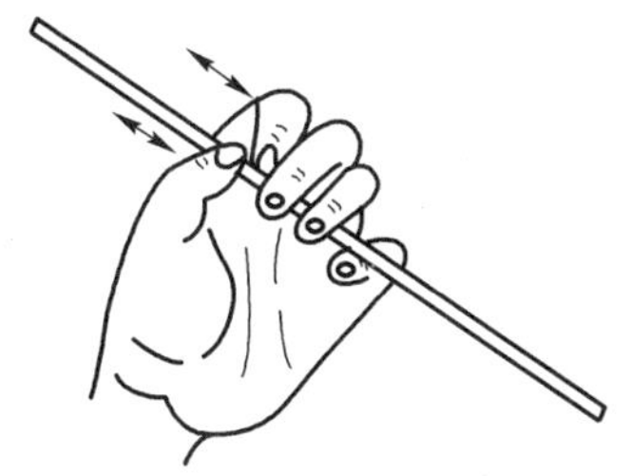

图 4-1-22　连续填丝握法

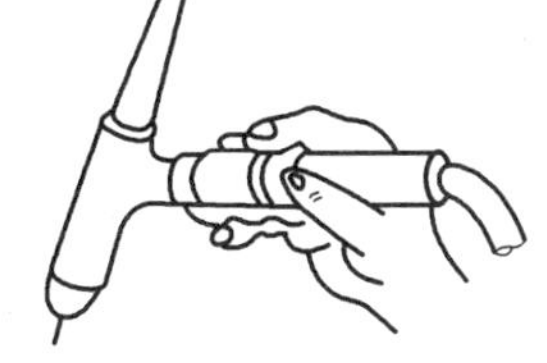

图 4-1-23　手持焊枪方法

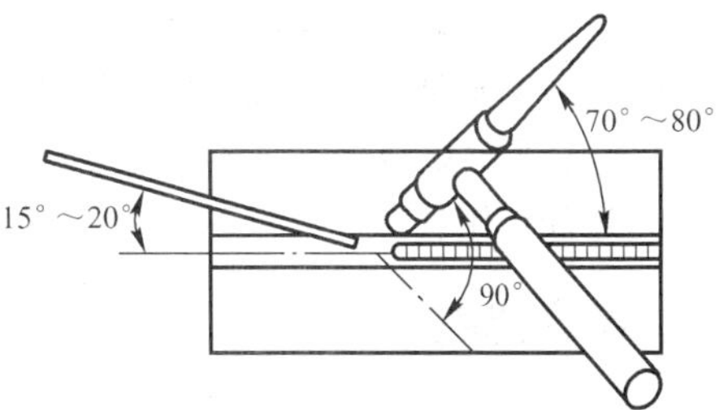

图 4-1-24　焊枪与焊丝及工件角度

打底层施焊，应减小焊枪角度如图 4-1-25 所示。使电弧热量集中在焊丝上，采用较小的焊接电流，加快焊接速度和送丝速度，避免焊缝背面出现焊瘤或烧穿。移动焊枪时要保持平稳，速度一致，焊丝递进时要有规律，同时密切观察熔池情况，如发现熔池增大，焊缝变宽或下凹时，说明熔池温度过高，此时应减小焊枪与试件夹角，加快焊接速度。

图 4-1-25　打底层施焊

（2）收弧、接头

当焊缝焊至一定长度，焊枪操作不便或更换焊丝时，要先将电弧按正确的收弧方法收弧，即收弧时应先将熔池填满，再把电弧带到里侧坡口快速送进几滴填充金属，然后立即灭弧。现代氩弧焊机都带有电流自动衰减装置，此时应松开焊枪上的按钮开关，停止送丝，但不要立刻移开焊枪，应保持距离，在氩气保护区内待氩气延时 10 s 后方可移开焊枪。

接头前，应先检查原弧坑处的焊接质量，如果没有焊接缺陷，可直接接头，如有焊接缺陷，应先处理好后方可接头，接头时，在弧坑右侧 10 ～ 15 mm 处引燃电弧，并慢慢向左移动，待原弧坑熔化形成熔池后，再继续填丝施焊。

（3）填充层

填充层施焊时，应调节焊接工艺参数，其操作方法同打底层相似，只是施焊时焊枪横向摆动幅度比打底层稍大，电弧在坡口两侧停留时间要稍长一些，以保证层间熔合良好，焊道均匀、平整。填充层焊道表面要比板材坡口棱边低 1 mm 左右，不要破坏坡口棱边，以免盖面成形时失去借鉴线，造成焊道不平直。

（4）盖面焊

盖面层的施焊方法与填充层基本相同，首先要清理焊道，如有不平之处应修磨平整，然后调节好焊接工艺参数。因为 V 形坡口最上面焊道变宽，增加了填充金属量，在施焊时焊枪的摆动幅度要进一步加大，使熔池熔化坡口两侧棱边 0.5 ～ 1.5 mm，根据熔池情况确定焊接速度和填丝速度，确保焊道熔敷金属饱满，成形美观。

收弧时，利用氩弧焊机的电流衰减装置或逐渐加快焊接速度直至母材不熔化时停弧。停弧后，氩气需延时 10 s 左右再关闭，防止熔池金属在高温下氧化，然后移开焊枪。

任务二　V 形坡口板对接立位焊

任务目标

1. 学会钨极氩弧焊各种空间位置的焊接操作技能。
2. 掌握 V 形坡口板对接立位焊的打底层和盖面层焊接的操作技巧。
3. 学会观察熔池变化及控制熔池温度。
4. 遵守操作规程，文明生产，安全第一。

任务描述

1. 识图

根据图纸要求：长度为 300 mm；板宽度为 125 mm；厚度为 6 mm，每组两块，如图 4-2-1 所示。

2. 技术要求

（1）V 形坡口板对接立位焊。

（2）根部间隙不大于 2 mm。

（3）可预留反变形量。

3. 焊接材料

（1）焊接材质：Q235 低碳钢板材。

（2）钨极选用铈钨极 Wce—20，$\phi 2.0$ mm。

（3）焊丝选用 THT50—6，直径 $\phi 2.0$ mm。

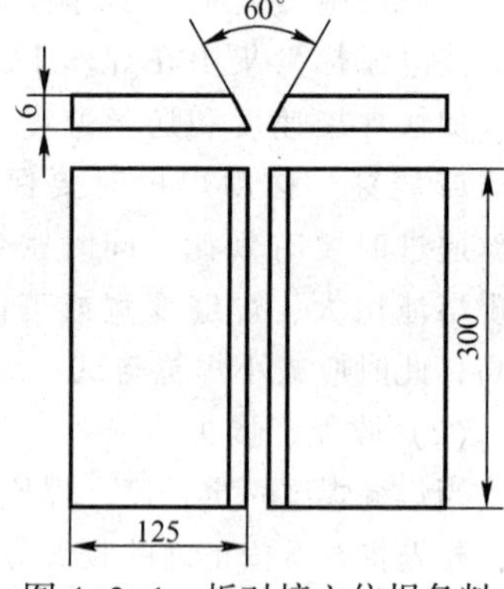

图 4-2-1　板对接立位焊备料

任务分析

立位焊操作比平位焊难，主要特点是熔池金属容易下淌，如控制不当会造成焊道不平整、咬边等现象发生。根据工件的焊接位置，打底焊应采用由下向上焊接，焊枪做直线形摆动；盖面焊同样采用由下向上焊接，焊枪做小幅度横向摆动或月牙形运丝，掌握好焊枪角度和焊接速度，同时还要控制好电弧长度，只有这样才能焊出符合要求的合格焊道。

任务实施

一、实训准备

1. 前期准备

（1）安全、环保及预防性措施。参照项目一的任务一进行准备。

（2）设备、工具

① 焊接设备：松下 YC—400TX 型，电源极性为直流正接，配有气冷式焊枪，氩气瓶，氩气流量调节器，氩气纯度≥99.5%。

② 环保通风设备：混流风机 HL3-2A-4.5A、轴流风机 TN2-40。

③ 工具：焊工防护面罩、角向磨光机、清渣锤、手锤、平锉刀、平錾、钢丝刷，扭力扳手、直角尺、平光防护眼镜。

（3）任务完成后，要认真填写任务评价表。

2. 注意事项

（1）检查二次线路是否完好无损，发现焊接把线和接地线有破损地方，应用绝缘胶带包好。电焊机一次线出故障必须找电工检修，禁止无证上岗操作。

（2）电焊机电源推拉电闸时必须戴绝缘手套侧向操作。焊把线和零线不允许放在工作台上，预防瞬间短路起弧，造成弧光伤害眼睛。

（3）使用角向磨光机时，戴好防护眼镜、手套，注意电源线不要拖在工件附近，防止电源线破损漏电发生危害。较重工件移动时应找人协助完成，以免砸伤。

（4）清理焊接熔渣必须戴好防护眼镜，预防伤眼。

（5）操作结束后，应立即切断电焊机电源，并检查场地，认真清扫，确认没有火灾隐患后，方可离开。

二、实训步骤

图 4-2-2 修磨坡口及清理污物

1. 焊件的清理

焊件装配前用锉刀或角向磨光机修磨坡口钝边，要求两块板相对时，坡口与钝边没有凸凹点，并将焊缝区域 20 mm 范围内的杂质、氧化皮清理干净，直至露出金属光泽，如图 4-2-2 所示。使用角向磨光机打磨工件时应戴好防护眼镜，避免飞溅物伤人。

2. 确定焊接工艺参数（见表 4-2-1）

表 4-2-1 焊接工艺参数

焊接层次	焊丝直径/mm	钨极直径/mm	喷嘴直径/mm	焊接电流/A	钨极伸出长度/mm	氩气流量/(L/min)
打底层	2.0	2.0	6～8	80～90	3～4	6～8
盖面层				90～100		

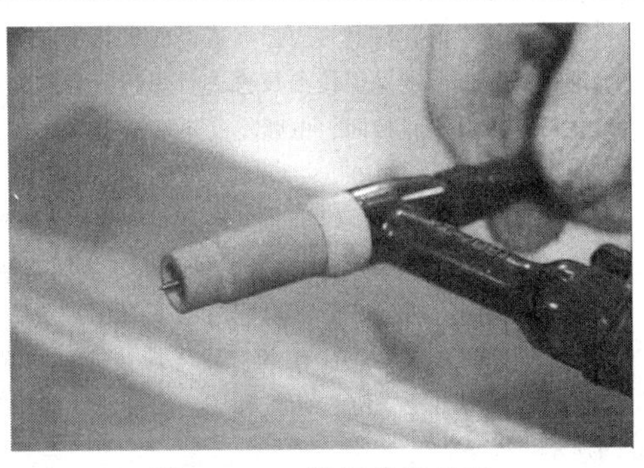

图 4-2-3 钨极伸出长度

3. 调节焊接工艺参数

钨极伸出长度的选择：喷嘴与焊件间的距离过长，保护效果变差；过短，不但影响施焊，还会烧坏喷嘴。故喷嘴与焊件的距离以 10 mm 为宜，最多不应超过 15～18 mm。而钨棒伸出长度为 3～4 mm 较佳，如图 4-2-3 所示。

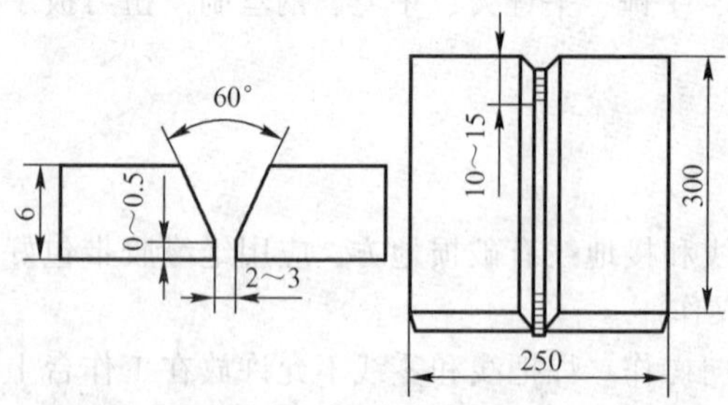

图 4-2-4　立位焊装配定位

4. 焊件的装配与定位

装配间隙为 2～3 mm。在试件两端进行定位焊，定位焊缝长度为 10～15 mm，定位焊时使用的焊丝及焊接参数与正式焊接时相同。终焊端应多焊一些，以防止在焊接过程中由于收缩造成的未焊段坡口间隙变小而影响打底层焊接。预留反变形量为 3°，获得反变形量的方法与焊条电弧焊中获得反变形量的方法相同，如图 4-2-4 所示。

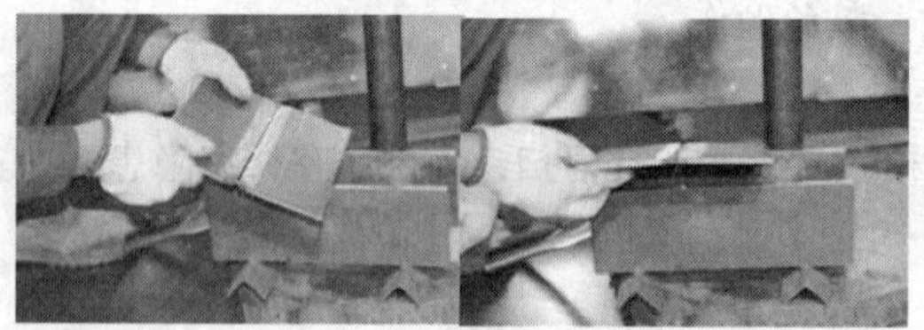

图 4-2-5　工件反变形操作方法

5. 工件预留反变形

工件在焊接操作时，会产生横向与纵向的收缩变形，所以在工件定位焊后，向相反的方向轻轻地敲击，使工件产生背弯，背弯角度 2°～3°，如图 4-2-5 所示。

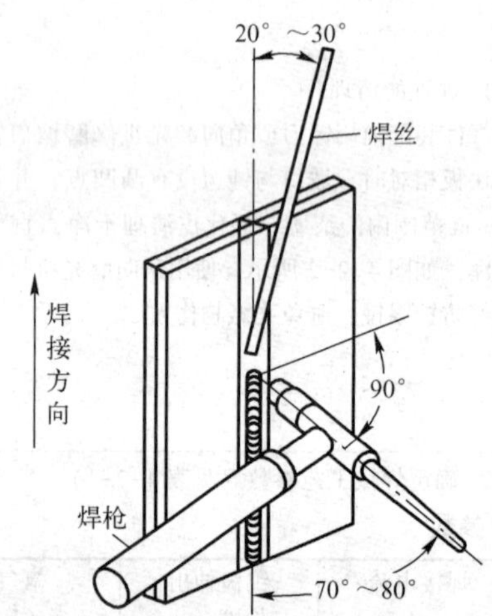

图 4-2-6　立位焊焊枪、焊丝角度

6. 操作方法

(1) 打底焊

向上立位焊的打底焊时，焊枪、焊丝都在工件的垂直面内，焊枪与工件的下倾角为 70°～80°，焊丝与工件焊缝方向成 20°～30°夹角，如图 4-2-6 所示。

① 引弧。利用高频或高压脉冲在工件的下定位焊缝处引燃电弧，然后将电弧移至下端头，稍作停留，待熔池形成后，向上焊接至下定位焊缝的上端再稍停，电弧到达根部，待形成熔孔时，送给焊丝进行焊接，并控制熔池形状的大小，送给焊丝应少给频送，并配合适当的焊接速度，连续焊接。

② 运弧。由下向上纵向运弧，焊丝在熔池前边缘接触送给，形成焊缝。

③ 收弧。可用焊机的电流衰减装置停弧，或逐渐加快焊接速度直至母材不熔化时停弧。

图 4-2-7　盖面焊操作中

(2) 盖面焊

盖面焊焊前，应对打底层焊道上的氧化层和不规则处进行清理，调试好焊接参数再进行焊接。焊接时焊枪角度与打底层焊时相同，电弧宽度不够时可做小幅度的横向摆动，两侧熔合 0.5～1 mm 为宜。

收弧时，利用氩弧焊机的电流衰减装置或逐渐加快焊接速度直至母材不熔化时停弧。停弧后，氩气需延时 10 s 左右再关闭，防止熔池金属在高温下氧化，然后移开焊枪。焊丝的送给量应少而频，并与焊接速度协调配合，同时控制熔温度，使焊缝圆滑平整的过渡，如图 4-2-7 所示。

钨极氩弧焊的焊接材料主要有氩气、钨极和焊丝。

1. 氩气

氩气是一种理想的保护气体，一般将空气液化后采用分馏法制取。氩气的密度比空气大，可形成稳定的气流层，覆盖在熔池周围，对焊接区有良好的保护作用。氩气是惰性气体，在常温下不与其他物质发生化学反应，高温时也不溶于液态金属。氩弧焊对氩气的纯度要求很高，其纯度应达到 99.99%。

2. 钨极

钨极氩弧焊时，钨极作为电极起传导电流、引燃电弧和维持电弧正常燃烧的作用。

目前所用的钨极材料主要有以下几种：

（1）纯钨极。其牌号是 W1、W2，纯度在 99.85% 以上。纯钨极要求焊机空载电压较高，使用交流电时，承载电流能力较差，故目前很少采用。为了便于识别常将其涂成绿色。

（2）钍钨极。其牌号是 WTh-10、WTh-15，是在纯钨中加入 1%～2% 的氧化钍（ThO_2）。钍钨极电子发射率提高，增大了许用电流范围，降低了空载电压，改善了引弧和稳弧性能，但是具有微量放射性。为了便于识别常将其涂成红色。

（3）铈钨极。其牌号是 Wce-20，是在纯钨中加入 2% 的氧化铈（CeO）而成。铈钨极比钍钨极更容易引弧，使用寿命长，放射性极低，是目前推荐使用的电极材料。为了便于识别常将其涂成灰色。

钨极的规格：长度范围供给，在 76～610 mm 之间；常用的钨极直径有 0.5 mm、1.0 mm、1.6 mm、2.0 mm、2.5 mm、3.2 mm、4.0 mm、5.0 mm、6.3 mm 等多种。钨极端部的形状如图 4-2-8 所示。

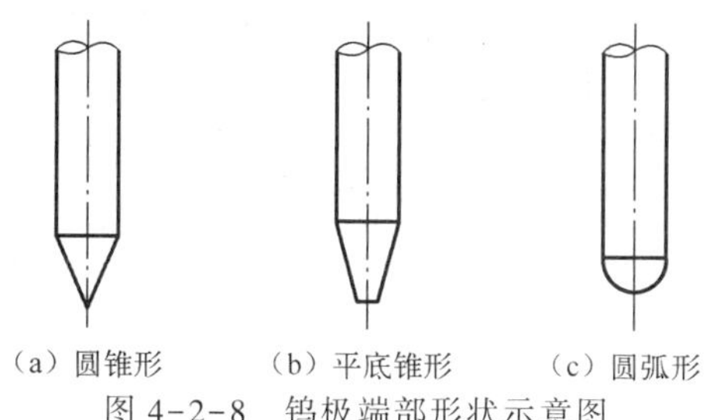

（a）圆锥形　（b）平底锥形　（c）圆弧形

图 4-2-8　钨极端部形状示意图

3. 焊丝

氩弧焊用焊丝主要分钢焊丝和有色金属焊丝两大类。焊接有色金属一般采用与母材相当的焊丝。氩弧焊用焊丝直径主要有 0.8 mm、1.0 mm、1.2 mm、1.4 mm、1.5 mm、1.6 mm、2.0 mm、2.4 mm、2.5 mm、4.0 mm、5.0 mm、6.0 mm 等十余种规格，多选用直径 2.0～4.0 mm 的焊丝，如图 4-2-9 所示。

图 4-2-9　氩弧焊用焊丝

焊丝的选用原则：

（1）根据焊接结构的钢种选用焊丝。对于低碳钢和低合金钢，主要按等强度的原则，选用满足力学性能要求的焊丝；对耐热钢和耐候钢，主要考虑焊缝金属与母材化学成分基本相近，以满足钢材的耐热和耐蚀性的要求；焊接异种金属时，如果两种金属的组织性能不同，则选用焊丝时应考虑抗裂性及碳的扩散问题。

（2）在确保焊接质量的前提下，应选用高效率、低成本的焊接工艺方法和焊接材料。

（3）根据现场的焊接位置，选择适宜的焊丝牌号及焊丝直径。

序号	考核内容	考核要点	配分	评分标准	检测结果	扣分	得分
1	考前准备	劳保防护用品及工具准备齐全，焊接参数设置、设备调试正确，工件清理及工件组对、点固定位。	10	工具及劳保防护用品不符合要求，焊接参数设置、设备调试不正确，工件组对及点固定位不正确，有一项扣2分			
2	焊接操作	试件空间位置符合要求	10	试件空间位置超出规定的范围扣8分			
3	焊缝外观	焊缝表面不允许有焊瘤、裂纹、烧穿等缺陷	10	出现任何一项缺陷该项不得分			
		焊缝咬边深度≤0.5 mm，两侧咬边总长度不超过焊缝有效长度的15%	8	（1）咬边深度>0.5 mm不得分。 （2）咬边深度≤0.5 mm时，累计长度每5 mm扣1分，累计长度超过40 mm不得分			
		未焊透深度小于板厚的15%，且小于或等于1.5 mm时，未焊透总长度不超过焊缝有效长度的10%	8	（1）未焊透深度≤1.5 mm时，累计长度每5 mm扣1分，累计长度超过26 mm，扣8分。 （2）未焊透深度>1.5 mm时扣8分			
		焊缝的凹度或凸度应≤1.5 mm	10	凸凹度不符扣4～10分			
		焊后角变形≤3°	4	超差不得分			
4	金相检查	没有裂纹和未熔合	10	若有裂纹和未熔合按不及格处理			
		未焊透深度≤1 mm	15	未焊透深度>1 mm，配分扣光			
		（1）气孔或夹渣的最大尺寸不超过1.5 mm。 （2）当气孔或夹渣尺寸为0.5～1.5 mm时，其数量不多于一个。 （3）当气孔或夹渣尺寸≤0.5 mm时，其数量不多于3个	10	（1）气孔或夹渣的最大尺寸超过1.5 mm，配分扣光。 （2）气孔或夹渣尺寸为0.5～1.5 mm时扣5分。 （3）当气孔或夹渣尺寸≤0.5 mm时，每个扣2分			
5	其他	安全文明生产	5	设备复位、工具摆放整齐、清理试件、打扫场地、拉闸关灯，有一处不符合要求扣1分			
6	工时定额	操作时间30 min		每超过1 min从总分中扣2分			
		合计	100				

否定项：① 焊缝表面出现裂纹、未熔合等缺陷。
② 焊接时任意改变焊接空间位置。
③ 焊缝原始表面遭到破坏，有加工或补焊、返修焊等。
④ 操作时间超过定额的50%。

任务扩展

T 形接头平角焊

（1）工件尺寸：下水平板长度为 200 mm、宽度为 160 mm、厚度为 6 mm，上立板长度为 200 mm、宽度为 60 mm、厚度为 6 mm，如图 4-2-10 所示。

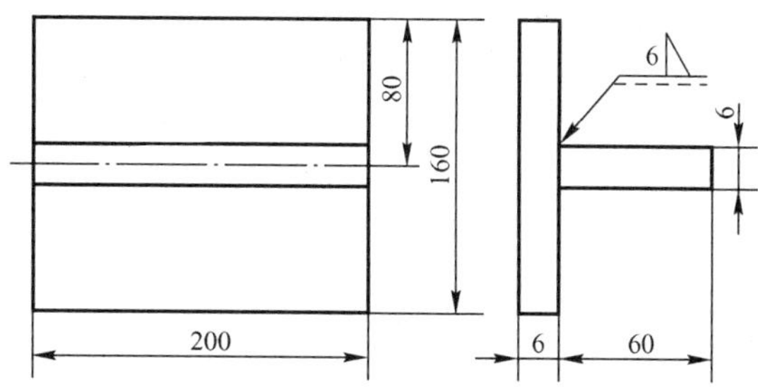

图 4-2-10 T 形接头焊件备料

（2）工件材质：Q235 低碳钢板材。

（3）焊接材料：焊丝牌号为 THT50-6，焊丝直径为 ϕ2.5 mm，钨极为 Wce—20，ϕ2.0 mm。

（4）焊前准备：工件表面清理，用角向磨光机修磨工件待焊处 20 mm 内的铁锈及杂质。

（5）T 形接头平角焊的操作步骤及要领。

① 定位焊。首先将焊件装配成 90°T 形接头，不留间隙，采用正式焊接时所用的焊丝进行定位焊，定位焊缝位于焊件两面对称处，定位焊缝长度为 10 ～ 15 mm。装配结束后，应检查上立板的垂直度，如有偏差，应进行矫正。

② 焊接操作。焊接时采用左焊法。焊丝、焊枪与焊件之间的相对位置如图 4-2-11 所示。

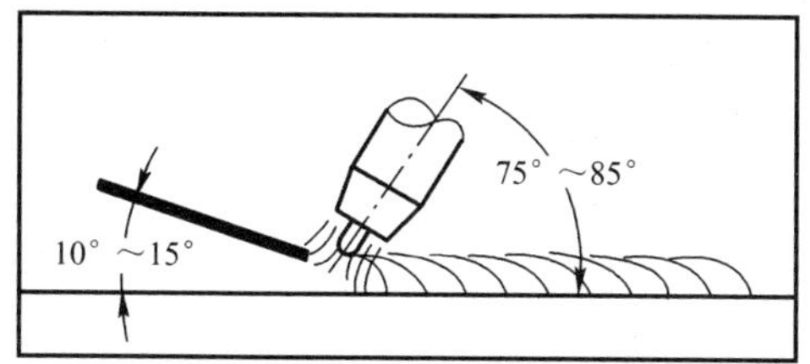

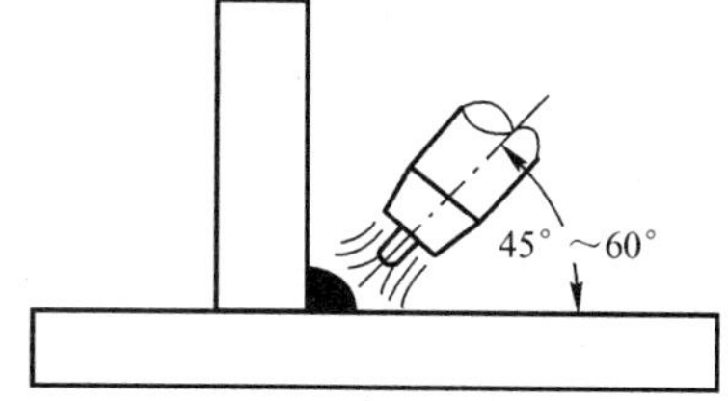

图 4-2-11 焊接时焊枪与工件角度

进行平角焊时，由于液体金属容易向水平面流淌，很容易使垂直面产生咬边，因此，焊枪与水平面的夹角应大一些，一般为 45°～ 60°。钨极端部要偏向水平面，使熔池温度均匀。焊丝与水平面成 10°～ 15°夹角，焊丝端部应偏向垂直板。在焊接过程中，要求焊枪运行平稳，送丝均匀，保持焊接电弧稳定燃烧，这样才能保证焊接质量，如图 4-2-12 所示。

图 4-2-12 焊接中（左手操作）

任务三 小径管对接水平转动焊

1. 能够正确掌握管对接工件的工装技术及工艺流程。
2. 掌握小径管对接水平转动钨极氩弧焊的操作技能。
3. 正确的选择焊接工艺参数及惰性气体的流量。
4. 遵守操作规程，文明生产，安全第一。
5. 任务完成后能叙述操作过程及焊接缺陷产生的原因。

任务描述

1. 识图

根据图纸要求：小径管外径为 57 mm、壁厚为 5 mm、管子长度为 100 mm，每组两件。坡口角度为 60°，如图 4-3-1 所示。

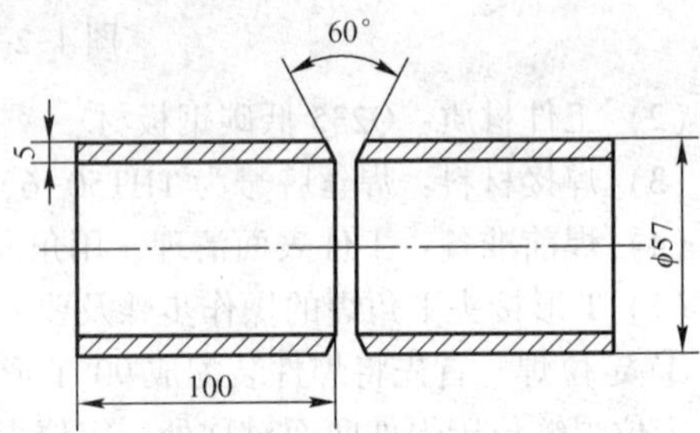

图 4-3-1 管对接工件备料

2. 技术要求

（1）小径管对接水平转动焊。

（2）根部间隙不大于 2 mm。

（3）可选用小型焊接变位机操作。

3. 焊材

（1）工件材质：20 g 无缝钢管。

（2）焊接材料：钨极选用铈钨极 Wce—20；ϕ2. 5 mm。焊丝选用 H08Mn2SiA，ϕ2. 5 mm。

任务分析

小径管对接水平转动焊的操作技术相对比较容易掌握。关键是第一层的打底焊，打底焊时应稍作横向摆动，但背面成形较难控制。盖面焊可用摇把焊，采用月牙或锯齿形运丝方法，借助滚轮架或小型电动变位机进行焊接，效果如图 4-3-2 所示。

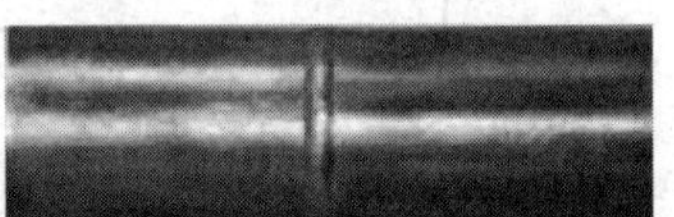
图 4-3-2 成形工件

一、实训准备

1. 前期准备

（1）安全、环保及预防性措施。参照项目一的任务一进行准备。

（2）设备、工具

① 焊接设备：松下 YC—400TX 型，电源极性为直流正接，配有气冷式焊枪，氩气瓶，氩气流量调节器。氩气纯度≥99. 5%。

② 环保通风设备：混流风机 HL3-2A-4. 5A、轴流风机 TN2-40。

③ 工具：焊工防护面罩、角向磨光机、清渣锤、手锤、平锉刀、平錾、钢丝刷，扭力扳手、直角尺、平光防护眼镜。

（3）任务完成后，要认真填写任务评价表。

2. 注意事项

（1）检查二次线路是否完好无损，发现焊接把线和接地线有破损地方，应用绝缘胶带包好。电焊机一次线出故障必须找电工检修，禁止无证上岗操作。

（2）电焊机电源推拉电闸时必须戴绝缘手套侧向操作。焊把线和零线不允许放在工作台上，预防瞬间短路起弧，弧光伤害眼睛。

（3）使用角向磨光机时，戴好防护眼镜、手套，注意电源线不要拖在工件附近，防止电源线破损漏电发生危害。较重工件移动时应找人协助完成，以免砸伤。

（4）清理焊接熔渣必须戴好防护眼镜，预防伤眼。

（5）操作结束后，应立即切断电焊机电源，并检查场地，认真清扫，确认没有火患后，方可离开。

二、实训步骤

图 4-3-3　角向磨光机打磨铁锈及杂质

1. 焊件的清理

焊件装配前用锉刀或角向磨光机将焊缝区域 20 mm 范围内的杂质、氧化皮清理干净，直至露出金属光泽，如图 4-3-3 所示。使用角向磨光机打磨工件时应戴好防护眼镜，避免飞溅物伤人。

2. 确定焊接工艺参数见表 4-3-1。

表 4-3-1　焊接工艺参数

焊接层次	焊丝直径/mm	钨极直径/mm	喷嘴直径/mm	焊接电流/A	钨极伸出长度/mm	氩气流量/(L/min)
打底层	2.5	2.5	6～8	75～85	3～4	6～8
盖面层				85～95		

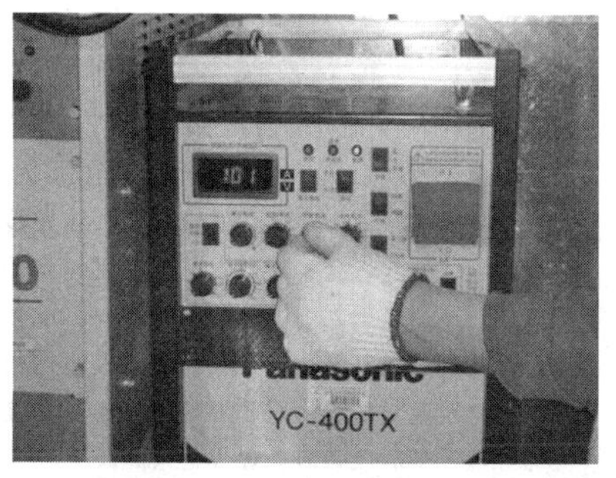

图 4-3-4　调整焊接电流

3. 调整焊接电流

在焊接操作时，焊接电流的大小起着关键性的作用，因此，在调整焊接电流时，要按焊接工艺参数来调整，达到工艺参数要求的准确电流值。同时还要准确的调整好氩气流量，如图 4-3-4 所示。

图 4-3-5 小型电动焊接变位机

4. 小型电动焊接变位机

在操作时可根据操作手法调整好电动变位机的行进速度，随着变位机的不断旋转，应及时送丝，时刻关注熔池的变化情况，行进速度过快则焊道不饱满，行进速度过慢会造成焊道超高，如图 4-3-5 所示。

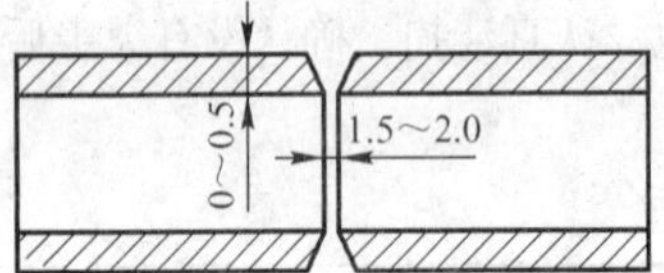

图 4-3-6 小径管组对预留间隙

5. 焊件的装配与定位

将工件置于装配胎具上，装配间隙为 1.5～2.0 mm，如图 4-3-6 所示。一点定位，定位焊缝长度为 10～15 mm，定位焊时使 用的焊丝及焊接参数与正式焊接时相同，然后用角向磨光机修磨定位点呈斜坡状，错边量≤0.5 mm。

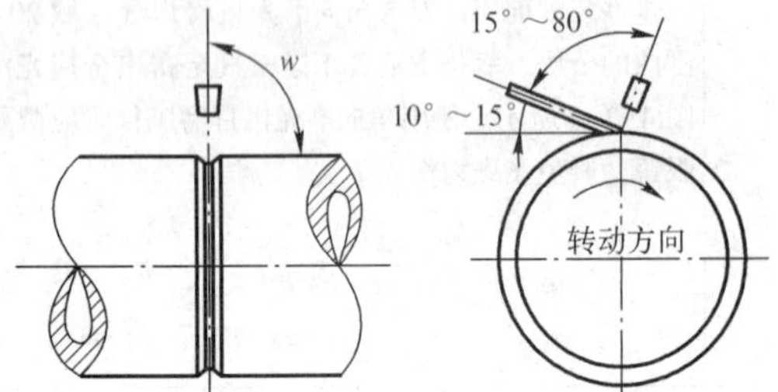

图 4-3-7 焊枪、焊丝与工件的角度

6. 操作方法

（1）打底层的焊接

借助变位机使管材转动，焊接时将定位焊缝放在 6 点钟位置。在 12 点钟处引弧，管件不动也不填充焊丝，待管子坡口熔化并形成熔孔后填充焊丝，同时转动管材。焊枪、焊丝与管子工件的角度如图 4-3-7 所示。在施焊过程中，电弧始终保持在 12 点钟位置，并对准坡口稍做横向摆动。焊接过程中应保证工件的转速平稳。当焊至定位焊缝处，还留有焊丝直径大小的孔时，应将电弧稍向前移沿小孔的内边缘运动，逐步使小孔周围全部熔化，然后添加焊丝使熔池与周围熔合平滑。此时应松开焊枪按钮开关，停止送丝，借助焊机的电流衰减装置熄弧，此时焊枪继续对准熔池进行保护，待其冷却后方可移开焊枪。

图 4-3-8 电动变位机盖面焊操作示意图

（2）盖面层的焊接

盖面焊的操作与打底焊基本相同，只是焊枪摆动幅度略大，能使熔池超过坡口棱边 1～2 mm，以保证坡口两侧熔合良好，如图 4-3-8 所示。

起焊时在时钟 12 点位置后 5 mm 处引弧，熔池的前边缘正好位于时钟 12 点位置。这样熔池处于水平状态，弧长 2～3 mm，稍作停留后摆动焊枪，该处熔化后尽量少填焊丝，使起焊处稍有凹坑，然后继续摆动焊枪，熔化至坡口棱边处加入焊丝，焊丝后撤时，电弧由一侧运动至另一侧熔池前部边缘处，将坡口棱边熔化后再加入焊丝。继续重复的运动至起焊处，与起焊处接头时尽量少加焊丝，最后收弧时确保焊道余高。

1. 氩弧焊工艺参数的选择

手工钨极氩弧焊的焊接工艺参数有：焊接电流、焊接电压、焊接速度、焊接材料（包括氩气纯度、流量、保护效果、焊丝、钨极直径、喷嘴孔径、电板伸出长度）、接头坡口形式、焊接层次以及预热温度等。如焊接材料的选择也取决于被焊焊件的材料，即首先由焊件材料的材质及焊接接头的技术要求来选用相应成分的焊丝和所使用氩气纯度的最低限度，并由焊件的化学及物理性能选择出相宜的焊接电源与极性，再确定焊接线能量，即可由此选定适宜的钨极及焊丝的直径。

（1）焊接电流

焊接电流是氩弧焊最重要的工艺参数，根据所用焊接电流种类，选用不同的钨极端部形状。钨极尖端角度 α 的大小会影响钨极的许用电流、引弧及稳弧性能。钨极的种类和规格对焊接电流起着决定性作用。电流太小，造成焊道成形不美观，容易形成未熔合和未焊透等缺陷。电流过大，容易使焊道产生焊瘤或烧穿，熔池温度过高时，还会产生咬边等缺陷。不同钨极允许的最大电流值见表 4-3-2。

表 4-3-2 不同型号钨极的选用电流

电源种类	钨极直径/mm	钨极种类	允许的最大电流/A
交流	1.0	钍钨极	50～60
	2.0		100～140
	3.0		150～230
直流正接	1.0		75～90
	1.6		150～190
	2.4		250～340
	3.2		350～750
直流反接	1.0	铈钨极	15
	2.0		30
	3.0		50
	4.0		75

（2）气体流量和喷嘴直径

在一定条件下，气体流量和喷嘴直径有一个最佳范围，此时，气体保护效果最佳，有效保护区最大。如果气体流量过低，气流挺度差，排除周围空气的能力减弱，保护效果不佳。流量过大，容易变成紊流，使空气进入，会降低保护效果。所以气体流量和喷嘴直径应匹配。常用手工钨极氩弧焊喷嘴形状如图 4-3-9 所示。保护气体流量的选用范围见表 4-3-3。

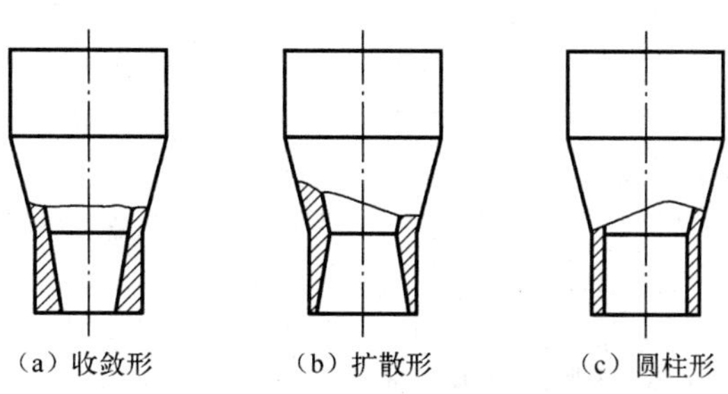

图 4-3-9 焊枪喷嘴形状示意图

表 4-3-3　喷嘴与气体流量选用范围

焊接电流/A	直流正接		交流	
	喷嘴直径/mm	流量/(L/mm)	喷嘴直径/mm	流量/(L/mm)
10～100	4～9.5	4～5	8～9.5	6～8
101～150	4～9.5	4～7	9.5～11	7～10
151～200	6～13	6～8	11～13	7～10
201～300	8～13	8～9	13～16	8～15
301～500	13～16	9～12	16～19	8～15

(3) 焊接速度

焊接速度主要根据工件的材料和厚度及焊接电流和预热温度等配合选择，以保证获得所需的熔深和焊道宽度。焊接速度过快，保护气流严重滞后，会使钨极、端部、弧柱、熔池暴露在空气中，失去了气体的保护，焊缝成形不良，并容易产生未焊透、气孔等缺陷。但如果速度太慢，则会造成焊道凹陷、烧穿、咬边等现象。

(4) 喷嘴至工件距离和电弧长度

喷嘴距工件越远，保护效果越差；距离太近，则会影响操作者视线，当电弧过短时，容易使焊丝碰到钨极，使焊缝产生夹钨现象。尽量采用短弧焊接，添加焊丝时，电弧长度一般为 3 ～ 5 mm；不添加焊丝自熔焊时，电弧长度不大于 1.5 mm。为保证气体保护可靠，在实际操作中喷嘴至工件距离一般取 10 mm 左右为宜。

(5) 钨极伸出长度

在操作时，如钨极伸出长度越大，则保护效果越差，反之就越好。钨极伸出长度应根据工件的坡口形式和焊接规范来调整。T 形平角接头焊钨极伸出长度一般为 6 ～ 9 mm，对于工件有坡口的焊缝，可大于 4 mm。焊接有色金属（铜、铝及铝合金）时为 2 mm 左右，也可按经验公式来选择，大于钨极直径的 2 倍来确定。

序号	考核内容	考核要点	配分	评分标准	检测结果	扣分	得分
1	考前准备	劳保防护用品及工具准备齐全，焊接参数设置、设备调试正确，工件清理及工件组对、点固定位	10	工具及劳保防护用品不符合要求，焊接参数设置、设备调试不正确，工件组对及点固定位不正确，有一项扣2分			
2	焊接操作	试件空间位置符合要求	10	试件空间位置超出规定的范围扣8分			
3	焊缝外观	焊缝表面不允许有焊瘤、裂纹、烧穿等缺陷	10	出现任何一项缺陷该项不得分			
		焊缝咬边深度≤0.5 mm，两侧咬边总长度不超过焊缝有效长度的15%	8	(1) 咬边深度>0.5 mm 不得分。 (2) 咬边深度≤0.5 mm 时，累计长度每 5 mm 扣 1 分，累计长度超过 40 mm 不得分			
		未焊透深度小于管壁厚的15%，且小于或等于 1.5 mm 时，未焊透总长度不超过焊缝有效长度的10%	8	(1) 未焊透深度≤1.5 mm 时，累计长度每 5 mm 扣 1 分，累计长度超过 26 mm，扣 8 分。 (2) 未焊透深度>1.5 mm 时扣 8 分			

续表

序号	考核内容	考核要点	配分	评分标准	检测结果	扣分	得分
3	焊缝外观	焊缝的凹度或凸度应小于或等于1.5 mm	10	凸凹度不符扣4～10分			
		错边量≤0.5 mm	4	超差不得分			
4	金相检查	没有裂纹和未熔合		若有裂纹和未熔合按不及格处理			
		未焊透深度≤1 mm	15	未焊透深度>1 mm，配分扣光			
		（1）气孔或夹渣的最大尺寸不超过1.5 mm。 （2）当气孔或夹渣尺寸为0.5～1.5 mm时，其数量不多于一个。 （3）当气孔或夹渣尺寸≤0.5 mm时，其数量不多于3个	20	（1）气孔或夹渣的最大尺寸超过1.5 mm，配分扣光。 （2）气孔或夹渣尺寸为0.5～1.5 mm时扣5分。 （3）当气孔或夹渣尺寸≤0.5 mm时，每个扣2分			
5	其他	安全文明生产	5	设备复位、工具摆放整齐、清理试件、打扫场地、拉闸关灯，有一处不符合要求扣1分			
6	工时定额	操作时间30 min		每超过1 min从总分中扣2分			
合计			100				

否定项：1. 焊缝表面出现裂纹、未熔合等缺陷。
2. 焊接时任意改变焊接空间位置。
3. 焊缝原始表面遭到破坏，有加工或补焊、返修焊等。
4. 操作时间超过定额的50%。

任务扩展

小径管对接垂直固定焊

小径管对接垂直固定焊的操作比水平转动焊难度大一些，操作不当会造成铁水下淌，上部棱边咬边、下部棱边超高等焊接缺陷。在施焊时要控制好焊枪角度，尤其在盖面层焊接时，在坡口上部要稍作停留，避免产生焊接缺陷。

1. 焊前准备

（1）工件材质：20 g无缝管。

（2）试件及坡口尺寸如图4-3-10所示。

（3）焊接材料：焊丝牌号为THT50-6，焊丝直径为ϕ2.5 mm。钨极为Wce—20，ϕ2.0 mm。

（4）技术要求：

① 要求单面焊双面成形。

② 钝边高度、坡口间隙自定。

③ 工件定位焊后允许修磨。

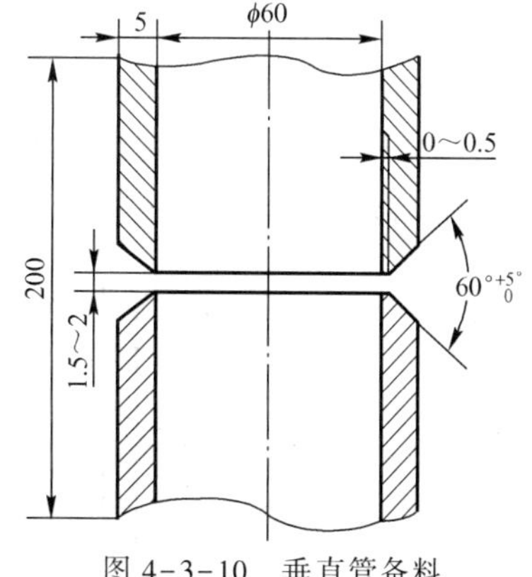

图4-3-10 垂直管备料

2. 确定焊接工艺参数（见表4-3-4）

表4-3-4 焊接工艺参数表

焊接层次	钨极直径/mm	喷嘴直径/mm	钨极伸出长度/mm	氩气流量/(L/min)	焊丝直径/mm	焊接电流/A	电弧电压/V
打底层（1）	2.5	8～12	5～8	7～10	2.5	90～95	12～16
盖面焊（2、3）	2.5	8～12	5～8	7～10	2.5	90～100	12～16

3. 操作方法

（1）打底层

在定位焊处的相对位置引弧起焊，打底焊的焊枪角度，如图 4-3-11 所示。在右侧间隙最小处（1.5 mm）引弧，先不添加焊丝，待坡口根部熔化形成熔孔后送进焊丝，当焊丝端部熔化形成熔滴后，将焊丝轻轻地向熔池中推一下，并向管内摆动，将液态金属送到坡口根部，以保证背面焊缝的余高。填充焊丝的同时，焊枪做小幅度横向摆动并向前均匀移动。

在焊接过程中，填充焊丝以直线往复运动方式移动焊枪，间歇性地把焊丝送入电弧内的熔池前方，在熔池前呈滴状加入。送进焊丝时要有规律，时刻关注熔池温度变化，方能保证焊缝成形均匀平整。焊工移动位置或更换焊丝收弧时，切断控制开关，电弧熄灭后，焊枪不能立刻离开熔池，应延长对收弧处氩气保护，以避免氧化，出现弧坑裂纹及缩孔。焊工再次进行施焊时，应先将收弧处修磨成斜坡状并清理干净，在斜坡上引弧，移至离接头处约 10 mm 处停留，经电弧高温熔化金属形成熔池后，即可添加焊丝，继续从右向左进行焊接。小径管垂直固定打底层施焊，熔池的热量要集中在坡口下部，以防止因上部坡口温度过高，母材熔化过多，液态金属下垂而产生的咬边和焊缝背面下坠现象。

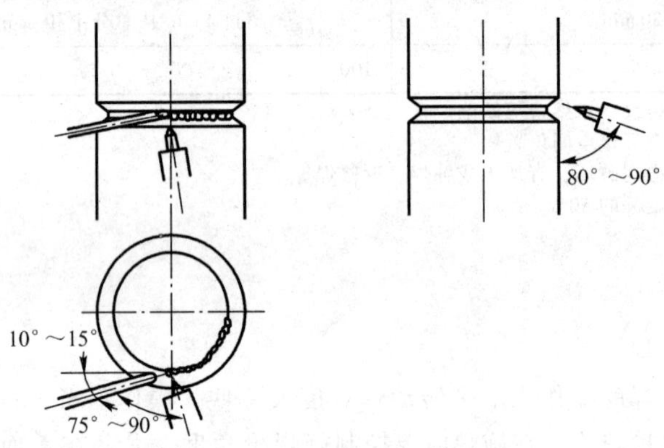

图 4-3-11　打底焊的焊枪角度

（2）盖面焊

盖面焊缝由上、下两道焊缝组成，先焊下面的焊道，后焊上面焊道，焊道层次分布如图 4-3-12 所示。盖面焊焊枪角度如图 4-3-13 所示。

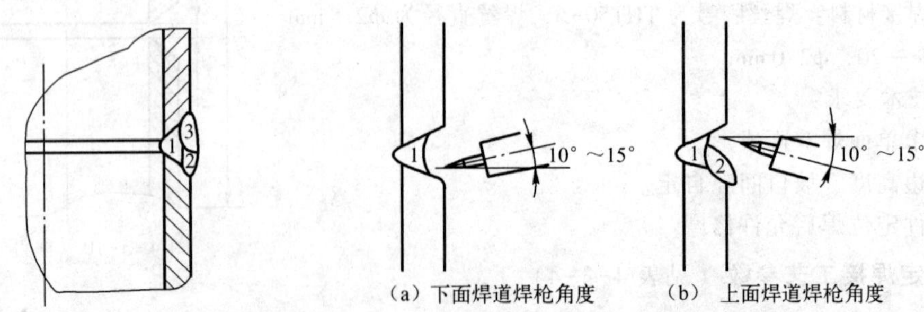

图 4-3-12　焊道层次分布示意图　　图 4-3-13　盖面焊焊枪角度示意图

焊下面的盖面焊道时，电弧对准打底焊道下沿，使熔池下沿超出管子坡口棱边 0.5 ～ 1.5 mm，使熔池上沿在打底焊道 1/2 ～ 2/3 处。

焊上面的盖面焊道时，电弧对准打底焊道上沿，使熔池上沿超出管子坡口 0.5 ～ 1.5 mm，下沿与下面焊道圆滑过渡，焊接速度要适当加快，送丝频率加快，适当减少送丝量，防止焊缝下坠。收弧时熔池向前方覆盖起焊端 8 mm 左右，填满弧坑，切断控制开关延缓氩气保护，以免出现气孔及缩孔。

任务四 管对接 V 形坡口水平固定单面焊双面成形

任务目标

1. 熟练掌握工件的装配及定位焊的操作技术。
2. 能正确的选择焊接工艺参数。
3. 掌握氩弧焊连弧法的焊枪角度和送丝操作技巧。
4. 学会观察熔池状况，并能控制熔池温度的高低，避免产生焊接缺陷。

任务描述

1. 识图

根据图纸要求：管材长度为 100 mm；厚度 5 mm；共 2 节，坡口角度为 60°，如图 4-4-1 所示。

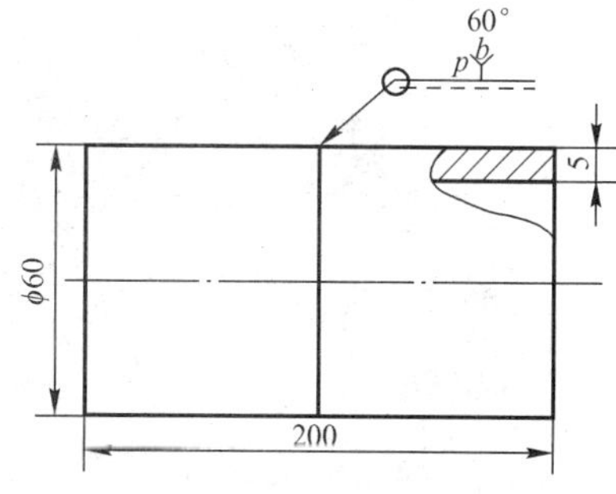

图 4-4-1 工件尺寸及坡口角度

2. 技术要求

（1）V 形坡口管对接水平固定单面焊双面成形。

（2）钝边高度及间隙自定。

（3）定位焊点可使用电动工具修磨。

3. 焊材

（1）工件材质：20 钢。

（2）焊接材料：焊丝为 THT50—6，直径 $\phi 2.5$ mm。铈钨极—Wce—20 直径 $\phi 2.5$ mm。

任务分析

管对接 V 形坡口单面焊双面成形水平固定焊操作难度较大，由平位焊、立位焊和仰位焊三种位置组成，也称全位置焊。焊接时由两个半圈组成，管子的底部和上部分别有起焊点和终焊点共两个接头。其特点是，管径小、曲率大，焊工操作时，焊接位置在不停地发生变化，焊枪与焊丝的角度变化频繁，给焊接操作增加了难度。如果操作不当会产生多种焊接缺陷。

一、实训准备

1. 前期准备

（1）安全、环保及预防性措施。参照项目一的任务一进行准备。

（2）设备、工具

① 焊接设备：YC－400TX 氩弧焊机，配有风冷式焊枪、氩气瓶，气体调节器，气体纯度 99.98%。

② 环保通风设备：混流风机 HL3-2A-4.5A、轴流风机 TN2-40。

③ 工具：焊工防护面罩、直磨机、清渣锤、手锤、平锉刀、平錾、钢丝刷，扭力扳手、直角尺、平光防护眼镜、焊丝筒。

(3) 任务完成后，要认真填写任务评价表。

2. 注意事项

(1) 检查二次线路是否完好无损，发现焊把线和接地线有破损地方，应用绝缘胶带包好。电焊机一次线出故障必须找电工检修，禁止无证上岗操作。

(2) 电焊机电源推拉电闸时必须戴绝缘手套侧向操作。焊把线和零线不允许放在工作台上，预防瞬间短路起弧，弧光伤害眼睛。

(3) 使用直磨机时，戴好防护眼镜、手套，注意电源线不要拖在工件附近，防止电源线破损漏电发生危害。较重工件移动时应找人协助完成，以免砸伤。

(4) 清理焊接熔渣及飞溅物时，必须戴好防护眼镜，预防伤眼。

(5) 操作结束后，应立即切断电焊机电源，并检查场地，认真清扫，确认没有火灾隐患后，方可离开。

二、实训步骤

图 4-4-2 管件打磨清除杂质

1. 清理工件

用角向磨光机和直磨机等清除坡口及两侧内外表面各 20 mm 范围内的铁锈、油污及污物，直至露出金属光泽，如图 4-4-2 所示。防止对焊接质量产生不良后果。

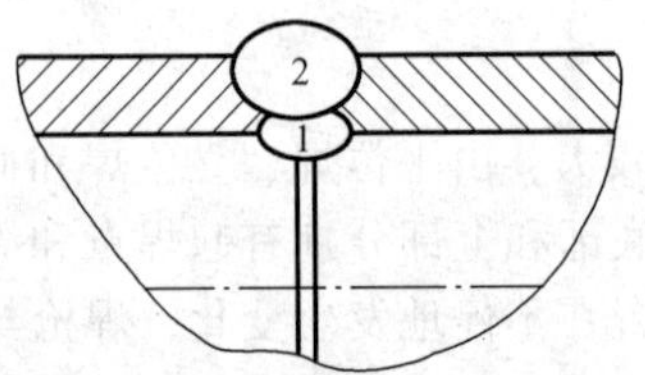

图 4-4-3 焊道分布层次

2. 确定焊道层次

小径管 V 形坡口对接水平固定焊应根据工件的厚度来确定焊道层次，因工件厚度为 5 mm，焊丝直径为 2.5 mm，所以焊接应为两层两道焊来完成，如图 4-4-3 所示。

3. 确定焊接工艺参数（见表 4-4-1）。

表 4-4-1 焊接工艺参数表

焊接层次	焊枪摆动运条方法	钨极直径/mm	喷嘴直径/mm	钨极伸出长度/mm	氩气流量/(L/min)	焊丝直径/mm	焊接电流/A	焊接电压/V
打底焊	小月牙形	2.5	8～12	5～6	8～12	2.5	90～100	10～12
盖面焊	月牙形或锯齿形	2.5	8～12	5～6	8～12	2.5	95～110	12～14

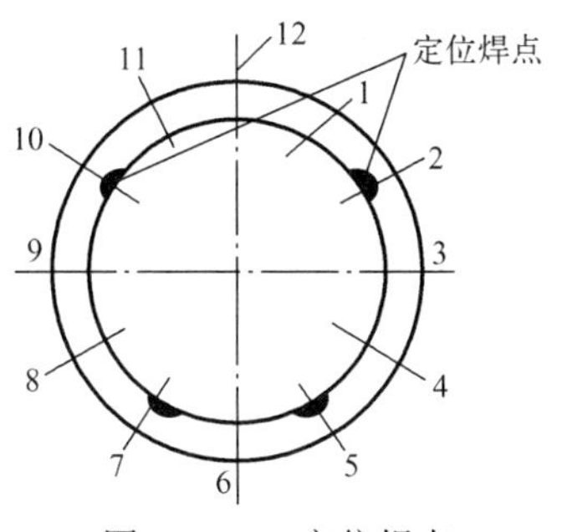

图 4-4-4　定位焊点

4. 工件装配定位焊

工件装配间隙为 2.5～3.0 mm；钝边厚度约为 0.5 mm；错边量≤0.5 mm。在相当于时钟 10 点和 2 点位置进行定位焊，焊缝长度 8～10 mm，如图 4-4-4 所示。小径管也可一点定位，定位焊后用角向磨光机修磨定位焊缝为斜坡状。

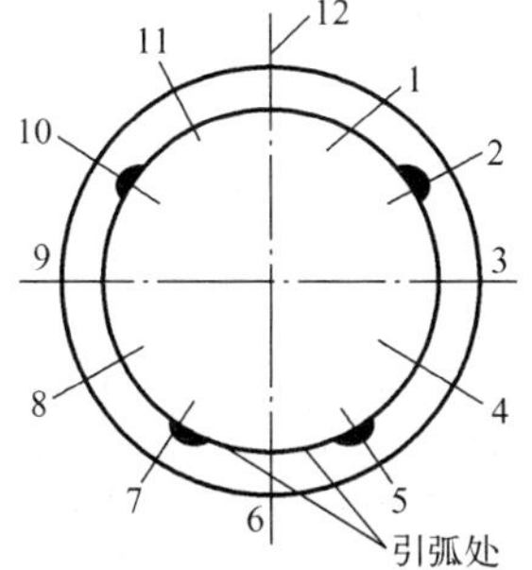

图 4-4-5　起焊端引弧位置

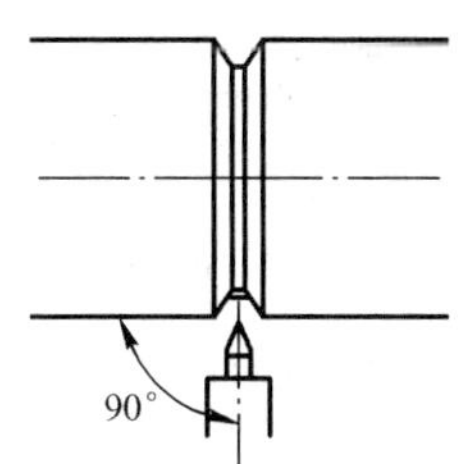

图 4-4-6　焊枪与工件夹角

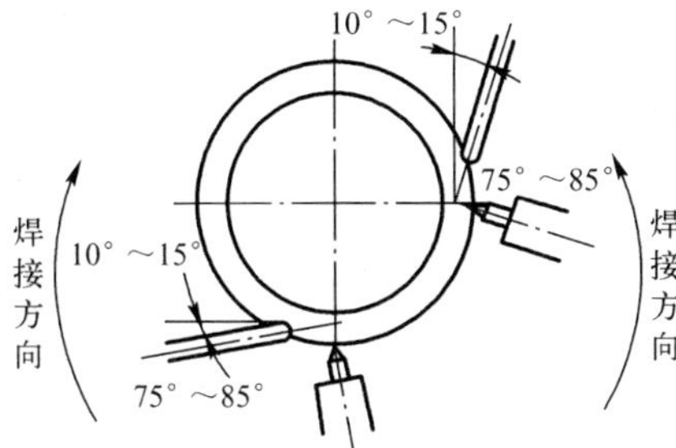

图 4-4-7　焊丝、工件与焊枪角度

5. 操作方法

① 打底层焊接。将管子固定在水平位置，在时钟 6 点与 7 点间引弧，如图 4-4-5 所示。沿逆时针方向焊接。焊接打底层要严格控制钨极、喷嘴与工件的位置，焊枪和焊丝始终与工件的轴线成 90°夹角，如图 4-4-6 所示。焊枪与所焊位置切线成 75°～85°夹角，焊丝与所焊位置的切线成 10°～15°夹角如图 4-4-7 所示。引弧起焊时，钨极端部应离坡口面 1～2 mm。引弧后先不要填加焊丝，待根部坡口钝边熔化后，即可填丝焊接。在时钟 4 点至时钟 8 点位置焊接时，应采用内填丝法如图 4-4-8 所示，即焊丝处于坡口钝边内。在焊接管子横截面上相当于时钟 4 点至时钟 12 点或时钟 8 点至时钟 12 点位置时，则应采用外填丝法如图 4-4-9 所示。

在全部焊接过程中，必须保持等速送丝，焊丝端部始终处于氩气保护区内。焊接手法采用锯齿形小幅度摆动方式。电弧长度控制在 2～3 mm 范围内。焊枪在引弧处稍作停留，待两侧钝边开始熔化时立即送丝，使填充金属与钝边完全熔化形成明亮清晰的熔池后，焊枪匀速向上移动。焊枪同时做小幅度锯齿形横向摆动。仰焊部位送丝时，应将在管内的焊丝往上提，使仰焊位置管壁内部熔池成形饱满，避免内部凹陷。当焊至立焊位置时应在外面送丝，送丝速度均匀、填丝适度，避免管壁内部成形过高或出现管壁内部焊瘤。当焊至平焊位置时，焊枪略向后倾，加快焊接速度，避免因熔池温度过高而下坠。

② 接头。如果在施焊过程中中断或更换焊丝时，应将收弧处打磨成斜坡状，在斜坡后约 10 mm 处重新引弧，当电弧移至斜坡端部出现熔孔后，立即送丝转为正常焊接。焊至定位焊缝斜坡接头时，电弧稍作停留，停止送丝，待斜坡接头处端部完全熔化后再送丝。同时焊枪应做小幅度摆动，使接头部分充分熔合，形成平整接头。

图 4-4-8　管对接内填丝方法

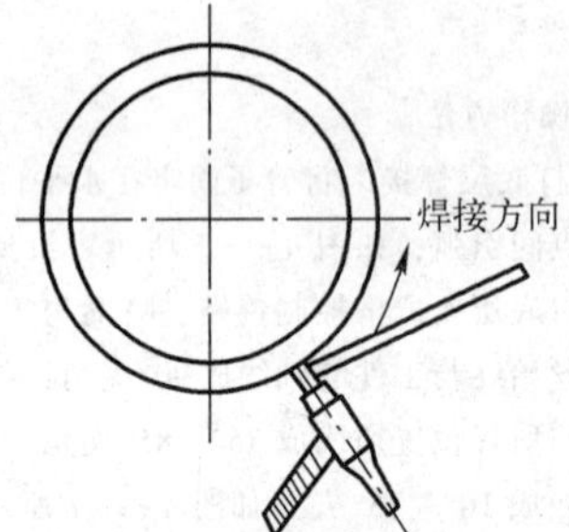

图 4-4-9　管对接外填丝方法

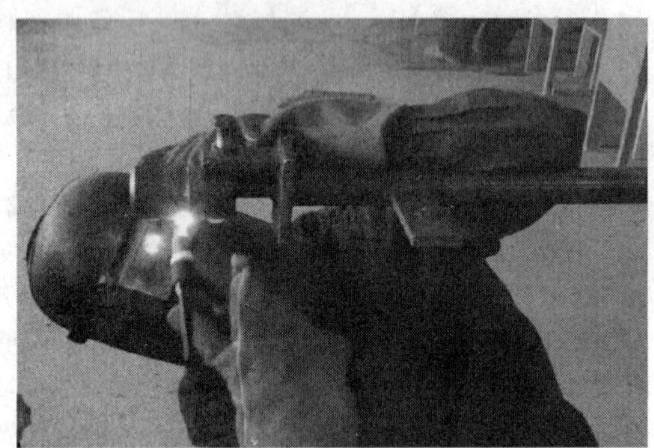

图 4-4-10　氩弧全位置焊接操作

图 4-4-11　水平固定管成形工件

③ 收弧。收弧时，应向熔池送入几滴填充金属使熔池饱满，同时将熔池逐步过渡到坡口侧，将焊丝抽离电弧区，但不要脱离氩气保护区，然后切断控制开关，延时对收弧处进行氩气保护，避免收弧处氧化，出现弧坑裂纹及缩孔。

后半圈焊前，应将仰焊起弧处焊缝端部打磨成斜坡状并清理干净，在 5 点后斜坡处引弧至左侧距接头 8～10 mm 处，焊枪暂时不动利用电弧高温熔化接头处，当获得熔池后添加焊丝，按顺时针方向焊至 12 点处位置收弧时，应与前半圈焊缝重叠 5～10 mm。焊完打底层焊缝后，需用角磨砂轮机清理焊趾处的氧化物，然后进行盖面层的焊接。

④ 盖面层。为了获得较宽的熔池，焊枪摆动幅度稍大，焊接速度稍慢些，钨极端部与熔池保持在 2～3 mm 之间，其余操作方法及要求与打底焊相同，直至完成工件全位置焊接，如图 4-4-10 所示，最终效果如图 4-4-11 所示。

一、钨极氩弧焊的工艺特点

1. 优点

（1）保护效果好。由于氩气是惰性气体，既不与熔化金属发生反应，又能够有效地隔绝空气，所以能对钨极、熔池金属及热影响区进行很好的保护，防止其被氧化和氮化。

（2）焊缝质量高。由于电弧在惰性气氛中极为稳定，保护气对电弧及熔池的保护很可靠，能有效地排除氧、氮、氢等气体对焊接金属的侵害。所以能够实现高品质焊接，得到优良的焊缝。

（3）焊接变形与应力小。由于电弧受氩气流的压缩和冷却作用，电弧的热量集中，且氩弧的温度很高，故热影响区小，焊接应力与变形小，尤其适宜薄板的焊接。

（4）焊接过程稳定。在钨极氩弧焊电弧燃烧的过程中，由于电极不熔化，易维持恒定的电弧长度；氩气的热导率小，又不与液态金属反应或溶解在液态金属中，故不会造成焊缝中合金元素的烧损。同时，填充焊丝不通过电弧区，不会引起很大的飞溅。无焊渣，焊后不用清渣。因此，焊接过程十分稳定，易获得良好的焊接接头质量。

（5）可焊材料范围广。几乎所有的金属材料都可以进行氩弧焊。特别适宜焊接化学性能活泼的金属及其合金，如铝及铝合金，镁及镁合金，铜及铜合金等。

（6）适宜各种位置施焊。因为钨极氩弧焊的热源和送丝可以分别控制，线能量容易得到调节，从而能很方便地实现全位置焊接。

2. 缺点

（1）引弧困难。由于氩气的电离电压较高，钨极的逸出功又较高，且一般不允许钨极与工件接触，以防止烧损钨极，产生夹钨缺陷，所以引弧比较困难，通常需要特殊的引弧措施，例如采用高频引弧或高压脉冲引弧。

（2）生产成本高。由于惰性气体价格较高，与焊条电弧焊、CO_2气体保护焊、埋弧焊等相比生产成本高。

（3）弧光辐射强。氩弧焊产生的紫外线是焊条电弧焊的5～30倍，在紫外线的照射下，空气中氧分子、氧原子相互撞击所生成的臭氧对操作人员也有危害，所以要加强劳动保护。

3. 钨极氩弧焊的应用

钨极氩弧焊可以用于几乎所有金属和合金的焊接，特别是对铝、镁、钛、铜等有色金属及其合金、不锈钢、耐热钢、高温合金和钼、铌、锆等难熔金属等的焊接最具优势。TIG焊有手工焊和自动焊两种方式。它适用于各种长度焊缝的焊接；既可以焊接薄件，也可以用来焊接厚件；既可以在平焊位置焊接，也可以在各种空间位置焊接。

钨极氩弧焊通常被用于焊接厚度为6 mm以下的焊件。如果采用脉冲钨极氩弧焊，焊接厚度可以降到0.8 mm以下。

对于大厚度的重要结构（如压力容器、管道等），可利用TIG焊进行打底焊。

姓名		班级			得分		
序号	考核内容	考核要点	配分	评分标准	检测结果	扣分	得分
1	焊前准备	劳保防护用品及工具准备齐全，焊接参数设置、设备调试正确，工件清理及工件组对、点固定位	10	工具及劳保防护用品不符合要求，焊接参数设置、设备调试不正确，工件组对及点固定位不正确，有一项扣2分			
2	焊缝外观	焊缝表面不允许有焊瘤、气孔、夹渣	10	出现任何一种缺陷不得分			
		焊缝咬边深度≤0.5 mm，两侧咬边总长度不超过焊缝有效长度的15%	10	焊缝咬边深度≤0.5 mm，累计长度每5 mm扣1分，累计长度超过焊缝有效长度的15%不得分；咬边深度0.5 mm不得分			
		用直径为管内径85%的钢球进行通球试验	10	通球不合格不得分			
		焊缝余高0～3 mm，余高差≤2 mm；焊缝宽度比坡口每侧增宽0.5～2.5 mm，宽度差≤3 mm	10	每种尺寸超差一处扣2分，扣完为止			
		焊缝成形美观，焊波均匀细密，高低宽窄一致	10	焊缝平整，焊纹不均匀，扣2分；外观成形一般，焊缝平直，局部凸凹、宽窄不一致扣4分；焊缝弯曲，高低宽窄明显不得分			
		焊后角变形≤3°	6	超差不得分			
3	内部质量	X射线探伤	30	Ⅰ级片不扣分，Ⅱ级片扣10分，Ⅲ级片不得分			
4	其他	安全文明生产	4	关闭电源，清扫场地，工具码放整齐，有一处不符合要求扣3分			
		严重违反操作规程		停止操作			
	合计			100			

否定项：1. 焊接时任意改变焊接空间位置。
2. 焊缝原始表面遭到破坏，有加工或补焊、返修焊等。
3. 操作时间超过定额的50%。

1. 管板T形接头、单边V形坡口骑坐式水平固定焊

管板T形接头、单边V形坡口骑坐式水平固定焊的操作比较困难。首先要完成两节管的对接任务，单面焊双面成形。操作方法同任务四，随后完成管板的焊接操作。将工件按时钟分成两个相同半周进行施焊。

2. 焊前准备

(1) 工件准备。

(2) 工件材质：20无缝管，直径ϕ60 mm；长度为100 mm，1节。

(3) Q235低碳钢孔板150 mm×150 mm×8 mm，1块。

(4) 工件及坡口尺寸如图4-4-12所示。

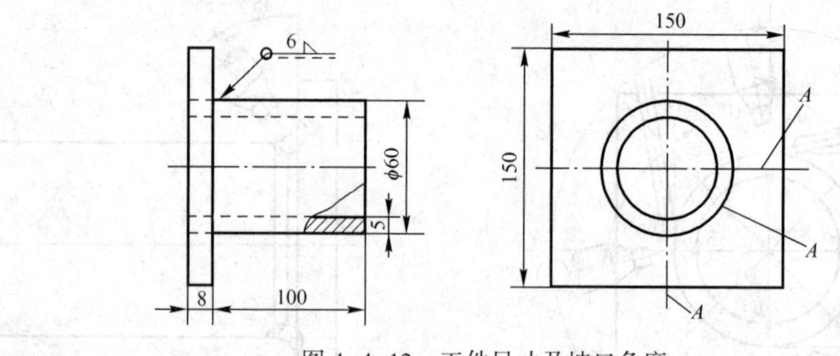

图 4-4-12　工件尺寸及坡口角度

3. 焊接材料

（1）焊丝：THT50—6，ϕ2.5 mm。

（2）铈钨极—Wce—20，ϕ2.5 mm。

4. 技术要求

（1）单面焊双面成形。

（2）焊脚高度 6 mm。

（3）允许采用反变形。

5. 操作步骤

① 清理试件。焊前用角向磨光机、锉刀修磨钝边，钝边为 0.5 ～ 1 mm，无毛刺，用钢丝刷清除坡口及其两侧内外表面 20 mm 范围内的铁锈及其他污物，直至露出金属光泽。

② 装配间隙：2.5 ～ 3 mm；错边量≤0.5 mm。

③ 定位焊：采用两点定位，焊缝长度约 10 mm，焊点两端修磨成斜坡状。

④ 焊道层次：二层二道焊。

⑤ 确定焊接工艺参数，见表 4-4-2。

表 4-4-2　焊接工艺参数表

焊接层次	钨极直径 /mm	喷嘴直径 /mm	钨极伸出长度 /mm	氩气流量 /(L/min)	焊丝直径 /mm	焊接电流 /A	电弧电压 /V
打底层	2.5	8～10	5～8	8～10	2.5	90～95	12～16
盖面焊	2.5	8～10	5～8	8～10	2.5	90～100	12～16

6. 操作方法

（1）打底焊

将工件固定在水平位置，0 点处在正上方。先按时钟方向焊前半圈，如图 4-4-13（a）所示，后按逆时针方向焊后半圈，如图 4-4-13（b）所示。

在时钟 6 点左侧约 10 mm 处引弧，先不添加焊丝，待坡口根部熔化，形成熔池和熔孔后，开始加焊丝，并按顺时针方向焊至时钟 12 点左侧 10 ～ 15 mm 处。然后从时钟 6 点处引弧，先不添加焊丝，待焊缝开始熔化时，按逆时针方向移动电弧，当焊缝前端出现熔池和熔孔后，开始添加焊丝，继续沿逆时针方向焊接。焊至时钟 12 点处停止送丝，待原焊缝开始熔化时，迅速添加焊丝，使焊缝接头处封闭。这是打底焊的最后一个接头，接头处焊道不要凸出，以免盖面焊时超高。

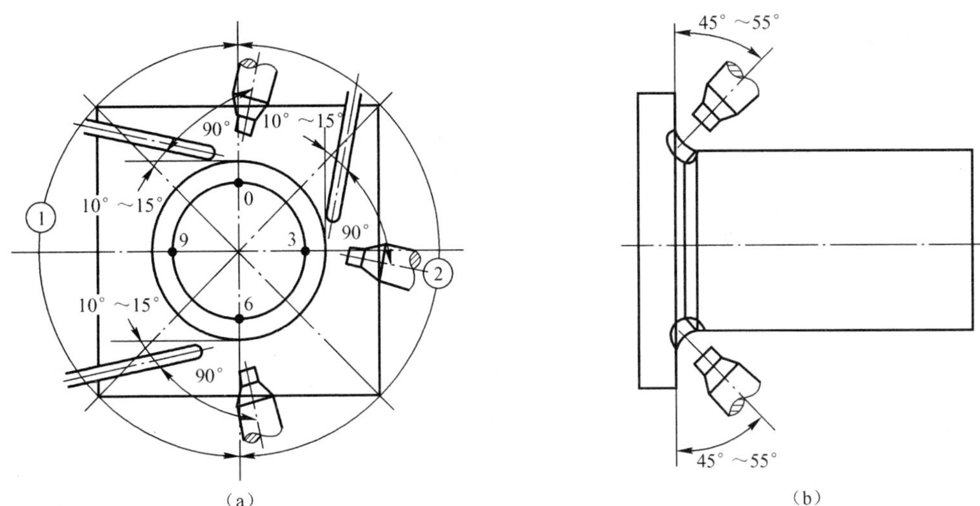

图 4-4-13 骑坐式水平固定焊焊枪与焊丝角度

（2）盖面焊

盖面焊时，焊接顺序同打底焊相同，但焊枪摆动幅度要比打底焊时稍大一些，保证焊道熔池铁水饱满，焊缝成形良好，如图 4-4-14 所示。

图 4-4-14 成形工作

参 考 文 献

[1] 陈斌. 金属加工与实训（焊工实训）[M]. 北京：中国铁道出版社，2010.

[2] 王艳芳，杨兵兵. CO_2 气体保护焊技术 [M]. 北京：机械工业出版社，2011.

[3] 王若愚. 焊接技能训练（中级工）[M]. 北京：高等教育出版社，2009.

[4] 王若愚，陈雪春. 金属加工与实训——焊工中级实训 [M]. 北京：高等教育出版社，2011.

[5] 张士相. 国家职业资格培训教程焊工（初级技能中级技能高级技能）[M]. 北京：中国劳动社会保障出版社，2002.

[6] 王建勋，蔡建刚. 电焊工职业技能鉴定教程 [M]. 北京：机械工业出版社，2012.

[7] 钟翔山，钟礼耀. 实用焊接操作技法 [M]. 北京：机械工业出版社，2013.

[8] 周岐，王亚君. 电焊工工艺与操作技术 [M]. 北京：机械工业出版社，2009.

[9] 任萱，米国强. 焊工技能训练 [M]. 北京：机械工业出版社，2008.

[10] 穆晓红. 焊接过程及操作 [M]. 北京：化学工业出版社，2013.

[11] 王长忠. 焊工工艺与技能训练 [M]. 北京：中国劳动社会保障出版社，2001.

[12] 邢勇，付丽伟. 金属加工与实训——焊工实训 [M]. 北京：北京邮电大学出版社，2012.

[13] 董强，徐学强. 电焊工 [M]. 北京：北京邮电大学出版社，2012.

[14] 孙景荣. 气焊、气割速学与提高 [M]. 北京：化学工业出版社，2013.

[15] 孙景荣. 氩弧焊技术入门与提高 [M]. 2 版. 北京：化学工业出版社，2012.

[16] 周岐，王亚君. 气焊、气割工艺与操作技巧 [M]. 沈阳：辽宁科学技术出版社，2010.

[17] 高元伟，吴兴敏. 汽车车身焊接技术 [M]. 北京：人民邮电出版社，2012.